土壌中の溶質移動の基礎

W. A. ジュリー／K. ロース 著

筑紫二郎 訳

九州大学出版会

Transfer Functions and Solute Movement through Soil: Theory and Applications
by William A. Jury and Kurt Roth © 1990 by William A. Jury
originally published in English by Birkhäuser Verlag, Basel
Japanese translation rights © 2005 by Kyushu University Press
Japanese translation rights arranged with William A. Jury
through Japan UNI Agency, Inc., Tokyo

序文

　人類が自然を食料供給源として活発に利用し始めた古代から，人類は恐らく土壌中の物質移動現象に興味を持ったであろう．この興味は，人口密度の増加，劣化土壌の増加に伴い，20世紀に急激に高まっていった．地下水の化学物質汚染に対する関心が大きくなり，農地以外においても溶質移動の適用範囲が拡大してきた．現在，土壌化学，水文学，植物科学，土木工学，環境工学等の多くの分野で研究が行われ，土壌中の溶質移動に対する理解が高まりつつある．

　物質移動に関する物理学的解釈は，フーリエ，オームらによって推進され，20世紀の前半には土壌物理学の分野においても活動が見られた．バッキンガム，ガードナー，リチャーズらの研究によって，土壌における物質移動式が定式化された．それらの式は微分形の保存則やフラックス法則に基づいており，土壌を微視的に表現したものである．これらの法則は均一な土壌を用いた小規模の室内の物質移動実験では有効であるが，圃場では不均一な自然土であるためそれほど有効でないことが分かっていた．現在，この不均一性によってもたらされる困難性を克服するため，種々の方法が採られている．

　他のほとんどの方法とは違って，伝達関数は集積特性を持つ土壌中の移動現象（インパルス応答関数）を定式化したものである．この応答関数は実験によって（あるいは，理論では数学的なインパルス，つまりディラクのパルス，に対するシステムの応答によって）定義される．このような実験から，移動現象に影響を及ぼすすべての不均一特性を包含した土壌特性の集積表示が得られる．

　土壌を通過する溶質移動に関して議論を展開する場合，伝達関数で移動現象を表すと便利な理由をいくつか挙げてみる．第1に，伝達関数モデルは，理想的で，土壌カラムからの流出濃度を表すのに適しており，溶質移動情報を数多く含んでいる．第2に，線形溶質移動モデルが1つの伝達関数として表現できるので，この表現を一般化すると，種々のモデルにおける現象の仮定が理解でき，それらの仮定を検証するために行う試験法を工夫することができる．最後に，圃場の移動モデルには原位置では測定し難い数多くのパラメータが関与しているが，伝達関数モデルを用いると他の方法よりデータが少なくて済み，決定論的考えや確率論的考えを容易に導入できるという利点がある．

　本書で展開されている伝達関数理論は，現存する線形システムモデルと土壌との間にある実際の隙間を埋めようとするものである．これらの土壌では，水や溶質の移動特性が過

渡状態であったり，非線形であったりすることが多い．この作業は本文中にある多くの例の中で実際に取り扱われている．つまり，集積伝達関数法は広範囲の条件下で土壌中の移動を表現できるという意味で必要不可欠なものか？ 集積表現の仮定と微視的モデルの仮定との間にどのような関係が存在するのか？ 土壌の情報を最大限抽出したり，現象モデルを検証したり，具体的に応用したりするため，どのような実験を行うのか？といった疑問や解析を取り扱っている．

本書の最初の3章では，土壌中の伝達関数の定式化と測定，及び伝達関数で表現されるシステムに出てくるフラックス濃度とレジデント濃度との関係が取り扱われている．第4章と第5章では，この手法が水平方向に空間変動する移動特性の場合と反応特性を持つ土壌における輸送の場合に適用されている．また，流れ方向に不均一な土壌を通る輸送に対しても適用されている．第6章では，水が過渡的に流れる条件の場合も含めて，自然圃場における輸送に対して伝達関数法が適用されている．最後に第7章では，伝達関数法と確率連続体モデルとの関係について議論が行われている．

本書には，本文中に35以上の研究例と付録中に60以上の問題解答が含まれている．本書は，多孔体を通る溶質輸送に関して勉強するコースの学生，大学院生向けに書かれており，水文学者，土壌科学者，土木工学者，環境工学者の参考書としても好適である．

本書の展開・改善には，多くの方々にご厚意を頂いた．多くの基礎研究は，筆頭著者とカリフォルニア大学バークレー校のガリソン・スポジト教授，マッシー大学のロバート・ホワイト教授，コロラド大学のグレッグ・バターズ教授との共同研究によるものである．本書に書かれている話題の多くは，筆頭著者，アイリーン・クラディフコ教授，ティム・エルスワース教授，ジェンス・ウテルマン，ジェレミィ・ダイソン，ジッキム・グルーバーの各博士からなるカリフォルニア大学リバーサイド校のグループで毎週開かれる議論で立ち上げられたものである．

本書は，筆頭著者がスイス工科大学チューリッヒ校 (ETHZ) でのサバティカル休暇中に執筆したものである．アンドレアス・パプリッツ，トーマス・ギミ，サビヌ・コッホ，マーチン・シュネーベリの各氏には，本文と問題の改善に有益なコメントを頂いたことに感謝する．ライナー・シューリン教授，バーンハルド・ブッチャー，ミスチャ・ボルコベックの各博士には貴重な指示を頂くとともに原稿草本の段階で多くの誤りを見つけて頂いた．マルカス・フルリー氏には特に感謝したい．氏には最終原稿を注意深く読んで頂き，すべての例及び問題を解き直し，編集段階で見落とした多くの誤りを見つけて頂いた．

著者らは，ETHZ のハネス・フルーラー教授に感謝したい．彼の激励，支援，参加がなければ，本書は上梓されなかったであろう．

ウィリアム・ジュリー
クルト・ロース
チューリッヒにて　1990年7月

目次

序文 i

第1章　緒言とフィロソフィ　1

第2章　土壌中の溶質の伝達関数　7
  2.1　溶質の輸送体積 7
  2.2　通過時間確率密度関数 9
  2.3　通過時間確率密度関数 $f^f(l,t)$ の測定 12
  2.4　通過時間積算分布関数 $P^f(l,t)$ の測定 13
  2.5　伝達関数表示による現象モデル 15
  2.6　現象モデルの仮定と通過時間確率密度関数 19
  2.7　確率対流モデルと対流分散モデル 25

第3章　フラックス濃度とレジデント濃度　29
  3.1　溶質濃度の種類 29
  3.2　溶質の保存式 30
  3.3　フラックス確率密度関数とレジデント確率密度関数 36
  3.4　レジデント確率密度関数の深さモーメント 37
  3.5　確率対流モデルのレジデント確率密度関数 39
  3.6　初期値問題 40

第4章　確率流管モデル　45
  4.1　溶質移動と吸着 47
  4.2　線形平衡式 48
  4.3　非平衡吸着 49
  4.4　空間変動と平衡吸着 51
  4.5　流管モデルのモーメント 54
  4.6　流管モデリングと変動解析 55

	4.7	流管モデルのレジデント確率密度関数	56
	4.8	1次減衰反応を伴う溶質移動	58
	4.9	吸着と1次減衰反応を同時に伴う移動	58

第5章　鉛直方向に不均一な土壌における伝達関数　65

	5.1	深さ依存の水分量	65
	5.2	成層土壌における溶質移動	68
	5.3	成層土壌におけるフラックス確率密度関数	73
	5.4	成層土壌における対流分散モデルのレジデント確率密度関数 . . .	74
	5.5	成層土壌における確率対流型レジデント確率密度関数	77
	5.6	深さに依存する吸着条件下の溶質移動	79

第6章　不飽和土壌フィールドにおける伝達関数法の応用　83

	6.1	過渡的伝達関数モデル	84
	6.2	水収支モデル	88
	6.3	過渡的な水分流れの確率シミュレーション	89
	6.4	スケーリング理論	93

第7章　確率連続体モデル　99

	7.1	N層通過時間確率密度関数	99
	7.2	溶質移動速度の通過時間表示	105
	7.3	均一な確率媒体	106
	7.4	確率媒体中の移動の数値シミュレーション	114

付録A　積分変換　123

	A.1	ラプラス変換	123
	A.2	フーリエ変換	131

付録B　役立つFortran計算プログラム　135

	B.1	ラプラス変換の数値逆変換	135
	B.2	誤差関数の評価	138

付録C　ラプラス変換の表　141

付録D　問題の解答　145

	D.1	第1章の問題	145
	D.2	第2章の問題	147
	D.3	第3章の問題	152

D.4	第 4 章の問題	163
D.5	第 5 章の問題	170
D.6	第 6 章の問題	176
D.7	第 7 章の問題	184

引用文献 189

訳者あとがき 195

索引 197

第 1 章

緒言とフィロソフィ

　自然の中の流れの様子は，入出力の境界条件によって表現が可能となる．系の入出力境界を出入りする水，熱，化学物質のような物質量は，系の中で移動し，変形を受ける．系の内部の力関係は極めて複雑であり，異なる時間スケールを持った多くの作用と関係している．そのため輸送体積内に存在する物質量の時空間関係をモデル化することは，大変な仕事である．その困難性は，移動や反応過程を正確に表現しにくいこと，反応過程をモデル的に表現する際に必要となる輸送体積の特性が測定しにくいことにある．

　しかし，輸送体積からの流出量が移動現象の唯一の特徴量であるとすると，流出量はシステム内部の複雑な現象モデルを用いなくても，伝達関数モデルを用いて表現することができる．伝達関数は，複雑なシステムを簡単な方法でモデル化するために用いられ，出力フラックスは入力フラックスの関数として表される．線形システムではインパルス応答関数を用いて，任意の入力信号を，1 つの出力信号に変形することができる．このインパルス応答関数は，入力面でパルス入力したときのシステムの応答として定義されている (Himmelblau, 1970).

　複雑な問題をモデル化するために，伝達関数をどのように用いるかの一例として図 1.1 を示す．図には，タンク内のプロペラで常に攪拌されている化学混合容器と，塩分を含む水 (Q_s) と塩分を含まない水 (Q_f) とが時間に関係なく一定の体積流量で混合している様子が示されている．入力面の塩分濃度は時間によって変化し，容器内の混合現象は不完全である（すなわち，濃度は容器内の位置によって変化している）．このときのモデラーの仕事は，塩分の流入濃度 $C_s(t)$ に対して，流出濃度を時間の関数として表すことである．ここで，$C_s(t)$ は時間の関数であり，流入するすべての塩分は流出口から出ていき，沈殿は起こらないと仮定している．

　通常，この問題を解くのは非常に難しい．タンク内の流体の乱流運動は正確に予測できないし，容器内の塩分流体が流出面に向かって移動するとき，容器の形状，流入体積，流入濃度のような測定可能な値から，対流分散による流体の混合現象をモデル化することはできない．

図 1.1　流入フラックス Q_s，濃度 C_s の塩水が フラックス Q_f の淡水 ($C_f = 0$)
と混合する化学混合容器．流出体積 $Q_o = Q_s + Q_f$ は一定である．

　しかし，流出濃度はモデルによって表そうとしている唯一のシステム特性値である．容器内を通過する溶質粒子の移動や混合に対して影響を及ぼすすべての現象は常に同じである．結局，塩分流入時のある瞬間 ($t = 0$) に多量の溶質分子を加え，そのあと混合容器に 2 つの流入口から淡水を送り続けると，$t > 0$ の間の流出濃度分布が得られる．その分布には，溶質分子の通過時間確率分布あるいは，確率密度関数 (probability density function:pdf) を計算するのに必要なあらゆる情報が含まれている．通過時間確率密度関数は，溶質分子が流入面から流出面まで移動するのにかかる通過時間の確率分布を表す．流出濃度と確率密度関数との関係は次のようになる．N 個の溶質分子が，時間 $0 < t < \Delta t$ の間に塩分流入口に，突然加えられるとしよう．この場合，Δt は非常に小さいものとする．流出面では，時間間隔 $\Delta t_j = t_j - t_{j-1}$ で溶液を採取し，濃度を計測する．その時間間隔に流出してきた溶質分子数は測定濃度から推定される．j 番目の時間間隔 $[t_{j-1} < t < t_j]$ の間に流出した分子数 n_j を，加えた全分子数 N で割ったものは，近似的に 1 つの分子の通過時間がこの時間間隔内に入る確率に等しくなる．分子数が多量で，すべての流れの道筋で採取でき，かつ分子を加えたときの時間間隔が，システムの最小通過時間よりもはるかに短ければ，次のように書ける．

$$\frac{n_j}{N} \approx P(t_j) - P(t_{j-1}) \approx f(t_{j-\frac{1}{2}})\Delta t_j \tag{1.1}$$

第1章 緒言とフィロソフィ

ここで，$P(t)$ は積算通過時間分布関数 (cumulative travel time distribution function:cdf) である．それは $t=0$ で加えられた溶質分子の通過時間が t かそれ以下になる確率として定義される．$f(t)$ はそれに対応する確率密度関数である．

系は定常（時間に独立）状態の水の流れの条件下にあるので，n_j は測定時間間隔中の平均溶質流出濃度に比例する．したがって，

$$C_o\left(t_{j-\frac{1}{2}}\right) = \frac{\mu n_j}{Q_o \Delta t} \tag{1.2}$$

ここで，μ は分子当たりの溶質の質量，$Q_o = Q_s + Q_f$ は流出体積で表した流速である．ゆえに $\Delta t \to 0$ の限界では，(1.1) と (1.2) 式は次式で示される[*1]．

$$f(t) = \frac{C_o(t)}{\int_0^\infty C_o(t)dt} = \frac{C_o(t)}{\mu N/Q_o} \tag{1.3}$$

図 1.2 には，(1.1) と (1.3) 式の図式的対応を示している．

(1.3) 式は，システム流入面に溶質の狭いパルスを加えたとき，塩分流入面から入り，流出面から出ていく溶質分子の通過時間確率密度関数が，正規化された（単位面積当たり）流出濃度と時間との間の関係曲線に等しくなることを表している．この関数 $f(t)$ はシステムのインパルス応答関数と呼ばれている (Himmelblau, 1970)．

塩分が流れている間に流入面の濃度 $C_s(t)$ が任意に変化するとき，ある時間に入ってきた分子はシステム中をランダムに移動する．その際，その分子は他のどの時点で入ってきた分子とも同じ確率法則に従うと仮定できる．仮定の根拠は，システムを通る溶質には時間に関係した駆動力が存在しないことにある．したがって，溶質分子が時間 $t-t'$ に容器に入ってくるとすると，その溶質分子は，t' と $t'+dt'$ との間に通過時間の確率 $f(t')dt'$ をもつか，時間 t に容器から流出する確率 $f(t')dt'$ をもつことになる (Jury et al., 1986)．故に時間 t における流出濃度は次式に等しくなる．

$$C_o(t) = \int_0^t C_s(t-t')\,f(t')\,dt' = \int_0^t C_s(t')\,f(t-t')\,dt' \tag{1.4}$$

ここで，式の最後の形は変数変換すると得られる．(1.4) 式は線形重ね合わせの原理の簡単な応用である．その原理によると，時間 t における流出濃度は，それ以前の時間 $t-t'$ に流入面から流入する溶質分子の濃度に，通過時間 t' の確率 $f(t')\,dt'$ を掛けたものを積算して求められる．この式は畳み込み積分 (Arfken, 1985) と呼ばれ，流出濃度の伝達関数モデルでもある．

[*1] $f(t)\Delta t$ が無次元なので，$f(t)$ は [時間$^{-1}$] の次元をもつ．

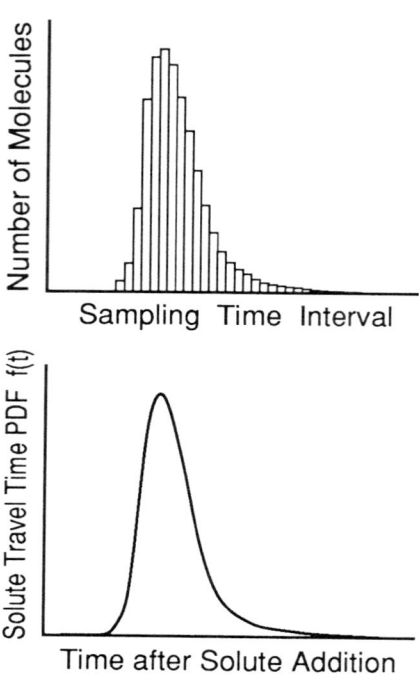

図 1.2 　溶質の通過時間確率密度関数と流出体積中の溶質分子数との関係

　伝達関数法の利点のいくつかは，すぐに挙げることができる．システムの内部動態は，モデルの測定特性，つまりインパルス応答関数 $f(t)$ によって示される．観測される入力信号 $C_s(t)$ は，畳み込み積分あるいは伝達関数モデル (1.4) によって出力信号 $C_o(t)$ に変形される．したがって，容器内の溶質移動を表すモデルは必要でない[*2]．

　この方法を用いるには，明らかにいくつかの仮定が必要である．混合容器の例において，いくつかの仮定（例えば定常状態，非反応溶質という仮定）が詳しく説明される．しかし，この例で用いられている仮定でもシステムを拘束すると，モデルが妥当であるかどうかの問題が生じる．例えば，「溶質移動の場合，畳み込み積分 (1.4) 式を構成している重ね合わせの原理が，どの条件下で成り立つのか？」，「流量体積 Q_s と Q_f は時間に従属か？」といったことである．

　これらの疑問に対する答えは，伝達関数モデルによって溶質移動がもっと一般的に展開できることが認められて，初めて得られるであろう．本書の大部分はこの仕事が占めて

[*2] $f(t)$ は通過時間分布を表すので，ある意味で現象モデルである．

いる.

問 題

問 1.1 容器内の混合が極めて迅速にかつ完全に行われる場合，図 1.1 のシステムにおける伝達関数通過時間確率密度関数の現象モデルを展開せよ．タンク内の水の体積は常に V に等しいと仮定せよ．

問 1.2 塩分濃度が $C_s(t)$ のとき，問 1.1 における完全混合タンクの伝達関数の一般解を展開せよ．塩分流速 Q_s が時間に従属のとき（Q_o は一定），この溶液中でどのような変化が起こるかを示せ．

問 1.3 畳み込み積分 (1.4) 式の最初の形から後の形を導き，この積分形の物理的意味を論ぜよ．

問 1.4 混合容器を通過する溶質の移動現象が，局所溶質濃度の非線形関数で表されると仮定する．この場合，伝達関数の畳み込み積分の使用は可能であろうか？

第 2 章

土壌中の溶質の伝達関数

2.1 溶質の輸送体積

　伝達関数を土壌中の溶質移動に対して直接拡張することができる．ある表面 S によって囲まれている土壌の体積 V （図 2.1）を描くことから始めよう．その体積の頂部が対象としている土壌の表面である[*1]．V の側面は，土壌カラムのような壁によって囲まれたものか，あるいは測定中側面を出入りする溶質がないほど十分に大きな領域を持つものを考える．

　V の内側の小さい方の体積は溶質の輸送体積 V_{ST} と呼ばれ，測定中に溶質を有効に輸送するすべての流体体積を含んでいる．

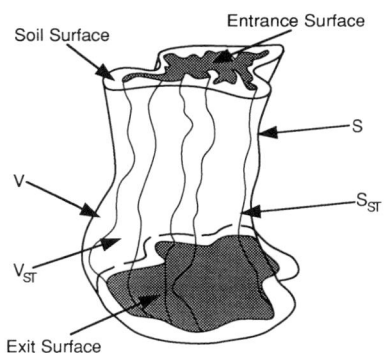

図 2.1　表面 S の境界を持つ圃場の単位体積 V の図式表示．その内部には表面 S_{ST} をもつ輸送体積 V_{ST} がある (Jury *et al.*, 1986)．

[*1] この条件は，側方境界への流入，流出がないと仮定してもよければ，許されよう．この拡張は，農地のような大きな体積の一部分としては成り立つであろう．そのような農地では，周辺の種々の地点で側方向の変動成分が生じているであろうが，上部境界は空間的に一様と見なすことができ，農地を一つの輸送体積として取り扱うことができる．

この内部体積 V_{ST} は複雑な表面 S_{ST} によって囲まれている．S_{ST} は溶質を有効に伝達する流体と土壌体積内の残りの流体部分との境界を形成している．その残りの流体部分には，伝達過程には役立たない停滞流体部分が含まれている（Jury et al., 1986）．

一般に，V_{ST} と S_{ST} は時間に依存する．さらに，V_{ST} はある程度任意に定義できる．溶質の移動現象に寄与している部分を「溶質移動の有効部分」という言葉で解釈する必要がある．この用語は，多孔媒体中の溶質移動の対流・分散モデルでは「可動水体積」(Coats and Smith, 1956; Van Genuchten and Wierenga, 1976) または「可動水域」(Addiscott, 1977) として表されてきた．これらの論文では，その領域は土壌体積内の湿った部分として具体的に表され，その部分では溶質を含む水が移動していると述べられている．しかし，この議論では，土壌マトリックスの流体のすべてが溶質の移動に関与しているわけではない，という考えを述べただけで，伝達を起こすメカニズムについては何も言及していない．

概念的には，溶質は次の4つの形で輸送体積 V_{ST} に侵入できる：(1) 故意か偶然かによって，土壌面に供給されることによって流入面から入ってくるもの，(2) 溶解や脱着過程によって土壌の固相から輸送体積中に移動するもの，(3) 気相から溶液中に入ってくるもの，(4) 輸送体積中で生じる化学的，物理学的，生物学的現象から発現するもの．同様に，4つの形で溶質は輸送体積から出ていく：(1) 下部境界面からの流出，(2) 沈殿・吸着現象による固相への移動，(3) 昇華による気相への移動，(4) 変換による種々の形の消失．

メカニズムに関係なく，輸送体積 V_{ST} の溶質分子を特徴付ける，2つの重要な時間変数を定義することができる：(1) 溶質入力時間 τ_{in}（上述のどの形でもよいが，体積中の溶質が最初に出現した時間），(2) 溶質滞在時間 τ_{life}（体積中に滞在している時間）．入力時間と滞在時間はともに化学反応工学モデルの要素であり，それらのモデルのいくつかは伝達関数で表されている (Himmelblau and Bischoff, 1968; Naumann and Buffham, 1983)．

第1章で導いた伝達関数式の一般式は，V_{ST} を通る溶質移動を上述の一般条件下で表すと，次式になる (Jury et al., 1986)．

$$Q_{out}(t) = \int_0^t g(t - \tau_{in}|\tau_{in}) Q_{in}(\tau_{in}) d\tau_{in} \tag{2.1}$$

ここで，$Q_{in}(t)$ は溶質が輸送体積に侵入する速度，$Q_{out}(t)$ はそれが出ていくときの速度である．$g(\tau_{life}|\tau_{in})$ は溶質滞在時間確率密度関数であり，溶質が時間 τ_{in} に V_{ST} に入ったという条件下における溶質の滞在時間 τ_{life} の分布を示す (Jury et al., 1986; Sposito and Jury, 1988)．滞在時間確率密度関数はすべての現象の効果を表すモデルである．それらの現象は，溶質分子が土壌中で費やす時間に影響を与える．入力時間 τ_{in} の条件によっては，溶質分子の滞在時間 τ_{life} に影響を及ぼす物理学的，化学的，生物学的現象が時間によって変化することもあり得る．

(2.1) 式は溶質移動のどのような線形現象でも十分に表すことができるが，実用的で

ない[*2]．その理由は，第 1 に，溶解・沈殿反応や生物・化学的変換のような内部の流入・流出の様子は直接測定できないためである．そのため，溶質が外部表面以外で V_{ST} を出入りするとき，フラックスの入出力を完全に記録することは不可能である．第 2 に，$g(\tau_{life}|\tau_{in})$ が入力時間に課せられた条件ならば，$Q_{out}(t)$ の計算に (2.1) 式を用いる前に，最初に g をすべての入力時間に対して測定していなければならないためである．

これらの理由から，(2.1) 式は形式的な関係と見なされる．それは，溶質移動現象を確率法則で関係付け，溶質分子が輸送体積中で遭遇する移動現象や変換過程を支配している．しかし，この式には特殊で重要な場合がある．その場合，式は実用的になり，土壌中の溶質移動の広範な理論に代わって利用できるようになる．さらに，溶質移動のメカニスティックな線形モデルはすべて (2.1) 式に一致し，$g(\tau_{life}|\tau_{in})$ の表示は特殊な現象の仮説から一般化できるようになる（そのようなモデルの例としては，Rinald et al. (1989) を参照）．

2.2 通過時間確率密度関数

溶質保存の特殊なケース（昇華，反応，吸着のいずれもが存在しない場合）に (2.1) 式を適用すると，輸送体積に対する溶質の流入・流出の形は上下端の外部表面における出入りだけになる．この場合，(2.1) 式の流入及び流出に相当する物質速度はそれぞれ V の流入・流出端における溶質の物質速度であり，それらは計測できる．また，溶質の滞在時間 τ_{life} は溶質分子が流入端から入り，輸送体積を経て流出端から出ていくまでに必要な時間であり，通過時間 (travel time) になる．流入，流出端は同じ面積で，その値を A とすると，伝達関数式に溶質濃度を代入して，

$$Q_{in}(t) := Q(0,t) = Q_w(0,t)C^f(0,t) = AJ_w(0,t)C^f(0,t)$$

$$Q_{out}(t) := Q(l,t) = Q_w(l,t)C^f(l,t) = AJ_w(l,t)C^f(l,t)$$
(2.2)

ここで，Q_w は土壌水の体積流速，$J_w = Q_w/A$ は水フラックス，C^f は面平均の溶質のフラックス濃度，である (Kreft and Zuber, 1978; Parker and van Genuchten, 1984)．いま，図 2.1 に表された土壌体積は，$z=0$ と $z=l$ で流入・流出面を持つ鉛直な体積としよう．溶質のフラックス濃度 C^f は水流速に対する溶質の物質流速の比である．これに関連している空間的な溶質の物質濃度あるいは溶質のレジデント濃度 C^r については，第 3 章で詳細に述べる．

[*2] (2.1) 式を満足しなければならない条件は，$Q_{in}(t) = \alpha Q_{1in}(t) + \beta Q_{2in}(t)$ ならば，$Q_{out}(t) = \alpha Q_{1out}(t) + \beta Q_{2out}(t)$ である．ここで，Q_{1out}，Q_{2out} はそれぞれ Q_{1in}，Q_{2in} に相当する流出である．

(2.1) 式に (2.2) 式を代入すると，伝達関数式は次のようになる．

$$C^f(l,t) = \int_0^t \frac{C^f(0,\tau_{in})J_w(0,\tau_{in})}{J_w(l,t)} f^f(l, t-\tau_{in}|\tau_{in}) d\tau_{in} \qquad (2.3)$$

ここで，$f^f(l,\tau|\tau_{in})$ は通過時間確率密度関数であり[*3]，トレーサが保存されながら流れる場合これは溶質の滞在時間確率密度関数 $g(l,\tau|\tau_{in})$ と等価である．通過時間確率密度関数 $f^f(l,\tau|\tau_{in})$ は依然として溶質の入力時間 τ_{in} に制約されている．これは，輸送体積内で生じている水の流れが時間に依存しているためである．通過時間確率密度関数はフラックス濃度であることが後に示されるが，以下では関数 f に上付の f を添付する．

入力時間 τ_{in} の関数である $f^f(l,\tau|\tau_{in})$ は測定するか，モデル化して得られるので，(2.3) 式で表されるシステムを決定付けるにはまだ困難を伴う．これに必要な条件は本書の随所で述べていて，第 6 章ではかなり詳細に扱っている．定常流の特殊な場合には，J_w は一定であり，通過時間確率密度関数は入力時間の制約がなくなる $\left(f^f(l,t-\tau_{in}|\tau_{in}) = f^f(l,t-\tau_{in}|0) = f^f(l,t-\tau_{in})\right)$．この簡略化によって，(2.3) 式は

$$C^f(l,t) = \int_0^t C^f(0,\tau_{in}) f^f(l, t-\tau_{in}) d\tau_{in} \qquad (2.4)$$

(2.3) や (2.4) 式が用いられる溶質の輸送体積の例として，土壌カラム，農地圃場（そこでは全地表面に亘って水と化学物質が投入される），暗渠排水した圃場などがある．暗渠排水の場合，流出面は単に排水管表面になるが，流入面は全地表面となる．したがって，(2.3) や (2.4) 式の形の物質フラックスを用いなければならない．

定常流の場合，給水または排水フラックスの正味の積算値 $I = J_w t$ は時間に比例する．したがって，(2.4) 式は次のように表される．

$$C^f(l,I) = \int_0^I C^f(0,I') f^f(l, I-I') dI' \qquad (2.5)$$

(2.5) 式は正味の給水量型の伝達関数式と呼ばれている (Jury, 1982)．少々修正することによって，この方式のモデルはある種の土壌における過渡的な流れの条件下の溶質移動を表すのに用いることができる（第 6 章で述べられる）．これは，水のフラックスが変化しても，それらの溶質の移動特性が変化しないような土壌の場合である．

補記 デルタ関数 $\delta(t)$ とヘビサイド関数 $H(t)$

土壌中の溶質移動を研究するため，数多くの実験が行われてきたが，そこでは流入端に溶質のパルスまたはステップ変化が加えられてきた．これら 2 つの操作は**ディラクのデルタ関数** $\delta(t)$ や**ヘビサイドのユニット関数** $H(t)$ [*4]と呼ばれる一般化された関数を用いて数学的に表示できる．

[*3] この表示では，τ は確率変数，l はパラメータである．

[*4] これら一般化された関数は，当然，正規関数の限られた場合として生じる．その一例がガウス関数であり，それは分散が失われた極限状態の関数である．

2.2 通過時間確率密度関数

デルタ関数を定義するために，まず平均がゼロ，分散が σ^2 のガウス関数 $N(t;\sigma)$ を考えよう．それは次式で示される．

$$N(t;\sigma) := \frac{1}{\sqrt{2\pi}\sigma} \exp\left(-\frac{t^2}{2\sigma^2}\right) \tag{2.6}$$

$N(t;\sigma)$ の定義が成り立つ限り，その積分は分散 σ^2 に関係なく，

$$\int_{-\infty}^{+\infty} N(t,\sigma)dt = 1 \tag{2.7}$$

である．デルタ関数 $\delta(t)$ は分散がゼロに近づくときのガウス関数の限界値として定義される[*5]．

$$\delta(t) := \lim_{\sigma \to 0} N(t;\sigma) \tag{2.8}$$

この一般化された関数は，驚くべき性質を備えていて，(2.7) 式を拡張して $\int_{-\infty}^{+\infty} \delta(t)dt = 1$ となり，(2.6), (2.8) 式から $t \neq 0$ のすべての t に対して $\delta(t) = 0$ となる．これらの特性から，$\delta(t-a)$ と連続関数 $f(t)$ との積を積分すると，a 点では f の値になる．a 点は δ の引数がゼロとなる点である．

$$\int_{-\infty}^{+\infty} f(t)\delta(t-a)dt = f(a) \tag{2.9}$$

これはフィルタリング特性と呼ばれることがある．(2.9) 式は，デルタ関数の引数に別の関数が含まれるように一般化できる．この一般化は，次式のように表される．

$$\int_{-\infty}^{+\infty} f(t)\delta\left(g(t)-a\right)dt = \int_{-\infty}^{+\infty} \frac{f\left(g^{-1}(\tau)\right)\delta(\tau-a)}{\frac{dg}{dt}\left(g^{-1}(\tau)\right)}d\tau$$
$$= \frac{f\left(g^{-1}(a)\right)}{\frac{dg}{dt}\left(g^{-1}(a)\right)} \tag{2.10}$$

ここで，$g(t)$ は逆関数である．(2.9)-(2.10) 式はデルタ関数の定義 (2.8) 式を用いて証明できる．

瞬間パルスが入力されると，輸送体積の流出端でインパルス応答関数が得られるが，デルタ関数はそのようなパルスの形を表すのに有効であることがわかる．

ヘビサイド関数 $H(t)$ は積分

$$P(t;\sigma) := \int_{-\infty}^{t} N(\tau,\sigma)d\tau = \frac{1}{\sqrt{2\pi}\sigma}\int_{-\infty}^{t} exp\left(-\frac{t^2}{2\sigma^2}\right)d\tau \tag{2.11}$$

において σ がゼロに近づくときの限界として定義される．

$$H(t) := \lim_{\sigma \to 0} P(t;\sigma) \tag{2.12}$$

(2.11), (2.12) 式から次式を証明するのは容易である．σ が小さいとき，関数 $N(t;\sigma)$ は $t=0$ 周辺の非常に狭い区間内だけにおいて大きな値になることに注意すると，

$$H(t) := \begin{cases} 0 & \text{if } t < 0 \\ 1 & \text{if } t > 0 \end{cases} \tag{2.13}$$

[*5] デルタ関数 $\delta(t)$ は，量子力学の初期の時代に P. A. M. Dirac (1947) によって最初に導入された．そのような問題を扱う数学理論は，L. Schwarz (1950) によって展開された．(問題の最新処理については，Gel'fand and Shilov (1964) を参照)

(2.8) 式と (2.12) 式の定義を比較すると，デルタ関数はヘビサイド関数の微分として定義される．

$$\delta(t) = \frac{dH(t)}{dt} \tag{2.14}$$

ヘビサイド関数は $t = 0$ から始まる一定の境界条件や値が急変する条件を表現するのに有用である．

2.3 通過時間確率密度関数 $f^f(l,t)$ の測定

(2.4) 式は，$z = 0$ の流入面である上部境界と，$z = l$ の流出面である下部境界によって囲まれた溶質の輸送体積において通過時間確率密度関数 $f^f(l,t)$ を測定する一般的な方法を示唆している．流入面では水や化学物質が与えられ，流出面ではフラックス濃度 $C^f(l,t)$ が計測される[*6]．もし，水の流れの系が定常ならば，輸送体積の表面に短時間で一様に供給された全物質量 M の瞬間的な溶質パルス，つまり溶質の入力フラックス，は次式で表される．

$$J_s(0,t) = J_w C^f(0,t) = MN(t;\Delta t) \tag{2.15}$$

ここで，J_w は流入面を通る水の面平均定常流速であり，J_s は溶質の面平均物質量である．$N(t;\Delta t)$ は分散 Δt^2 のガウス関数 (2.6) 式である．Δt の極小限界では，ガウス関数はのデルタ関数によって近似される．(2.15) 式は

$$\lim_{\Delta t \to 0} C^f(0,t) = \frac{M}{J_w}\delta(t) \tag{2.16}$$

になる．(2.16) 式を (2.4) 式に代入すると，伝達関数の積分は (2.9) 式を用いて，

$$C^f(l,t) = \frac{M}{J_w} f^f(l,t) \tag{2.17}$$

になる．したがって，通過時間確率密度関数 $f^f(l,t)$ は溶質の瞬間パルス入力に応答した流出フラックス濃度に比例する．この理由から，$f^f(l,t)$ は**インパルス応答関数**とも呼ばれる．故に，(2.17) 式によって通過時間確率密度関数を導くことができる．

$$f^f(l,t) = \frac{C^f(l,t)}{\int_0^\infty C^f(l,t')dt'} \tag{2.18}$$

(2.18) 式においては，いくつかの注意点がある．第 1 に，通過時間確率密度関数のこの定義は輸送体積で水の定常流が生じているときだけ妥当である．過渡的な水の流れでは，通過時間確率密度関数は入力時間に依存するので，瞬間的パルス入力から流出濃度を理解す

[*6] フラックス濃度は水流速に対する溶質の質量流速の割合であるので，理想的には流れのシステムを攪乱することなく，流出面からの流体から得た溶液をモニタリング装置に導くべきである．真空溶液サンプラーや地下水抽出井のような，従来型の溶質モニタリング装置では，どの程度まで条件を満足するかは，定かでない．

るには，(2.3) 式を用いなければならない．第 2 に，(2.18) 式から明らかなように $f^f(l,t)$ は正規化された単位面積のフラックス濃度であり，それは溶質の流出が計測される，ある固定した位置 l と関係している．最後に，正規化にはすべての有限時間 t の範囲の積分が必要となる．(2.18) 式の分母の積分の代わりに，溶質の保存性から得られる M/J_w を用いることができる．

2.4 通過時間積算分布関数 $P^f(l,t)$ の測定

水の定常流において，輸送体積の流入面における溶質の流入濃度が $t = 0$ で突然 0 から C_0 に変化すると，入力フラックスは次のように表される．

$$J_s(0,t) = J_w C^f(0,t) = C_0 J_w H(t) \tag{2.19}$$

入力フラックス濃度について解き，(2.4) 式に代入すると，次式を得る．

$$C^f(l,t) = C_0 \int_0^t f^f(l,t')dt' = C_0 P^f(l,t) \tag{2.20}$$

ここで，$P^f(l,t)$ は通過時間積算分布関数 (cumulative travel time distribution function) または略して cdf と呼ばれ，通過時間が t に等しいか，t 以下になる確率に等しい．(2.20) 式はステップ状に変化する溶質の入力を用いて通過時間確率密度関数 $f^f(l,t)$ を推定する方法を示している[*7]．すなわち，

$$f^f(l,t) = \frac{dP_l(t)}{dt} = \frac{1}{C_0}\frac{dC^f(l,t)}{dt} \tag{2.21}$$

この式は確率密度関数が積算分布関数 (cdf) の微分であることを表している．

補記 確率分布の特徴

確率変数 (random variable) $(t \geq 0)$ の積算分布関数 $P(t)$ は確率の概念によって次のように定められる．

$$P(t_0) := \mathrm{Prob}\{t \leq t_0\} \tag{2.22}$$

ここで，t_0 は 0 から ∞ の間の t の任意の値である．したがって，

$$P(0) = 0$$
$$P(\infty) = 1 \tag{2.23}$$

確率密度関数 $f(t)$ は積算分布関数の微分として定義される．

$$f(t) := \lim_{\Delta t \to 0} \frac{P(t+\Delta t) - P(t)}{\Delta t} = \frac{dP(t)}{dt} \tag{2.24}$$

[*7] しかし，一般に，これはパルス入力法よりは精度が劣る．それは，離散時間によって特徴付けられる関数を微分するためである．

または確率の概念によって，

$$f\left(t_0 + \frac{\Delta t}{2}\right)\Delta t \approx \text{Prob}\{t_0 \leq t < t_0 + \Delta t\} \tag{2.25}$$

(2.23) 式を用いて正規化の条件を得る．

$$\int_0^\infty f(t)dt = 1 \tag{2.26}$$

確率密度関数の特性は，そのモーメントによって定められる．

t の平均値または期待値

$$\text{E}(t) := \int_0^\infty tf(t)dt \tag{2.27}$$

ここで，E(.) は期待値の演算子で，確率分布において E の引数の値を平均化するものである．この演算子がよくアンサンブル平均とも呼ばれるのは，その引数の考えられ得るすべての状態について平均化するためである．(2.27) 式では確率変数 t の平均値が定義されている．例えば，$f(t)$ が通過時間確率密度関数 $f^f(l,t)$ であれば，$E_l(t)$ は 0 から l の間の平均通過時間である．平均通過時間は通過時間確率密度関数の基本的な特性の 1 つであり，溶質の平均速度を計算するのに用いられる．

t の N 次モーメント

$$\text{E}(t^N) := \int_0^\infty t^N f(t)dt \tag{2.28}$$

確率密度関数 $f(t)$ がラプラス変換（Appendix A）によって，既知の解析解 $\hat{f}(s)$ をもつ関数形で表すことができれば，(2.28) 式の N 次モーメントはラプラス変換の演算子によって計算できる（問 2.9 を参照）．

$$\text{E}(t^N) = (-1)^N \left.\frac{d^N \hat{f}(s)}{ds^N}\right|_{s=0} \tag{2.29}$$

ここで，s はラプラス変換演算における t と共役な変数である．

t の分散 (variance)

$$\text{Var}(t) := \int_0^\infty (t - \text{E}(t))^2 f(t)dt = \text{E}(t^2) - \text{E}^2(t) \tag{2.30}$$

確率変数 t の分散は平均値の周りの t の値の平均平方偏差を表す．

通過時間確率密度関数の分散は溶質移動の重要な特性の 1 つであり，古典的な溶質の対流分散 (dispersion) 移動における溶質の分散係数と関係付けられる．

次に示す最後の期待値演算子は，本書の後半の部分で役立つ，t の関数 $G(t)$ の平均値である．

関数 $G(t)$ の平均値

$$\text{E}(G(t)) = \int_0^\infty G(t)f(t)dt \tag{2.31}$$

上述の特徴はどのような確率変数にも適用できる．本書においては，これらを繰り返し利用する．

2.5 伝達関数表示による現象モデル

ここまでは，伝達関数法は土壌体積から流出する溶質流量を表す方法として提供されてきたが，土壌体積内で生じる溶質移動現象や変形現象等の現象モデルについては展開されなかった．しかし，伝達関数による通過時間の形 (2.4) 式の展開に用いられた仮定が詳細な現象モデルとともに明確に表現されているので，現象モデルを通過時間で表現することが可能である．通過時間確率密度関数 $f^f(l,t)$ は溶質のデルタ関数のパルス入力に対応する，正規化された流出濃度として (2.18) 式で定義されてきた．したがって，特定の現象に対する $f^f(l,t)$ の表現は，上部境界条件を用いて導かれる．この方法は，以下のいくつかの例の中で調べることにする．

例 2.1 ピストン流モデル

水分量 θ，長さ l の土壌カラム中をフラックス J_w の水が定常で流れている．溶液中に溶解している化学物質はピストン流モデルに従ってカラム中を移動すると仮定する．したがって，各分子は拡散や分散によって拡がることなく，$V = J_w/\theta$ と同じ速度でカラム中を移動する．この簡単な系における通過時間確率密度関数は単にデルタ関数を移動させたものである．

$$f^f(l,t) = \delta(t - l\theta/J_w) \tag{2.32}$$

(2.32) 式は，$t = 0$ に土壌カラムに入る溶質分子はすべて同じ通過時間を持ち，確実に $t = l\theta/J_w$ 時に深さ l の流出端から流出する．伝達関数 (2.4) 式に (2.32) 式を代入すると，任意の入力濃度 $C^f(0,t) = C_{in}(t)$ に対する l での流出フラックス濃度は (2.9) 式を用いて，

$$C^f(l,t) = C_{in}(t - l\theta/J_w) \tag{2.33}$$

故に，ピストン流モデルでは土中のどの深さにおいても，入力信号が時間遅れで再起するだけである．

例 2.2 対流分散式 (convection-dispersion equation:CDE)

対流分散 (dispersion) モデルは，土中の溶質移動を表す場合もっとも一般的に用いられる過程表現である (Nielsen and Bigger, 1962; Biggar and Nielsen, 1967)．このモデルでは，溶質の質量フラックス J_s（質量/面積/時間）が 2 つの項の和として表現できると仮定している．つまり，移動中の土壌溶液内の溶解溶質の能動的対流を表す質量流の項と，移動流体内の拡散と分散による溶質のランダムな混合を表す項との和である．

これら 2 つの溶質フラックスはレジデント流体濃度 C_l^r（溶解溶質の質量/流体体積）によって次式のように表される．

$$J_s = -\theta D \frac{\partial C_l^r}{\partial z} + J_w C_l^r \tag{2.34}$$

ここで，D は有効拡散分散係数である (Bigger and Nielsen, 1967)．

このモデルを表す微分方程式は (2.34) 式と溶質保存式

$$\frac{\partial \theta C_l^r}{\partial t} + \frac{\partial J_s}{\partial z} = 0 \tag{2.35}$$

とを結合することによって与えられる．(2.35) 式は土壌中の反応を受けない，可動性の，非揮発性溶質に対する質量保存を微分式で表示したものである．一様な水分量 θ をもつ媒体中の水の定常流の場合，(2.34) と (2.35) 式は結合され，対流分散式（CDE）になる．

$$\frac{\partial C_l^r}{\partial t} = D\frac{\partial^2 C_l^r}{\partial z^2} - V\frac{\partial C_l^r}{\partial z} \tag{2.36}$$

ここで，$V = J_w/\theta$ はいわゆる間隙水分速度または可動性溶液速度である．Parker and Van Genuchten (1984) の論文や第 3 章で示されるように，(2.36) 式はフラックス濃度によっても表すことができる．

$$\frac{\partial C^f}{\partial t} = D\frac{\partial^2 C^f}{\partial z^2} - V\frac{\partial C^f}{\partial z} \tag{2.37}$$

この式の表示は，モデルの伝達関数を展開するのに最適である[*8]．

深さ z における対流分散式モデルの通過時間確率密度関数を導くには，次の境界条件及び初期条件に対して (2.37) 式を解かねばならない．すなわち，

$$C^f(z, 0) = 0 \tag{2.38}$$

$$C^f(0, t) = \delta(t) \tag{2.39}$$

$$C^f(\infty, t) = 0 \tag{2.40}$$

条件 (2.38)-(2.40) 式は，$f^f(z, t)$ の測定値に相当し，最初土壌中には溶質が存在しないことと，どの深さにおいても濃度の変化曲線を時間で積分したものは 1 になることを示している．したがって，深さ z のフラックス濃度は 0 と z で挟まれた輸送体積に対する通過時間確率密度関数に等しくなる．

(2.37) 式と (2.38)-(2.40) 式は，以下に示すように，ラプラス変換を用いて容易に解くことができる．

(2.37) 式にラプラス変換演算子（付録 A を参照）を施すと各項は次のように変換できる．

$$\int_0^\infty \frac{\partial C^f}{\partial t} \exp(-st) dt$$
$$= C^f(z, t) \exp(-st) \Big|_{t=0}^{t=\infty} + s\int_0^\infty C^f(z, t) \exp(-st) dt$$
$$= s\hat{C}^f(z; s) - C^f(z, 0)$$

$$\int_0^\infty D\frac{\partial^2 C^f}{\partial z^2} \exp(-st) dt$$
$$= D\frac{\partial^2}{\partial z^2}\int_0^\infty C^f(z, t) \exp(-st) dt = D\frac{d^2 \hat{C}^f(z; s)}{dz^2}$$

[*8] フラックス濃度とレジデント濃度との関係は第 3 章で展開されるが，その後は，モデルの通過時間確率密度関数を導くには，いずれの微分方程式を用いてもよい．

2.5 伝達関数表示による現象モデル

$$\int_0^\infty V \frac{\partial C^f}{\partial z} \exp(-st) dt$$
$$= V \frac{\partial}{\partial z} \int_0^\infty C^f(z,t) \exp(-st) dt = V \frac{d\hat{C}^f(z;s)}{dz}$$

ここで,
$$\hat{C}^f(z;s) := \int_0^\infty C^f(z,t) \exp(-st) dt \tag{2.41}$$

はフラックス濃度 C^f のラプラス変換であり, z とパラメータ s との関数である. 初期条件 (2.38) 式は, 溶質の時間微分をラプラス変換したものの一部に組み込まれることに注意しよう. ゆえに, 変換によって得られる常微分方程式は (2.38) 式を用いて,

$$D \frac{d^2 \hat{C}^f}{dz^2} - V \frac{d\hat{C}^f}{dz} - s\hat{C}^f = 0 \tag{2.42}$$

境界条件 (2.39), (2.40) 式も変換する必要がある. デルタ関数の積分が 1 になることを考慮して, 上部境界条件 (2.39) 式の変換は

$$\hat{C}^f(0) = 1 \tag{2.43}$$

になる. 一方, (2.40) 式の変換は容易に得られる.

$$\hat{C}^f(\infty) = 0 \tag{2.44}$$

(2.42) 式は一定の係数を含む常微分方程式である. この式の解は次のような形になる (Kaplan, 1984).

$$\hat{C}^f(z) = \exp(mz) \tag{2.45}$$

ここで, m は定数である. (2.45) 式を (2.42) 式に代入すると, 次式を得る.

$$(Dm^2 - Vm - s) \exp(mz) = 0 \tag{2.46}$$

これは, すべての z に対して成り立つ. したがって, カッコの中身はゼロになる.

$$m = \frac{V}{2D} \pm \frac{V}{2D} \sqrt{1 + \frac{4sD}{V^2}} = \frac{V}{2D}(1 \pm \xi) \tag{2.47}$$

ここで,
$$\xi := \sqrt{1 + \frac{4sD}{V^2}} \tag{2.48}$$

したがって, (2.42) 式の一般解は次式になる.

$$\hat{C}^f(z) = A \exp\left(\frac{Vz}{2D}(1-\xi)\right) + B \exp\left(\frac{Vz}{2D}(1+\xi)\right) \tag{2.49}$$

ここで, A と B は z に独立である.

$\xi > 1$ であるから, 下部の境界条件 (2.44) 式が満足されるのは, $B = 0$ のときである. また, $B = 0$ のとき, $A = 1$ ならば, (2.49) 式は上部境界条件 (2.43) 式を満足する. ゆえに, (2.42)-(2.44) 式の解は

$$\hat{C}^f(z;s) = \hat{f}^f(z;s) = \exp\left(\frac{Vz}{2D}(1-\xi)\right) \tag{2.50}$$

ここで，$\hat{f}^f(z;s)$ は対流分散式モデルの通過時間確率密度関数 $f^f(z;t)$ のラプラス変換である．(2.50) 式の逆変換は Jury and Sposito (1985) で与えられる．それは，また，付録 C のラプラスの変換表を用いて問 2.1 でも導かれる．解は

$$C^f(z;t) = f^f(z;t) = \frac{z}{2\sqrt{\pi D t^3}} \exp\left(-\frac{(z-Vt)^2}{4Dt}\right) \quad (2.51)$$

対流分散式モデルの解を伝達関数として表そう．流入する溶質濃度が時間的に変化し ($C_{in}(t)$)，水の流れが定常の時，深さ z におけるフラックス濃度の一般解は伝達関数 (2.4) 式に溶質の通過時間確率密度関数 (2.51) 式を代入することによって得られる．

$$C^f(z;t) = \int_0^t C_{in}(t-t') \frac{z}{2\sqrt{\pi D t'^3}} \exp\left(-\frac{(z-Vt')^2}{4Dt'}\right) dt' \quad (2.52)$$

(2.52) 式は，元の微分方程式 (2.37) 式と境界及び初期条件

$$C^f(z;0) = 0, \quad C^f(0,t) = C_{in}(t), \quad C^f(\infty,t) = 0 \quad (2.53)$$

とを併せたもので完全に置き換え可能である．実際，通過時間確率密度関数 (2.51) 式は対流分散式を表す微分方程式 (2.37) 式で完全に置き換えることができるが，それは両者とも同じ情報を含んでいるためである．

上述の手法のように，特定の現象モデルの通過時間確率密度関数が得られると，(2.27)-(2.30) 式の通過時間モーメントが計算できる．この手順は次の 2 つの例，つまりピストン流モデルと対流分散式に対する例において説明される．

例 2.3 ピストン流モデルの通過時間モーメント

ピストン流現象によって表された通過時間 (例 2.1) の N 次モーメント (2.28) にデルタ関数 (2.9) 式のフィルター特性を適用すると，次式を得る．

$$E_z(t^N) = \int_0^\infty t'^N \delta\left(t' - \frac{z\theta}{J_w}\right) dt' = \left(\frac{z\theta}{J_w}\right)^N = \left(\frac{z}{V}\right)^N \quad (2.54)$$

したがって，深さ z における平均通過時間は z/V であり，平均の周りの通過時間の拡がり，あるいは分散 (variance) は (2.30) 式によってゼロになる．

例 2.4 対流分散式の通過時間モーメント

対流分散式の通過時間モーメントは，$f^f(z,t)$ のラプラス変換の N 次微分に，N 次モーメントを関係付ける公式 (2.29) を用いて，非常に容易に導くことができる．(2.50) 式では ξ だけが s に関係しているので，微分の連鎖則を用いて f^f を s で微分できる (Kaplan, 1984)．それ故，s による $\hat{f}^f$ の微分は (2.48) 式を用いて

$$\frac{d\hat{f}^f}{ds} = \frac{d\xi}{ds}\frac{d\hat{f}^f}{d\xi} = \frac{2D}{V^2\xi}\left(-\frac{zV}{2D}\right)\hat{f}^f = -\frac{z}{V\xi}\hat{f}^f \quad (2.55)$$

$$\frac{d^2\hat{f}^f}{ds^2} = \frac{d\xi}{ds}\left(\frac{z}{V\xi^2} + \frac{z}{V\xi}\frac{zV}{2D}\right)\hat{f}^f = \left(\frac{2Dz}{V^3\xi^3} + \frac{z^2}{V^2\xi^2}\right)\hat{f}^f \quad (2.56)$$

したがって，(2.29) 式を用い，$s=0$, $\xi=1$, $\hat{f}^f=1$ に注意すると，対流分散式の通過時間平均及び分散は (Jury and Sposito, 1985; Valocchi, 1985)

$$E_z(t) = \frac{z}{V} \quad (2.57)$$

$$\text{Var}_z(t) = \frac{2Dz}{V^3} \quad (2.58)$$

(2.57)-(2.58) 式は対流分散式の 2 つの重要な特徴を表している．つまり，平均通過時間は分散係数 D がどのような値であっても同じであることと，その平均通過時間がピストン流モデルの平均通過時間 (2.54) 式と同じであることである．このことから，対流分散式では移動流体内の分散運動はランダムであり，平均移動に関与しないという前述の見解が確認される．(2.58) 式は，平均値の周りの通過時間の拡がり，あるいは分散が溶質パルスの注入点 ($z=0$) からの距離に 1 次的に比例することを表している．このような性質の持つ意味については次節で十分に検討する．

伝達関数法の仮定に合致した現象指向モデルは，(2.4) 式の形の畳み込み積分で表される．この説明には，上の 4 つの例が役立つ．さらに，現象モデルの通過時間確率密度関数はモデル情報をすべて備えているので，微分方程式に置き換えてもその現象を表すことができる．モデルの機能情報は通過時間モーメントを調べることによって得られる．いろいろなモデルを通過時間確率密度関数で表現できれば，土壌に適用したときのモデルの働きを比較したり，特定のモデルの仮定を実験によっていかに検証すべきかを決定したりすることができる．この後者の特徴については次節で明らかにする．

2.6 現象モデルの仮定と通過時間確率密度関数

現象モデルの仮定を検証するには，特殊な実験による測定が必要である．濃度の測定値と予測値とが単に一致したというだけでは不十分である．例えば，これまでの土壌物理学の歴史において珍しい現象があった．つまり，対流分散式 (2.37) は，その式の仮定が十分に検証されなかったにもかかわらず，土壌における溶質移動モデルが正しいものとして認められてきた．モデルによる予測値と測定値とが一致することを示すために行われてきた実験は，いずれもカラムを用いた流出実験であった（例えば，Bigger and Nielsen (1967) のレビューを参照）．そのような実験では対流分散式を操作することによって，流出水の濃度の時間変動パターンが式に適合可能であることを立証したにすぎない．溶質の流出濃度はカラムの端におけるフラックス濃度を表すと仮定されている．ある距離 ($z=l$) において溶質の流出濃度の観測値が得られていれば，モデルの検証を行うことができる．対流分散式 (2.51) の確率密度関数と同じ形をもつ他の通過時間確率密度関数 f^f があれば，対流分散式と全く同じように流出フラックス濃度を予測することができる．

例えば，通過時間フラックス確率密度関数 $f^f(l,t)$ に関する次の3つのパラメトリックモデルを考えよう[*9]．

フィック型確率密度関数

$$f^f(l,t) = \frac{l}{2\sqrt{\pi Dt^3}} \exp\left(-\frac{(l-Vt)^2}{4Dt}\right) \tag{2.59}$$

対数正規型確率密度関数

$$f^f(t) = \frac{l}{\sqrt{2\pi}\sigma t} \exp\left(-\frac{(\ln(t)-\mu)^2}{4\sigma^2}\right) \tag{2.60}$$

ガンマ型確率密度関数

$$f^f(t) = \frac{\beta^{1+\alpha}t^\alpha}{\alpha!} \exp(-\beta t) \tag{2.61}$$

3つの確率密度関数の関数形は異なっているが，互いにパラメータの最適合化を行うと，l がある値のとき，3つの確率密度関数は非常によく似た形になる（図 2.2）．

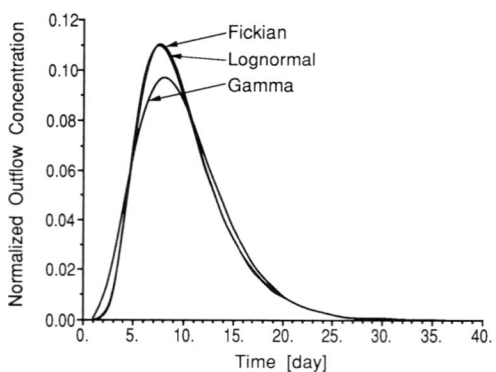

図 2.2　フィック，対数，及びガンマ確率分布関数で表される正規化された溶質流出濃度（単位面積当たりの表示）．これらの関数はモーメント法によって互いに適合されている（問 2.4, 2.8 を参照）．

したがって，伝達関数を (2.4) 式で表すとき，カラム流出実験から，$z=l$ におけるフラックス濃度をモデル化する際3つの式のいずれをとっても同等にうまくいったり，いかなかったりする．狭いパルスの流入実験から得られるノンパラメトリックな流出データ

[*9] 対数正規型モデルとガンマ型モデルは，時間の関数をモデル化するときだけ必要となる．そのため，深さパラメータ l を陽には含んでいない．一方，対流分散式のフィック型の確率密度関数は l を陽に含んでいる．それは，フィック型のモデルを用いると，$f^f(z,t)$ が z にどのように依存するか，および $z=l$ のとき時間によって $f^f(z,t)$ がどう変化するのかについて具体的な予測が可能になるからである．

2.6 現象モデルの仮定と通過時間確率密度関数

(2.18) 式を伝達関数 (2.4) 式で正規化すると，流入する溶質濃度が時間的に変化するいろいろな実験を表現することができる．この場合，カラム内の移動現象を表すモデルは全く必要でない．

モデルにおける仮定と実測値との間の関係は非常に理解し難い．それは，伝達関数の主要な役割の1つがモデルの仮説を実験的に検証することにあるためである．一定水分量，定常流の下で通過時間確率密度関数 $f^f(l,t)$ が測定されるとき，次の2つの疑問を投げかければ，カラム流出実験と対流分散式（または他のいずれかのモデル）の現象仮説との間の関係がさらに明確になる．

疑問 1 水の流速が一定で，長さ l の土壌カラムで測定された確率密度関数 $f^f(l,t)$ がある．異なる流速で同じ長さのカラムを用いた場合，この確率密度関数 $f^f(l,t)$ を用いて流出濃度がどのようになるかを予測するにはどうしたらよいか？

疑問 2 水の流速が一定で，長さ l の土壌カラムで測定された確率密度関数 $f^f(l,t)$ がある．他の条件（同じ土壌，水の流速など）は同じであるが，流入端からの距離 z が l と異なるとき，確率密度関数 $f^f(l,t)$ を用いて，流出濃度がどうなるかを予測するにはどうすればよいか？

一般に，これらの疑問に答える手だてはない．疑問に述べられている流出濃度は，実測値を外挿することによってはじめて予測が可能である[*10]．この外挿はモデルを用いることによってのみ可能であり，そのモデルは変数によってシステムがどのように反応するかを示していなければならない．

まず，疑問1に回答するには何が必要かを考えてみよう．一般に，流出濃度がどのようになるか理解するのは難しいかもしれない．カラム中の水の流速が増すと，カラムが飽和していない場合，水分量が増すためである．その場合，土壌水分が増すことによって，水分量が低い状態の場合とは異なる平均通過時間及びその分散 (variance) が得られるかもしれない．この新しい水分量を計算するには，土壌水分移動を表すリチャーズ (Richards) 式 (Baver et al., 1972) のような，精確な水分移動モデルを用いる必要がある．疑問1に答えるためには，予測した水分量と溶質移動モデルとを結びつけ，モデルのパラメータと水分量との関係を明らかにしなければならない．例えば，モデルのパラメータ θ（体積含水率）と $\lambda := D/V$ とが流速やカラム内の位置に関係ないとすれば，必ずしも正確ではないが，(2.37) 式の対流分散式モデルは疑問1と2に対して一応回答することができる（問 2.7 を参照）．

[*10] 対照的に，伝達関数モデル (2.4) 式は，入力信号と実験観測値 $f(l,t)$ との畳み込み積分である．

(2.37) 式の 対流分散型の微分方程式は，z と t の関数として濃度を表すモデルである．このモデルによって，モデルのパラメータ V と実験によるパラメータ (J_w 及び θ) との関係を得ることができる．したがって，V と θ との関係が分かると，2 つの疑問にある測定値，つまり $z = l$ における確率密度関数 $f(z,t)$ の値によって，対流分散式モデルから $C^f(z,t)$ がいかに変化するかを予測できる．しかし，対流分散式以外のモデル確率密度関数では，他に仮定を導入しなければ，疑問で問われている予測を行うことができない．

フラックスが変化しても土壌カラム中の溶質輸送体積は変化しないと仮定すれば，いずれのモデルでも疑問 1 に簡単に回答することができる．ここで，この仮説を提示する．

仮説 1 疑問 1 の土壌では，水分フラックス J_w が新しい値に変わっても水分量は変化しない．また，溶質の流出は積算排水量 $I := J_w t$ の関数として表せば，どの水分フラックスにおいても全く同じである．

この仮説は，土壌を詰め直したカラムで行った室内実験 (Khan, 1988) でも，散水灌漑や降雨による溶質のリーチングを調べるため種々の深さの面平均フラックス濃度を測った大がかりなフィールド実験 (Jury et al., 1990) でも，十分正確であることが確かめられた．また，リチャーズの水分移動式を用いたコンピュータシミュレーションでも調べられている (Wierenga, 1977)．

仮説 1 を用いると，疑問 1 に答えうるモデルが得られる．定常フラックス J_1 の条件下で，長さ l のカラムにおいて通過時間確率密度関数 $f_1(t)$ を測定したとしよう．同じカラムにおいて定常フラックス J_2 で灌水するとき通過時間確率密度関数 $f_2(t)$ がどうなるか予測したい．両者の実験による流出値は $I = J_w t$ の関数としては同じになるので，仮説 1 に従う積算分布関数 cdf と確率密度関数は次式になることが分かる．

$$P_2(t) = P_1\left(\frac{J_2}{J_1}t\right) \tag{2.62}$$

$$f_2(t) = \frac{J_2}{J_1}f_1\left(\frac{J_2}{J_1}t\right) \tag{2.63}$$

多少の修正によって，(2.59)-(2.61) 式のそれぞれは (2.63) 式に従うように変形できる．対流分散式モデルを表すフィック型確率密度関数 (2.59) 式は θ を一定として，$V = J_w/\theta$ とし，λ を一定として $D = \lambda V$ とすると，(2.63) 式に従うようになる．ここで，λ は分散度と呼ばれている．したがって，水分量と分散度が一定ならば，対流分散式は (2.63) 式に従う．

関数 $\mu := \mu_0 - \ln(J_w)$[*11]によって μ と J_w とを関係付けると対数型確率密度関数モデル (2.60) 式は (2.63) 式に従う．$\beta := \beta_0 J_w$ ならば，ガンマ型確率密度関数 (2.61) 式は

[*11] 厳密には，これは $\ln(J_w/J_{w0})$ と書くべきである．ここで，J_{w0} は選ばれた単位系の単位フラックスである．

2.6 現象モデルの仮定と通過時間確率密度関数

(2.63) 式に従う．ここで，μ_0, β_0 は一定である．これらの修正を施すことによって，3つの確率密度関数すべてが疑問 1 に対して同じ答えを出すことになる．結局，対流分散式の仮定が妥当と見なすには，同じカラム，異なる流速で行った一連の流出実験から得たデータだけでは不十分である．その一連のデータは，どちらかといえば仮説 1 を検証するのに有益にすぎないからである．

疑問 2 はさらに面白い．輸送体積の内外部における溶質の動きについて問われているが，1 地点における観測からその動きを推論するには，溶質の移動現象に関する物理的考察が必要である．溶質濃度が深さによってどう変わるかを推論するための非常に有効な方法は，流入端から種々の距離における通過時間モーメントを調べることである．

J_w, θ, V, D が一定の場合，対流分散式によって任意の位置 z における溶質移動現象の予測がどのようになるか，を調べることから始めよう．例 2.4 で示されるように，対流分散式の通過時間確率密度関数の平均値及び分散値は (2.57)-(2.58) 式で与えられる．ゆえに，対流分散式に従う溶質の移動現象の場合，均一土壌，定常流の下では，平均通過時間及びその分散値は距離と共に線形的に大きくなる．したがって，θ と λ が一定であれば，いろいろな z における溶質移動の変化を対流分散式によって予測することができる．

他の 2 つの型の確率密度関数 (2.60) と (2.61) 式には，z が含まれないので，それらの式では疑問 2 に答えられない．いろいろな深さ z と通過時間確率密度関数とを関係付ける方法の一例として，次のような仮説を考えよう (Jury, 1982)．その場合，対流分散式 と全く異なる溶質移動が生じる．

> **仮説 2** カラムの長さに沿って均一で平均的な特性を持つ輸送体積[*12]がある．そこでは $t = 0$ 時に流入端 $z = 0$ に与えられた 1 つの溶質分子が t 以下のある時間 t_0 に深さ z に到達する確率は，その分子が tl/z [*13] 以下のある時間 t_0 に深さ l に到達する確率と同じである．

移動時間について述べたこの仮説は，物理的には次のような状態を意味する．つまり，輸送体積内では速い溶質分子と遅い溶質分子とが互いに分離して移動し，まるで互いに連絡のない分離した流管内に収まっているかのような状態である．したがって，この仮説に従うモデルは対流分散式とはまるっきり逆である．対流分散式では，溶質が輸送体積の流入端から流出端まで移動するのに要する時間よりもはるかに短い時間内に，流速が異なる部分において溶質の側方向への混合が生じる (Tayor, 1953)．仮説 2 は，数学的には通過時間の積算分布関数 (cdf) $P(t)$ によって次のように表される．

$$P(z, t) = P\left(l, \frac{tl}{z}\right) \tag{2.64}$$

[*12] 局所的に変化するいかなる特性も同じ分布になっている．
[*13] 訳注）原文は tL/z であるが，tl/z の誤りと思われる．

あるいは (2.24) 式を用いて，

$$f^f(z,t) = \frac{l}{z} f^f\left(l, \frac{tl}{z}\right) \tag{2.65}$$

(2.65) 式は，第2の疑問に対する答えを出す1つのモデルを与えてくれる．深さ l における確率密度関数 $f^f(l,t)$ の測定値は，それに l/z を掛け，t の代わりに tl/z を代入することによって，確率密度関数 $f^f(z,t)$ の予測値に変換できる．フィック型確率密度関数 (2.59) 式がこの (2.65) 式に従わないことを立証するのは容易である (問 2.10)．

(2.65) 式に従う確率密度関数 $f^f(z,t)$ の通過時間モーメントには，面白い特徴がある．(2.28) 式の N 次モーメントは，

$$\begin{aligned} E_z(t^N) &= \int_0^\infty t^N f^f(z,t)dt = \int_0^\infty t^N \frac{l}{z} f^f\left(l, \frac{tl}{z}\right) dt \\ &= \left(\frac{z}{l}\right)^N \int_0^\infty y^N f^f(l,y)dy = \left(\frac{z}{l}\right)^N E_l(t^N) \end{aligned} \tag{2.66}$$

ここで，E_l は流出の基準深さ $z = l$ における N 次の通過時間モーメントである．したがって，仮説2を満足する土壌では通過時間分布の平均値及び分散値は，

$$E_z(t) = \frac{z}{l} E_l(t) \tag{2.67}$$

$$\text{Var}_z(t) = \left(\frac{z}{l}\right)^2 \text{Var}_l(t) \tag{2.68}$$

(2.58) 式と (2.68) 式とを比較すると，2つのモデルによって溶質がどのように動くか，違いが分かる．仮説2に基づくこの新しいモデルでは，分散値から分かるように溶質の通過時間が流入端からの距離の2乗に比例して拡がっていくのに対し，対流分散式モデルでは溶質の拡がる速度は距離に比例する．仮説2に従うシステムにおいて対流分散式モデルを用いると，ある深さにおける流出濃度のパターンと完全に一致する計算結果が得られるかもしれない．しかし，溶質の入力源からのいろいろな距離において流出濃度曲線を繰り返し適合させると，分散係数 D は距離によって線形的に増加するようになるであろう．地下水実験で幾度も観測されてきたこの現象 (Gelhar et al., 1985) は，最近では現場の土壌でも観測されており (Butters and Jury, 1989)，分散スケール効果 (Fried, 1975) と呼ばれることがある．

対流分散式と他のモデルとを区別しているものは，明らかに距離の増大に伴う通過時間の変動の動きである．したがって，土壌カラムにおける対流分散式の妥当性を実験的に調べるには流入端からのいろいろな距離における距離の関数として（あるいは，第3章で述べるようにいろいろな時間における距離の関数として）流出濃度を記録しなければならない．しかし，最近の研究 (Khan and Jury, 1990) を除いては，このモデルの検証は実験室

では行われなかった．それに代わって，対流分散式が使用され，流入端からある 1 点における流出濃度だけが表現されてきた．そこでは，対流分散式と仮説 2 に従うモデルとの区別さえも行われなかった．

単一の定常流実験の場合，(2.59)-(2.61) 式の各通過時間確率密度関数はカラムの流入端からのいろいろな距離において，それぞれが (2.65) 式に従うように，容易に修正できる．それは，深さに依存するパラメータを次のように定義することによって行われる．

フィック型

$$V_z = V_l, \quad D_z = \frac{z}{l} D_l \tag{2.69}$$

対数正規型

$$\mu_z = \mu_l + \ln(z/l), \quad \sigma_z = \sigma_l \tag{2.70}$$

ガンマ型

$$\sigma_z = \sigma_l, \quad \beta_z = \frac{l}{z} \beta_l \tag{2.71}$$

ここで，添字 l の付くパラメータはすべて深さ z で一定であり，深さ l は各モデルを定義するための基準深さとなる．

2.7 確率対流モデルと対流分散モデル

通過時間の分散値が距離と共に線形的に増大するような，(2.58) 式に従う現象を対流分散現象と呼び，分散値が距離の自乗と共に増大するような，(2.68) 式に従う現象を**確率対流** (stochastic-convective) 現象と呼ぶことにしよう (Simmons, 1982)．例えば，(2.69) 式に従うパラメータ V_z と D_z を保有したフィック型の確率密度関数 (2.51) 式は，確率対流モデルであり，もはや (2.37) 式の解ではない (Simmons, 1986；問 2.2 を参照)．

対数正規型の確率対流モデルは (2.70) 式のパラメータをもつ (2.60) 式で表され，Jury (1982) によって最初に提案された．それは対流対数型の伝達関数モデル (convective lognormal transfer function model：CLT) という特別な名前で呼ばれている (Jury, 1987)．

$$f^f(z,t) = \frac{1}{\sqrt{2\pi}\sigma_l t} \exp\left(-\frac{(\ln(tl/z) - \mu_l)^2}{2\sigma_l^2}\right) \tag{2.72}$$

対流分散式の確率密度関数 (2.59) 式と，対流対数型の伝達関数モデル (2.72) 式は次の図 2.3 で比較されている．

図 2.3 の 3 つのグラフには，(2.65) 式に従う対流対数型の伝達関数モデルの興味ある特徴がいくつか示されている．ある深さにおける共通のデータセットに対して各モデルのパラメータの最適化を行うと，対流対数型の伝達関数モデルは対流分散式モデルと区別することは事実上できない（$z = 50$ cm の図）．しかし，キャリブレーションを行うと対流対

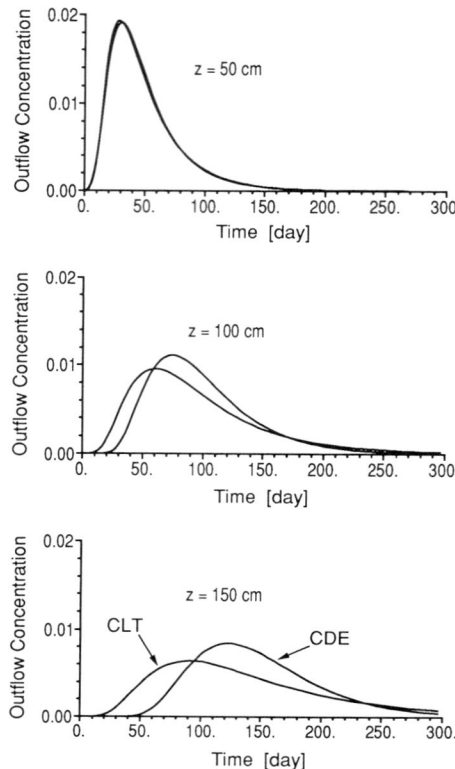

図 2.3 深さ 3 点における正規化された溶質流出濃度．濃度は対流分散式及び対流対数型の伝達関数モデルによる予測値である．予測にはモーメント法を使用し，校正は $L = 50$ cm で行った．

数型の伝達関数は対流分散式よりも速く拡散するが，記録している深さまでの平均通過時間はほぼ等しくなる．

　本章では，溶質輸送体積の流出端における溶質フラックス濃度の表現に限定してきた．そのような作業には，その体積内部の移動や変形現象を表す現象モデルに代わって，通過時間確率密度関数（さらに一般的には溶質滞在時間 (lifetime) 分布）を用いることができる．次章では議論を拡張し，溶質のレジデント濃度の特徴について述べる．この濃度は，空間的に異なる位置における溶質の密度である．

問 題

問 2.1 ラプラス変換表を用いて，対流分散式の通過時間確率密度関数 (2.50) 式の逆変換 (2.51) 式を導け．

2.7 確率対流モデルと対流分散モデル

問 2.2 確率対流フィック型確率密度関数 ((2.69) 式を満足する (2.51) 式) が，対流分散式の解 (2.37) 式でないことを示せ．

問 2.3 次の3つの入力境界条件のフラックス濃度のラプラス変換を計算せよ．

$$C^f(0,t) = \delta(t) \tag{2.73}$$

$$C^f(0,t) = H(t) \tag{2.74}$$

$$C^f(0,t) = H(t) - H(t - \Delta t) \tag{2.75}$$

問 2.4 $f(t)$ (2.76) 式が対数通過時間確率密度関数であるとすると，N 次の通過時間モーメントが次式 (2.77) で表されることを示せ．

$$f^f(z,t) = \frac{1}{\sqrt{2\pi}\sigma t} \exp\left(-\frac{(\ln(t)-\mu)^2}{2\sigma^2}\right) \tag{2.76}$$

$$E(t^N) = \int_0^\infty t^N f(t) dt = \exp\left(N\mu + N^2\sigma^2/2\right) \tag{2.77}$$

問 2.5 (2.63) 式で与えられる関係を証明せよ．

問 2.6 溶質のステップ関数入力

$$C^f(0,t) = C_0 H(t) \tag{2.78}$$

に相当する対流分散式のフラックス濃度を計算せよ．ここで，$H(t)$ はヘビサイド関数である．

問 2.7 θ と $\lambda = D/V$ が一定ならば，フラックス確率密度関数に対する対流分散式の定常解は，積算排水量 $I = J_w t$ に対してプロットすると，どれも変わらないことを証明せよ．

問 2.8 ガンマ型確率密度関数 (2.61) 式の通過時間モーメントを計算せよ．

問 2.9 ラプラス変換 (A.1) の定義を用いて，(2.29) 式が正しいことを示せ．

問 2.10 フィック型確率密度関数 (2.51) と (2.59) 式は (2.65) 式の確率対流仮説に従わないことを示せ．

第3章

フラックス濃度とレジデント濃度

3.1 溶質濃度の種類

　モデルにはいろいろな種類の溶質濃度があり，それによって測定装置も異なることを認識する必要がある．これまでに展開してきた通過時間の定式化においては，流入濃度と流出濃度は輸送体積の境界を形成している固定面を通過するもので，**フラックス濃度**と呼ばれている．フラックス濃度 C^f は1次元流においては，水フラックスに対する溶質フラックスの比として定義される（高次元になると定義は多少複雑になる；Sposito and Bary, 1987 の議論を参照せよ）．フラックス濃度を理解するには，溶質のフラックス方向に対して垂直な方向に目に見えない面があり，短時間内にその面を通過する溶質の質量を同じ時間内にその面を通過する水の体積で割ったものと考えるとよい．この（質量/体積）がフラックス濃度である．したがって，

$$J_s = C^f J_w \tag{3.1}$$

ここで，J_s と J_w はそれぞれ溶質フラックス，水フラックスを表す．フラックス濃度は，流れによって重み付けられた濃度であり，土中にある受水容器によって測定できる．その場合，溶液は容器がないときの流速と同じ速度で容器に流入しなければならない．

　もう1つの濃度の種類は，空間のある固定体積内にある溶質の瞬間的な質量密度で表される．**全レジデント濃度** C_t^r は土壌の単位体積当たりの溶質の質量として定義される．したがって，全レジデント濃度は土壌コアを採取して測定するか，現場の電気抵抗を測定するか，溶質分子を凍結して位置を固定し，その密度を記録する手法を用いるかして測定できる．

　全レジデント濃度は土中に異なる相で存在する溶質から構成されている（例えば，溶液，ガス相，吸着相，非混合液等）．複数の相が土中の移動に関与するとき，(3.1) 式で定義されるフラックス濃度は複数の相によって表される．その場合，混乱を避けるため溶質のフラックスの形として，伝達関数 (2.1) 式を用いる．本書の大部分においては，溶質移

動の議論は，溶質が溶解するか，溶質が土壌の固相に吸着されるか，溶質が揮発性であるかのいずれかの場合に限定している．故に，溶質フラックス濃度は別に定義しなければ溶液濃度と関連している．

全レジデント濃度は各相の成分に分割され，各相ごとに関連した現象モデルに従っている．しかし，溶液相のフラックス濃度だけが輸送体積から出ていく場合，そのフラックス濃度は物質収支の原理によって全レジデント濃度と関係付けられる．そのことを以下に示す．

3.2 溶質の保存式

輸送体積内の反応によって化学物質の損失や生成が生じない場合，その化学物質に対する溶質の保存式は1次元流では次のようになる．

$$\frac{\partial C_t^r}{\partial t} + J_w \frac{\partial C^f}{\partial z} = 0 \tag{3.2}$$

この式は (3.1) 式と，溶質フラックス濃度及びレジデント濃度の定義から直接導かれる．半無限土壌 ($0 < z < \infty$) における溶質移動現象の場合，初期条件及び流入端の境界条件[*1]は，

$$C_t^r(z,0) = C_0^r(z) \tag{3.3}$$

$$C^f(0,t) = C_0^f(t) \tag{3.4}$$

形式的に (3.2) 式の J_w を一定と仮定すると，2つの濃度を関係付ける表示が得られる．フラックス濃度が既知であるとき，レジデント濃度は (3.2) 式を t で積分することによって得られる．

$$C_t^r(z,t) = C_0^r(z) - J_w \frac{\partial}{\partial z} \int_0^t C^f(z,t')dt' \tag{3.5}$$

逆に，レジデント濃度が既知のとき，(3.2) 式を z に関して積分するとフラックス濃度が得られる．

$$C^f(z,t) = C_0^f(t) - \frac{1}{J_w} \frac{\partial}{\partial t} \int_0^z C_t^r(z',t)dz' \tag{3.6}$$

これらの関係は両辺にラプラス変換を施すと，著しく単純になる．

$$\hat{C}_t^r(z;s) = \frac{C_0^r(z)}{s} - \frac{J_w}{s} \frac{d\hat{C}^f(z;s)}{dz} \tag{3.7}$$

$$\hat{C}^f(z;s) = \hat{C}_0^f(s) - \frac{s}{J_w} \int_0^z \hat{C}_t^r(z';s)dz' + \frac{1}{J_w} \int_0^z C_t^r(z',0)dz' \tag{3.8}$$

[*1] $z = \infty$ の条件は初期条件と変わらないことを仮定している．

3.2 溶質の保存式

(3.5)-(3.6) 式は溶質の物質収支を表し，それらはどちらでも選択できる．(3.5) 式では，時空間の関数であるフラックス濃度が既知であれば，レジデント濃度が計算できる．第2章で論じたように，この計算を可能にするには，輸送体積の流入端からの種々の深さのフラックス確率密度関数に関係づけるモデルか，種々の深さにおける一連の実験測定値 $C^f(z,t)$ が必要である．もし実験データを用いるとすると，(3.5) 式の積分が正確に評価できるように流出距離が十分に近接していなければならない．同様に，フラックス濃度はレジデント濃度分布の1つから (3.6) 式を用いて計算できないので，分布の時間的展開を表すモデルや実測の繰り返しが必要である．したがって，これらの条件に合う実験情報はなかなか得られないので，輸送モデルのフラックス濃度とレジデント濃度との関係を求める際にこれらの関係式が必要である．そのような意味で，これらの式がどのように用いられるか，次の例で示すことにする．

例 3.1 対流分散式のレジデント濃度

初期において溶質が存在しない系 $(C_t^r(z,0)=0)$ を仮定して，$t=0$ で流入端 $z=0$ を通過する溶質フラックスの狭いパルス（デルタ関数）が侵入する場合に相当する全レジデント濃度を計算したい．この問題のフラックス濃度はフィック型の確率密度関数 (2.51) である．フィック型の確率密度関数のラプラス変換 $\hat{C}^f$ は次式で与えられる（例 2.2 を参照）．

$$\hat{C}^f(z;s) = \exp\left(\frac{Vz}{2D}(1-\xi)\right) \tag{3.9}$$

ここで，

$$\xi = \sqrt{1+4sD/V^2} \tag{3.10}$$

したがって，全レジデント濃度のラプラス変換は，(3.7) 式を用いて，

$$\hat{C}_t^r(z;s) = -\frac{J_w}{s}\frac{d\hat{C}^f(z;s)}{dz} = -\frac{\theta V^2(1-\xi)}{2Ds}\exp\left(\frac{Vz}{2D}(1-\xi)\right)$$
$$= \frac{2\theta}{1+\xi}\exp\left(\frac{Vz}{2D}(1-\xi)\right) \tag{3.11}$$

(3.11) 式の逆変換はラプラス変換の表（付録 C）を用いて問 3.1 で導かれている．それは次式に等しい．

$$C_t^r(z;t) = \frac{\theta V}{\sqrt{\pi Dt}}\exp\left(-\frac{(z-Vt)^2}{4Dt}\right)$$
$$-\frac{\theta V^2}{2D}\exp\left(\frac{Vz}{D}\right)\mathrm{erfc}\left(\frac{z+Vt}{\sqrt{4Dt}}\right) \tag{3.12}$$

ここで，$\mathrm{erfc}(x) := 1-\mathrm{erf}(x)$ は余誤差関数で，誤差関数 $\mathrm{erf}(x)$ は次式で定義される (Abramowitz and Stegan, 1970)．

$$\mathrm{erf}(x) := \frac{2}{\sqrt{\pi}}\int_0^x \exp(-y^2)dy \tag{3.13}$$

図 3.1 は流入端からのいろいろな距離における 対流分散式のフラックス濃度 (2.51)，及び種々の時間に相当するレジデント濃度 (3.12) を示している．流入条件が狭小な矩形パルス (2.15) のときレ

ジデント対流分散式に対する解は，Lindstrom et al.(1967) や Gershon and Nir(1969) によって導かれた．それは，(3.12) 式を $\Delta t \to 0$, $C_0 \Delta t \to 1$ にして得られることが分かる．

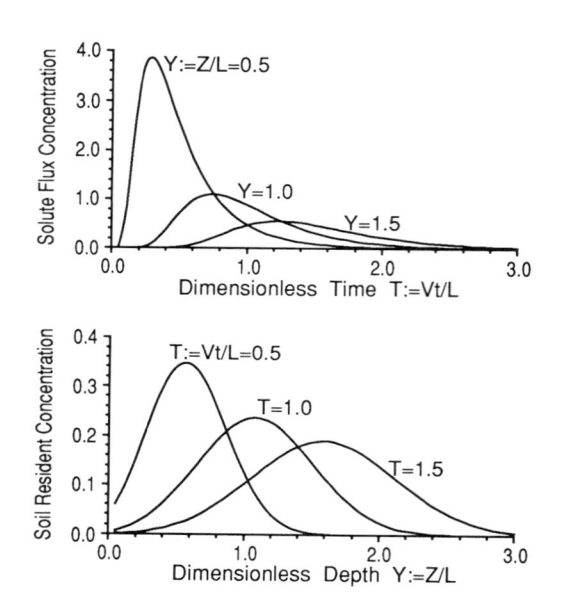

図 3.1　ペクレ数 $P = LV/D$ 及び $\theta = 0.25$ の土壌における溶質フラックス濃度（上図）とそれに相当する全レジデント濃度（下図）．

1 次元の対流分散式に対するフラックス濃度 (3.1) とレジデント濃度 (2.34) との形を比較すると，フラックス濃度とレジデント濃度とを直接関係づけることができる（Parker and Van Genuchten, 1984）．

$$C^f = C_l^r - \frac{D}{V}\frac{\partial C_l^r}{\partial z} \tag{3.14}$$

ここで，C_l^r はレジデント溶液相の単位体積当たりの溶質質量である．溶質フラックスが (2.34) 式で表されれば，式 (3.14) は正しい．

モデルに種々の仮定を導入すると全レジデント濃度は成分に分解される．例えば，自然の構造をもつ土壌では，湿潤間隙空間のすべてが溶質の移動に関与しているのではない．つまり，水の相の一部は停留しており，流れている溶液の相の一部に溶質を拡散しているに過ぎない．この場合，全レジデント濃度を可動液相と滞留液相あるいは不動液相とに分けるとよい (Coats and Smith, 1956; Van Genuchten and Wierenga, 1976)．

$$C_t^r = \theta_m C_m^r + \theta_{im} C_{im}^r \tag{3.15}$$

ここで，下付き m と im はそれぞれ可動と不動を意味する．このモデルは次の例で検討する．

3.2 溶質の保存式

例 3.2 可動水-不動水モデル

均一土壌中の定常流において減衰することのない非吸着溶質の場合に対する 2 つの領域を表す微分方程式, 領域可動水-不動水モデルは, 次式で書くことができる (Van Genuchten and Wierenga, 1976).

$$\theta_m \frac{\partial C_m^r}{\partial t} + \theta_{im} \frac{\partial C_{im}^r}{\partial t} = \theta_m D_m \frac{\partial^2 C_m^r}{\partial z^2} - J_w \frac{\partial C_m^r}{\partial z} \tag{3.16}$$

$$\theta_{im} \frac{\partial C_{im}^r}{\partial t} = \alpha(C_m^r - C_{im}^r) \tag{3.17}$$

ここで, J_w は定常水フラックス, D_m は可動域の拡散分散係数, α は相間の交換に対する速度定数である. (3.16)-(3.17) 式中の C_m^r と C_{im}^r はともにレジデント濃度であることに注意せよ. z 方向に無限の媒体で, 初期に溶質が存在せず, 溶質フラックス濃度の狭小なパルスが入力されるとき, すなわち,

$$C_m^r(z,0) = 0, \quad C_{im}^r(z,0) = 0, \quad C_m^f(\infty,t) = 0, \quad C_m^f(0,t) = \delta(t) \tag{3.18}$$

のとき, 可動水フラックス濃度 C_m^f に対する解のラプラス変換を計算したい. 例 2.2 のようなラプラス変換後, (3.16) と (3.17) は次のようになる.

$$s\theta_m \hat{C}_m^r + s\theta_{im}\hat{C}_{im}^r = \theta_m D_m \frac{d^2 \hat{C}_m^r}{dz^2} - J_w \frac{d\hat{C}_m^r}{dz} \tag{3.19}$$

$$s\theta_{im}\hat{C}_{im}^r = \alpha(\hat{C}_m^r - \hat{C}_{im}^r) \tag{3.20}$$

(3.20) 式から $\hat{C}_{im}^r$ を解き, それを (3.19) 式に挿入すると, 結果は次のようになる.

$$\theta_m D_m \frac{d^2 \hat{C}_m^r}{dz^2} - J_w \frac{d\hat{C}_m^r}{dz} - g(s)\theta_m \hat{C}_m^r = 0 \tag{3.21}$$

ここで,

$$g(s) = s + \frac{s\alpha\theta_{im}/\theta_m}{\alpha + s\theta_{im}} \tag{3.22}$$

可動フラックス濃度 $\hat{C}_m^f$ は溶質フラックス式 (3.1) と $C_l^r \to C_m^r$ の時の (2.34) 式から可動レジデント濃度に関係づけられる.

$$\hat{C}_m^f \equiv \hat{C}^f = \frac{\hat{J}_s}{J_w} = \hat{C}_m^r - \frac{D_m}{V_m}\frac{d\hat{C}_m^r}{dz} \tag{3.23}$$

ここで, $V_m := J_w/\theta_m$ は可動溶質の移動速度である. 不動相の溶質は可動相を通る以外に輸送体積から流出できないので, 可動相のフラックス濃度は全フラックス濃度になることに注意せよ. また $d\hat{C}_m^r/dz$ は (3.21) 式を満足するから, (3.23) 式から次式が得られる.

$$\theta_m D_m \frac{d^2 \hat{C}^f}{dz^2} - J_w \frac{d\hat{C}^f}{dz} - g(s)\theta_m \hat{C}^f = 0 \tag{3.24}$$

したがって, フラックス濃度は可動レジデント濃度と同じ微分方程式を満足する.

式 (3.24) は普通の $\hat{C}^f = \exp(mz)$ の逐次代入法 ((2.45) を参照) によって解かれる. 代入によって, 次式の 2 つの根 m が得られる.

$$m = \frac{V_m}{2D_m} \pm \frac{V_m}{2D_m}\sqrt{1 + \frac{4g(s)D_m}{V_m^2}} = \frac{V_m}{2D_m}(1 \pm \zeta) \tag{3.25}$$

ここで,

$$\zeta := \sqrt{1 + \frac{4g(s)D_m}{V_m{}^2}} \tag{3.26}$$

$\hat{C}^f$ に対する上下端の条件 (3.18) 式を一般解に適用すると,次式を生じる.

$$\hat{C}^f = \hat{f}^f(z;s) = \exp\left(\frac{V_m z}{2D_m}(1-\zeta)\right) \tag{3.27}$$

(3.27) 式は,溶質のフラックス濃度の $\delta(t)$-パルスを流入端に与えた場合であるから,このモデルの通過時間確率密度関数 $f^f(z,t)$ のラプラス変換を示すことになる.

(3.7) 式を使って (3.27) 式から得られる全レジデント濃度は次のようになる.

$$\begin{aligned}\hat{C}^r_t &:= \frac{1}{s}\frac{V_m J_w}{2D_m}(\zeta-1)\exp\left(\frac{V_m z}{2D_m}(1-\zeta)\right) \\ &= \frac{1}{s}\frac{2\theta_m g(s)}{1+\zeta}\exp\left(\frac{V_m z}{2D_m}(1-\zeta)\right)\end{aligned} \tag{3.28}$$

(3.27)-(3.28) 式の数値逆変換(付録 B を参照)によって計算した可動水-不動水モデルのフラックス濃度及び全レジデント濃度を無次元速度定数 $W := \alpha l/J_w$ の 3 つの値に対して図 3.2 - 3.3 にプロットしている.

図 3.2 - 3.3 と,それらに対応する図 3.1 上にある対流分散式の $Y=1, T=1$ の曲線とを比較すると,可動水-不動水モデルの特性が明らかになる.第 1 に,湿潤間隙空間の一部だけが可動であるため,溶質フラックス濃度のピークはピストン流の通過時間,$l\theta/J_w$ より先に到達する.第 2 に,可動域と滞留域との間の溶質交換速度を制限するとフラックス確率密度関数の長い溶質流出の後曳き(すなわち,非常に長い通過時間)が生じ,それに応じて対流分散式に比べてより地表近い所に大量の溶質が残る.これらの観測は,次の例で示されるように,可動水-不動水の通過時間モーメントを調べることによって定量化される.

例 3.3 可動水-不動水の通過時間モーメント

可動水-不動水の通過時間モーメントは,公式 (2.29) を用い,流出確率密度関数のラプラス変換 (3.27) で演算することによって,例 2.4 のように容易に得られる.微分の連鎖則を用いて,(3.27) 式を s で微分すると,

$$\frac{d\hat{f}^f}{ds} = \left(\frac{dg}{ds}\right)\left(\frac{d\zeta}{dg}\right)\left(\frac{d\hat{f}^f}{d\zeta}\right) \tag{3.29}$$

ここで,g と ζ は (3.22), (3.26) によって定義される.

これらの微分は,

$$\frac{dg}{ds} = 1 + \frac{\theta_{im}\alpha/\theta_m}{\alpha+s\theta_{im}} - \frac{s\theta_{im}{}^2\alpha/\theta_m}{(\alpha+s\theta_{im})^2} \xrightarrow{s\to 0} \frac{\theta}{\theta_m};$$

$$\frac{d\zeta}{dg} = \frac{2D_m}{V_m{}^2\zeta} \xrightarrow{s\to 0} \frac{2D_m}{V_m{}^2};$$

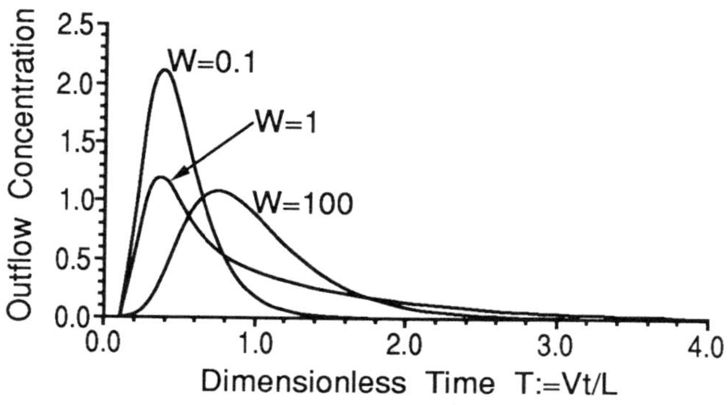

図 3.2 **可動水-不動水モデルのフラックス濃度確率密度関数．深さ $z = l$ において プロットされ，速度パラメータ $W = \alpha l / J_w$ の関数として表されている．((3.27) 式の数値逆変換によってプロットされた曲線である（付録 B 参照)）**

$$\frac{d\hat{f}^f}{d\zeta} = -\frac{zV_m}{2D_m}\hat{f}^f \quad \overset{s\to 0}{\longrightarrow} \quad -\frac{zV_m}{2D_m}$$

したがって，1 次モーメントは次式に等しい．

$$\mathrm{E}_z(t) = -\left.\frac{d\hat{f}^f}{ds}\right|_{s=0} = \left.\frac{dg}{ds}\frac{z}{V_m\zeta}\hat{f}^f\right|_{s=0} = \frac{\theta z}{\theta_m V_m} = \frac{\theta z}{J_w} \tag{3.30}$$

これは，対流分散式の平均通過時間と同じであり，(2.54) のピストン流モデルとも同じである．したがって，ピークが早めに到達しても，平均通過時間は不動水の存在による影響は受けない．長い後曳きは早い到達で補われる． 2 階微分方程式は次の形に分解される．

$$\frac{d^2\hat{f}^f}{ds^2} = -\left[\frac{d^2g}{ds^2}\frac{z}{\zeta V_m} - \left(\frac{dg}{ds}\right)^2\frac{2D_m z}{{V_m}^3\zeta^3} - \left(\frac{dg}{ds}\right)^2\frac{z^2}{{V_m}^2\zeta^2}\right]\hat{f}^f \tag{3.31}$$

ここで，

$$\frac{d^2g}{ds^2} = \frac{2s{\theta_{im}}^3\alpha/\theta_m}{(\alpha+s\theta_{im})^3} - \frac{2{\theta_{im}}^2\alpha/\theta_m}{(\alpha+s\theta_{im})^2} \quad \overset{s\to 0}{\longrightarrow} \quad -\frac{2{\theta_{im}}^2}{\alpha\theta_m} \tag{3.32}$$

したがって，2 次モーメントは (2.29) 式によって，

$$\mathrm{E}_z(t^2) = \left.\frac{d^2\hat{f}^f}{ds^2}\right|_{s=0} = \left(\frac{\theta z}{J_w}\right)^2 + \frac{2D_m\theta^2 z}{{V_m}^3{\theta_m}^2} + \frac{2{\theta_{im}}^2 z}{\alpha J_w} \tag{3.33}$$

ゆえに，(2.30) によって，分散は

$$\mathrm{Var}_z(t) = \frac{\theta_m}{\theta}\frac{2D_m z}{V^3} + \frac{\theta_{im}}{\theta}\frac{2\theta_{im} z}{\alpha V} \tag{3.34}$$

ここで，$V = J_w/\theta$ である．したがって，可動水-不動水の通過時間の分散は 2 つの項の和であり，第 1 項は可動域内の分散を，第 2 項は可動域と不動域との間の限定された速度で拡散する溶質移動を表す (Valocchi，1985)．

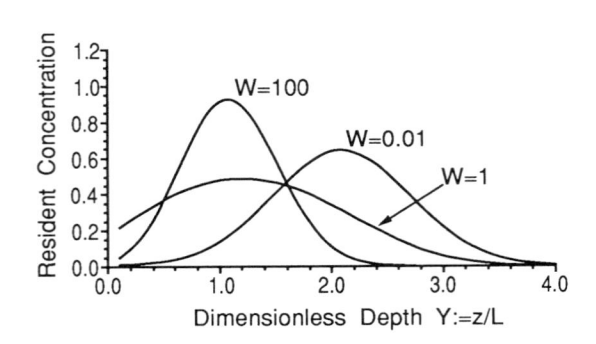

図 3.3 可動水-不動水モデルの全レジデント濃度. 時間 $t = l\theta/J_w$ においてプロットされ, 速度パラメータ $W = \alpha l/J_w$ の関数として表されている. ((3.28) 式の数値逆変換によってプロットされた曲線である (付録 B 参照))

可動水-不動水モデルはある程度室内実験の観測値と比較されてきた (Van Genuchten and Wierenga, 1977; Nkedi Kizza *et al.*, 1983; De Smedt and Wierenga, 1984; Schulin *et al.*, 1987). ほとんどの場合, 同時に行った定数の適合によって, 速度定数と可動水分率が得られているにすぎない. しかし, Rao *et al.* (1980) は単一サイズの球形団粒からなる多孔媒体に対して団粒サイズと速度定数との間の関係を見出すのに成功している.

3.3 フラックス確率密度関数とレジデント確率密度関数

溶質の狭小なパルス (デルタ関数) のフラックス入力に対するインパルス応答関数 $f^f(z,t)$ は, 通過時間確率密度関数として解釈でき, 溶質分子が 0 から z まで移動するのに要する通過時間の分布を示す. 同様に, 狭小なパルス入力に対するもう 1 つのインパルス応答関数, つまりある特定時における z の関数として溶質のレジデント濃度を定義できる. このレジデント濃度 $f^r(z,t)$ は特定時 t の終わりまでに溶質分子が到達するであろう深さの分布を示す移動距離確率密度関数として解釈できる (Simmons, 1986a).

これら 2 つの確率密度関数の関係は次のように導かれる. $t=0$ 時に輸送体積の流入端に狭小なパルスの溶質が添加されるとすると, 時間 t の時に z を通過してしまったパルスの溶質分は z と ∞ との間に存在しなければならない. したがって,

$$\int_0^t f^f(z,t')dt' = \int_z^\infty (f^r(z',t) - f^r(z',0))dz' \tag{3.35}$$

z と t に関して (3.35) の両辺を微分すると, 次の微分形を得る (Simmons, 1986; Dagan and Nguyen, 1989).

$$\frac{\partial f^r(z,t)}{\partial t} + \frac{\partial f^f(z,t)}{\partial z} = 0 \tag{3.36}$$

したがって，通過時間確率密度関数 $f^f(z,t)$ をひとつの現象モデルで計算するか，あるいは z の関数として測定すると，それに相当するレジデント濃度確率密度関数は，$t=0$ 時に溶質は存在しないと仮定して，次式から導かれる．

$$f^r(z,t) = -\frac{\partial}{\partial z} \int_0^t f^f(z,t')dt' \tag{3.37}$$

式 (3.37) はまたラプラス変換でき，次のようになる．

$$\hat{f}^r(z;s) = -\frac{1}{s}\frac{d\hat{f}^f(z;s)}{dz} \tag{3.38}$$

このレジデント確率密度関数は，通過時間確率密度関数に関して定義してきたため，地表を通る狭小なパルスフラックス入力の場合に具体的に適用できる．この場合，地表では，$t>0$ に対してフラックスが 0 に維持されている．

3.4 レジデント確率密度関数の深さモーメント

あるモデルに対してレジデント確率密度関数が得られたとすると，その深さモーメントは次式から計算できる．

$$Z_N(t) := \mathrm{E}_t(z^N) = \int_0^\infty z^N f^r(z,t)dz \tag{3.39}$$

式 (3.39) は，土壌のレジデント濃度の観測値からモデルのパラメータを推定する場合，及びレジデント濃度 (土壌サンプリング) によって解釈される現象の変動とフラックス濃度 (溶液サンプリング) によるそれらの変動との差異を示す場合に，役に立つ．これは確率対流 (stochastic-convective) 現象と対流分散現象との差を論じるとき明らかになる．しかし，最初に対流分散式の深さモーメントを導くことにする．

例 3.4　対流分散式の深さモーメント

(3.39) のラプラス変換は

$$\hat{Z}_N = \int_0^\infty z^N \hat{f}^r(z,t)dz \tag{3.40}$$

レジデント確率密度関数 $\hat{f}^r(z,t)$ のラプラス変換は $\hat{C}_t^r/J_w$ で与えられる．ここで，$\hat{C}_t^r$ は対流分散式の狭小な入力に対する全レジデント濃度 (3.11) を変換したものである[*2]．

[*2] これは，$C^f = f^f(z,t)$ の場合を考え，(3.2) と (3.36) 式とを調べると明らかになる．

したがって，
$$\hat{f}^r(z,t) = \frac{2}{V(1+\xi)} \exp\left(\frac{Vz}{2D}(1-\xi)\right) \tag{3.41}$$

ここで，ξ は次のように定義される．
$$\xi := \sqrt{1 + \frac{4sD}{V^2}} \tag{3.42}$$

したがって，(3.40) 式の積分は解析的に行うことができ（付録 (D.39) を参照），次の結果になる．
$$\hat{Z}_N = \frac{2N!}{V(1+\xi)} \left(\frac{2D}{V(\xi-1)}\right)^{N+1} \tag{3.43}$$

式 (3.43) は，最初の 2, 3 の深さモーメントに対しては解析的に逆変換される（問 3.3 を参照）．図 3.4 は，空間におけるパルスの有効レジデント溶質速度 $V^r_{eff} := dZ_1/dt$ とパルスの拡大を表す有効分散係数[*3] $D^r_{eff} := 0.5\ d\ \text{Var}/dt$ を示している．ここで，$\text{Var} = Z_2 - Z_1^2$ は溶質の空間分散であり，時間 t におけるパルス質量の中心周辺の拡がりを表す．

最初に，図 3.4 は奇妙に思える．深さモーメントで解析する場合，対流分散式モデルの速度と分散係数が時間によって変化すると思われる理由は，溶質が上方に拡散しないという地表境界条件があるためである．この条件によって拡散現象の対称性が壊れるため，溶質パルスの質量中心は下方へ急速に移動し，無限媒体中に存在する場合よりはゆっくりと広がる．溶質が地表のはるか下に存在する時だけ，上部境界の影響は無視される．

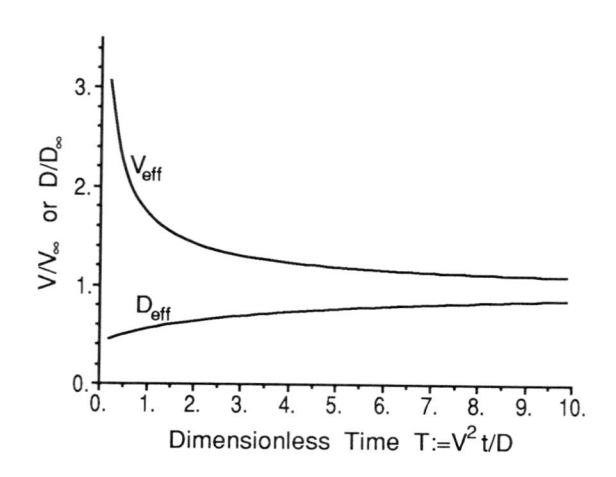

図 3.4 対流分散式の深さモーメントで計算した有効速度と分散係数．最終値に対する比率で表している．

[*3] 分散に関するこの定義は，第 7 章で展開される．Simmons (1986b) も参照．

3.5 確率対流モデルのレジデント確率密度関数

確率対流モデルのフラックス確率密度関数は，均一土壌の場合の (2.65) 式に従う．(2.65) 式を (3.37) 式に代入すると次式を得る（問 3.2 を参照）．

$$f^r(z,t) = \frac{t}{z}f^f(z,t) = \frac{tl}{z^2}f^f\left(l, \frac{tl}{z}\right) \tag{3.44}$$

ここで，l は基準深さであり，モデルのパラメータはその深さで定義される．したがって，(2.72) 式で定義される対流対数型の伝達関数モデル (CLT) のレジデント確率密度関数は

$$f^r(z,t) = \frac{1}{\sqrt{2\pi}\sigma_l z}\exp\left(-\frac{(\ln(tl/z)-\mu_l)^2}{2\sigma_l^2}\right) \tag{3.45}$$

図 3.5 は，対数型の対流伝達関数 (3.45) と対流分散式 ((3.12) 式を J_w で除したもの) のレジデント確率分布関数のプロットを示している．この場合，フラックス確率密度関数は $z = 50$ cm で一致する．

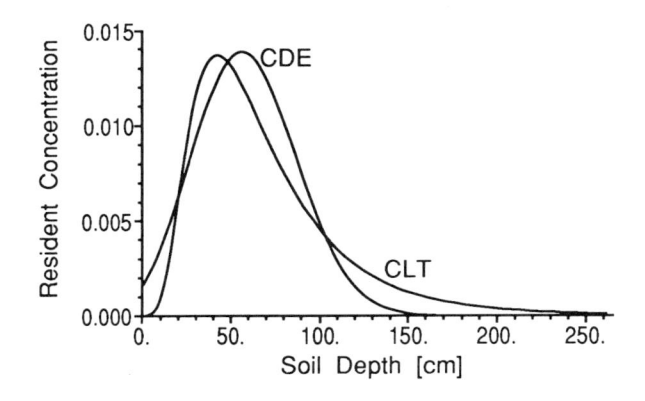

図 3.5 対流分散式モデル (CDE) と対流対数型の伝達関数 (CLT) のレジデント確率密度関数．これらは，$z = 50$ cm におけるフラックス濃度として適合されたものである．

対流分散式モデルでは，地表におけるレジデント濃度がゼロでないことに注意しよう．これは，ある時間の間地表を通るフラックスをゼロにするために必要なことである．対照的に，対数型の対流伝達関数モデルでは溶質移動は完全に対流であり，上方に移動できないか，あるいは通過時間がゼロでなければ溶質は地表に留まっていることになる．これらのモデルでは，50 cm を過ぎたところで実質的に類似しているが，図 3.5 に示される観測時間では，対数型の対流伝達関数モデルの溶質濃度の方が土壌のより深部へと拡がっている．

例 3.5 確率対流モデルの深さモーメント

確率対流 ((3.44) 式を参照) のどのモデルにおいても，レジデント確率密度関数の深さモーメント Z_N (3.40) 式は，基準深さ l におけるフラックス確率密度関数の通過時間モーメント $E_l(t^N)$ によって容易に計算できる．(3.44) 式を (3.40) 式に代入すると次式を得る．

$$Z_N(t) = \int_0^\infty z^N f^r(z,t) dz = \int_0^\infty z^N \frac{tl}{z^2} f^f\left(l, \frac{tl}{z}\right) dz$$
$$= (tl)^N \int_0^\infty (t')^{-N} f^f(l,t') dt' = (tl)^N \mathrm{E}_l(t^{-N}) \tag{3.46}$$

ここで，(3.46) 式の 2 行目は $t' = tl/z$ を代入して得られている．

この現象の平均レジデント有効速度 $V_{eff}^r = dZ_1/dt$ を平均移動の時間微分として再定義すると，次式のようになる．

$$V_{eff}^r = \frac{dZ_1(t)}{dt} = l\mathrm{E}_l\left(\frac{1}{t}\right) \tag{3.47}$$

一方，確率対流現象の平均フラックス有効速度 V_{eff}^f は観測値の通過時間 1 次モーメント (2.67) 式によって [*4]

$$V_{eff}^f = \left(\frac{d\mathrm{E}_l(t)}{dz}\right)^{-1} = \frac{l}{\mathrm{E}_l(t)} \tag{3.48}$$

したがって，これらの有効速度[*5]はいずれも一定値であるが，ピストン流の場合以外は同じにならない．

3.6 初期値問題

3.6.1 半無限土壌における初期値問題

従来の伝達関数の解析は，初期に溶質が存在せず，かつ輸送体積の流入端に，溶質を加えた場合に限定されてきた．廃水の漏水のような最近の応用では，$t=0$ 時には土壌中に溶質が存在する．そのような場合のために，初期分布の状態から $t>0$ の時間に対するレジデント濃度を表す方法を見いだそう．この問題は半無限土壌の場合容易に解くことができ (Carslaw and Jaeger, 1959)，境界値問題の解 (2.4) 式と似た式で表される．土壌中の初期レジデント濃度が

$$C_t^r(z,0) = C_0(z) \tag{3.49}$$

ならば，その後の時間 t におけるレジデント濃度は

$$C_t^r(z,t) = \int_{-\infty}^\infty C_0(z-z') f^r(z',t) dz' \tag{3.50}$$

[*4] 訳注) (3.48) 式の中央の項は原本では $E_l(t)$ であるが，$E_z(t)$ の誤りと思われる．

[*5] (3.47) と (3.48) 式の速度は，それぞれラグランジェ速度とオイラー速度と呼ばれる (Simmons, 1986b)．

3.6 初期値問題

ここで，初期値問題のレジデント確率密度関数 $f^r(z,t)$ は時間 t における溶質レジデント濃度に等しい．この場合，初期溶質濃度はデルタ関数 $C_0(z) = \delta(z)$ である．前述のように，レジデント濃度とフラックス濃度は保存則 ((3.2), (3.6) 式) によって関係付けられている．

例 3.6 半無限土壌における対流分散型のレジデント確率密度関数

初期条件

$$C_l^r(z,0) = \frac{\delta(z)}{\theta} \tag{3.51}$$

の場合，半無限土壌におけるレジデント対流分散式 (2.36) に対する解は以下のように得られる．

積分変換（付録 A を参照）によって，$C_l^r(z,t)$ のフーリエ変換 $\tilde{C}_l^r(\lambda,t)$ を定義しよう．

$$\tilde{C}_l^r(\lambda,t) := \int_{-\infty}^{\infty} C_l^r(z,t) \exp(-i\lambda z) dz \tag{3.52}$$

ここで，$i := \sqrt{-1}$ である．(3.52) 式は逆変換をもつ．

$$C_l^r(z,t) := \frac{1}{2\pi} \int_{-\infty}^{\infty} \tilde{C}_l^r(\lambda,t) \exp(i\lambda z) d\lambda \tag{3.53}$$

フラックスと濃度が $\pm\infty$ でゼロと仮定し，対流分散式 (2.36) 式と初期条件 (3.51) 式にフーリエ変換演算子を適用すると，次式を得る．(付録 A を参照)

$$\frac{d\tilde{C}_l^r(\lambda,t)}{dt} + (\lambda^2 D + i\lambda V)\tilde{C}_l^r(\lambda,t) = 0 \tag{3.54}$$

$$\tilde{C}_l^r(0) = \frac{1}{\theta} \tag{3.55}$$

この (3.54) 式の解は，試行解 $\exp(\gamma t)$ を用いて得られる．ここで，$\gamma = -(i\lambda V + \lambda^2 D)$ である．故に，

$$\tilde{C}_l^r(\lambda,t) = \frac{1}{\theta} \exp(-i\lambda V t - \lambda^2 D t) \tag{3.56}$$

(3.56) 式は (3.53) 式によって逆変換でき，その結果（付録 A.8 を参照）次式となる．

$$C_l^r(z,t) = f^r(z,t) = \frac{1}{2\sqrt{\pi D t}} \exp\left(-\frac{(z - Vt)^2}{4Dt}\right) \tag{3.57}$$

3.6.2 半無限対流分散式モデルの初期値問題

溶質は地表の上には移動できないので，半無限土壌の初期値問題は無限土壌の場合よりも複雑である．この場合，対流分散式に従う現象では，溶質が地表の下部に移動した後の長時間の間，(3.57) 式は近似的に正しい．レジデント対流分散式の問題は一般的な初期値問題に対して問 3.7 で解かれる．問 3.8 では，初期値 $C_0(z) = \delta(z)$ のとき，レジデント確率密度関数が，境界値問題のレジデント確率密度関数 ((3.12) 式を J_w で除したもの) と同じであることを示している．

3.6.3 確率対流モデルの初期値問題

確率対流 (stochastic-convective) モデルのフラックス確率密度関数は (2.65) 式に従う．このモデルは，半無限土壌における初期レジデント濃度を与えると容易に解くことができる．このモデルでは溶質は地表への逆方向拡散は許されないので，無限及び半無限の初期値問題の両レジデント確率密度関数は同じである．従って，半無限問題において，地表でのフラックスがなく，初期レジデント濃度が $C_t^r(z,0) = g(z)$ ならば，$t > 0$ の場合のレジデント濃度は次式で与えられる．

$$C_t^r(z,t) = \int_0^z g(z-z') f^r(z',t) dz' \tag{3.58}$$

ここで，$f^r(z,t)$ [*6]は初期値問題のレジデント確率密度関数である．それは，時間 t におけるレジデント濃度分布として定義され，$t=0$ 時に $z=0$ の位置にデルタ関数の溶質レジデント濃度を加えることによって得られる．境界値問題における確率対流フラックス確率密度関数を次のような仮説に従うものとして定義する．

仮説 3 1個の溶質トレーサが $z=0, t=0$ にレジデント流体中に存在するとき，時間 t で z より小さい深さでそれが見つけられる確率は，時間 τ で $z\tau/t$ より小さい深さで見つけられる確率と同じである．

積算分布関数 cdf (2.22) 式の定義を用いると，仮説 3 は次のように書ける．

$$P^r(z,t) = \int_0^z f^r(z',t) dz' = P^r\left(\frac{z\tau}{t}, \tau\right) \tag{3.59}$$

したがって，(3.59) 式の積算分布関数に相当するレジデント確率密度関数は，

$$f^r(z,t) = \frac{dP^r(z,t)}{dz} = \frac{\tau}{t} f^r\left(\frac{z\tau}{t}, \tau\right) \tag{3.60}$$

(3.59) と (3.60) 式の時間 τ はレジデント確率密度関数が測定されるときの基準時間である．それは，フラックス確率密度関数が測定されるときの基準深さ $z=l$ の場合に相当する．初期値問題のフラックス濃度は (3.6) 式を用いて，(3.60) 式から計算できる．このフラックス濃度は，最初に輸送体積に溶質が含まれていて，その後土壌のある固定した深さで測定された流出濃度に相当する．

[*6] この表示では，z は確率変数，t はパラメータである．

3.6 初期値問題

問題[*7]

問 3.1 微分方程式と境界条件とから，溶質の狭いパルス入力に対する対流分散式のレジデント濃度の解を直接計算せよ．

問 3.2 確率対流現象のレジデント確率密度関数を基準フラックス確率密度関数に関係付けて (3.44) 式を導け．

問 3.3 深さモーメントに対する公式 (3.43) を逆変換して，対流分散式のレジデント確率密度関数の平均値と分散値に対する解を導け．

問 3.4 対流対数型の伝達関数モデル (CLT) (2.72) 式と，初期値分布 $g(z) = C_0(H(z) - H(z-L))$ が与えられた場合，確率対流モデル (3.58) 式に対する初期値問題の解析解を導け．

問 3.5 θ_1 の間隙を通って，溶質が $V_1 = J_w/\theta_1$ の速度でピストン流で移動し，残りの間隙 $\theta_2 = \theta - \theta_1$ を通って V_2 の速度で水が移動している．そのような多孔媒体中のフラックス確率密度関数とレジデント確率密度関数を計算せよ．ただし，J_w は水の定常フラックス速度である．2 つの領域の間には，相互作用はないものと仮定せよ．システムのフラックス及びレジデント平均速度も計算せよ．

†問 3.6 前問の 2 つの領域の流れのシステムは，2 つの領域間で限られた速度の物質移動がある場合に拡張できる．この場合，各領域のフラックス濃度は，

$$\theta_1 \frac{\partial C_1^f}{\partial t} + J_w \frac{\partial C_1^f}{\partial z} = \alpha(C_2^f - C_1^f) \tag{3.61}$$

$$\theta_2 \frac{\partial C_2^f}{\partial t} + J_w \frac{\partial C_2^f}{\partial z} = \alpha(C_1^f - C_2^f) \tag{3.62}$$

境界条件，初期条件は，

$$C_i^f(z,0) \ ; \quad i = 1, 2 \tag{3.63}$$

$$C_i^f(0,t) = \frac{\theta_i}{\theta}\delta(t) \ ; \quad i = 1, 2 \tag{3.64}$$

である．全フラックス濃度 $C^f = C_1^f + C_2^f$ の通過時間の平均と分散を計算せよ．

[*7] †のついた問題は難しい．

† **問 3.7** 溶質の入力フラックスがゼロ，水の流れが定常，初期条件が

$$C_l^r(z,0) = g(z) \tag{3.65}$$

の場合のレジデント対流分散式に対する一般解を計算せよ．

問 3.8 $g(x) = \delta(z)/\theta$ の特殊な場合，問 3.7 の計算を導け．

問 3.9 特殊なケースである，$g(z) = C_0(H(z) - H(z-L))$ に対して，問 3.7 の結果を導け．

第4章

確率流管モデル

確率流管モデル (stochastic stream tube model) では，フィールドスケールでの化学物質伝達現象をモデル化するため，微分方程式のような局所的な現象理論が用いられる．その局所理論では，化学物質が流管内でどのように移動するかを表す．流管を通る移動は，パラメータが一定という簡単なモデルで表され，フィールドにあるそれぞれの管は隣接管とは隔離されていて，管の間の溶質の交換はないとされている．流管内の溶質濃度は，通常 z と t の関数として1次元で表される．したがって，流管は土壌カラムに平行になる．

面平均のフィールドスケールの溶質濃度は，このモデルでは2つの仮定によって一般化される．つまり，局所流管モデルに含まれるパラメータが確率分布によって表される確率変数であるという仮定と，及び構造上は空間的に相関がないという仮定である．したがって，フィールドで平均化される濃度は確率分布の期待値あるいはアンサンブル平均として計算される．

確率流管モデルは，伝達関数によって，容易に表せる．この関数を用いれば，流出フラックス濃度の測定値は，流管中の移動を特徴付ける局所モデルのパラメータの空間変動によって説明できる．このアプローチは，形式的には次のように要約される．土壌は一連の相互作用のない流管から成り，流管内の溶質移動はある簡単な現象モデルに従い，z と t の関数となる．現象モデルのパラメータ $\lambda_1, ..., \lambda_N$ は，各々の管内では一定であり，管と管との間では相関がない確率変数である．それらの分布は結合密度関数 $f(\lambda_1, ..., \lambda_N)$ によって表される．流管はすべて地表で結合されていて，同じ地表の条件を受ける．

特定の流管内の現象モデルの解 (フラックス濃度またはレジデント濃度) を $C(z, t; \lambda_1, ..., \lambda_N)$ で表そう．流管の平均濃度は，ランダム現象 $\mathbf{C}(z, t)$ と見なされる．平均濃度はアンサンブル平均によって与えられる．

$$\begin{aligned}\overline{C}(z,t) &= \mathrm{E}(\mathbf{C}) \\ &= \int_{-\infty}^{\infty} \cdots \int_{-\infty}^{\infty} C(z,t;\lambda_1,...,\lambda_N) f(\lambda_1,...,\lambda_N) d\lambda_1 ... \lambda_N \end{aligned} \quad (4.1)$$

ここで，ランダムパラメータ $\lambda_1, ..., \lambda_N$ のすべてに対して積分が行われる．

例 4.1 平行土壌カラムを流れるピストン流

ピストン流モデルを考える．溶質は水の物質流れによってのみ移動する．土壌カラム中を一定速度 V で水が流れているピストン流モデルの場合，地表に瞬間パルスが加えられたとき，z, t におけるフラックス濃度の解は

$$C^f(z,t;V) = \delta(t - z/V) \tag{4.2}$$

ここで，V はそれぞれ土壌カラム内では一定のパラメータであるが，フィールド全体でみると，ランダム分布している．したがって，V は確率密度関数 $f_V(V)$ で表される．ここで，$V > 0$ である．フィールドの平均フラックス濃度は (4.1) 式に従って，

$$\overline{C}^f(z,t) = \mathrm{E}(\mathbf{C}^f(z,t)) = \int_0^\infty \delta(t - z/V) f_V(V) dV$$

$$= \int_0^\infty \delta(t - y) f_V\left(\frac{z}{y}\right) \frac{z\, dy}{y^2} = \frac{z}{t^2} f_V\left(\frac{z}{t}\right) \tag{4.3}$$

ここで，積分内で置換 $V = z/y$ が用いられている．

地表でデルタ関数の入力が与えられたとき，$\overline{C}^f(z,t)$ は流出深さ z での面平均の溶質フラックス濃度であるため，定義によって，それは，このモデルの通過時間フラックス確率密度関数に等しい．従って，

$$f^f(z,t) = \frac{z}{t^2} f_V\left(\frac{z}{t}\right) \tag{4.4}$$

この例は価値ある議論である．それは，現象モデルの仮定の検証に伝達関数法が使用できることを示しているからである．上の例では，観測事象 (溶質のパルス入力から生じるフィールド平均濃度) を予測するため，物理モデル (平行土壌カラム) を用いた．この簡単な現象モデルが正しいとすると，溶質は局所速度 V で鉛直方向のみに移動する．モデルを正当化するには，速度分布を独立に測定しなければならない[*1]．あるいは，V に影響を及ぼす土壌特性値の分布の測定値から速度分布を予測しなければならない．次の例はこのことに対するアプローチを示している．

例 4.2 ランダム水分量モデル

前の例では，土壌が定常な水フラックス J_w の状態にあるとき，土壌カラムでは，いろいろな，しかし一定の速度 V で溶質が移動していると仮定された．湿った間隙空間すべてが溶質輸送体積に該当すると仮定すると，

$$V = \frac{J_w}{\theta} \tag{4.5}$$

[*1] フラックス確率密度関数 $f^f(z,t)$ に $f_V(V)$ を適合させたとしても，速度分布を測定したことにはならない．これは単に，フラックス確率密度関数をパラメータ化したにすぎない．調べるべき現象モデルの仮定は，速度が 1 次元で z 方向であるという仮説である．この仮定の妥当性はただ流出曲線を見るだけでは分からない．

ここで，θ は体積含水率で，カラム内では一定，フィールドでは確率変数と仮定される．このような関係を用いて，(4.4) 式の $f_V(V)$ は，観測される θ の変動から予測できる．さらに，各カラムは単一の通過時間をもち，

$$t = \frac{z\theta}{i_0} \tag{4.6}$$

である^{*2}．したがって，通過時間確率密度関数 $f^f(z,t)$ は結局 θ の分布から直接計算できる．その分布がすべて対数正規をなすと仮定し，さらに次の定理を用いれば，計算はもっと簡単になる (Aitcheson and Brown, 1961)．

定理 X は対数正規に分布した確率変数であり，分布パラメータが $\mathrm{E}(\ln(X)) = \mu_X$, $\mathrm{Var}(\ln(X)) = \sigma_X{}^2$ とすると，$Y := aX^b$ は対数正規に分布し，$\mathrm{E}(\ln(Y)) = \mu_Y = \ln(a) + b\mu_X$ と $\mathrm{Var}(\ln(Y)) = \sigma_Y{}^2 = b^2\sigma_X{}^2$ のパラメータをもつ．(この定理の証明は問題 4.4 で行う．)

(4.6) 式にこの定理を適用し，通過時間が対数正規分布であるすると，θ は対数正規に分布し，t と同じ σ^2 をもつことが分かる．対数正規の変動係数 CV は次式になる (Aitcheson and Brown, 1961)．

$$\mathrm{CV} = \sqrt{\exp(\sigma^2) - 1} \tag{4.7}$$

それゆえ，θ の観測値の変動係数 (CV) は通過時間分布 $f^f(z,t)$ の CV に匹敵しなければならない．

フィールド研究では，通過時間の CV は 0.5 以上のオーダであったが，θ の CV は通常 0.2 以下であった (Jury, 1985)．したがって，驚くことではないが，通過時間の変動性の多くは，単に 1 次元のピストン流で説明できず，溶質の輸送体積は水が占めている全体積に等しくなかった．

4.1 溶質移動と吸着

これまでの議論において，輸送体積を通過する溶質は土壌の固相とは相互作用がないと仮定してきた．この仮定は Cl^-, $NO_3{}^-$, Br^- のような無機陰イオンや低有機物含量の土壌中を移動するある溶解性の化合物にはうまく適用できるかもしれない．しかし，農学的に，環境学的に興味ある多くの化合物は土壌鉱物や有機物表面に付着し，可動性のトレーサ移動に比べて程度の差はあれ緩慢な移動になる．この節では，いろいろな現象のモデルで表される吸着反応や，溶質伝達に対するその効果について調べる．すべての場合において，全レジデント濃度は 2 つの項に分けられると仮定する．

$$C_t^r = \rho_b C_a^r + \theta C_l^r \tag{4.8}$$

ここで，ρ_b は土の乾燥密度，C_l^r は溶液の濃度，C_a^r は吸着された濃度で乾土重当たりの溶質吸着質量の単位で表される．

---

^{*2} 訳注) 原本では分母は i_0 であるが，J_w が適当と思われる．

4.2 線形平衡式

最も簡単な吸着モデルは，線形平衡吸着関係式である．

$$C_a^r = K_d C_l^r \tag{4.9}$$

ここで，K_d は分配係数 (distribution coefficient) で，土壌の条件 (温度，pH，有機物炭素量 (C), etc) に対して一定であると仮定される．このモデルでは，溶液相に加えられた溶質は瞬時に (4.9) 式に従って吸着相に分配される．したがって，全レジデント濃度 C_t^r と，可動相に存在する土壌体積当たり質量 θC_l^r との比は (4.8) と (4.9) 式で計算できる．

$$\frac{C_t^r}{\theta C_l^r} = 1 + \frac{\rho_b K_d}{\theta} =: R \tag{4.10}$$

ここで，R は遅延係数（retardent factor）と呼ばれる．従って吸着されるトレーサを溶解相に加えると，与えられた時間に溶液相に残っている確率はほんの $1/R$ である．したがって，溶液相で 2 種類の化合物が同じ輸送体積を通って移動する場合，吸着性の化学物質は与えられた距離を移動するのに非吸着性の化学物質より R 倍長い時間を要する．

フラックス確率密度関数の測定やモデル化に用いられる可動性のトレーサは吸着されないので，(4.10) 式は可動性トレーサの確率密度関数から，線形的に吸着するトレーサの通過時間確率密度関数を推定する手段を与えてくれる．(4.10) 式によると，吸着性化合物が溶液相に存在する時間は可動の化学物質が存在する時間の $1/R$ しかない (吸着性のものは吸着されるので溶解液中にいる時間は少ない)．可動性トレーサと吸着性トレーサが土中の同じ流路を移動する 2 つの場合を仮定すると，$t = 0$ に地表に与えられた吸着性トレーサが t 時間内に深さ z に到達する確率 $P_a^f(z,t)$ は次式で与えられる．

$$P_a^f(z,t) = P_m^f(z,t/R) \tag{4.11}$$

ここで，$P_m^f(z,t/R)$ は可動性トレーサの通過時間フラックス積算分布関数 (cdf)，添字 a と m はそれぞれ吸着性トレーサと可動性トレーサを表す．このとき，確率密度関数を cdf に関係づける定義 (2.24), (2.65) 式を用いると，

$$f_a^f(z,t) = \frac{1}{R} f_m^f\left(z, \frac{t}{R}\right) \tag{4.12}$$

(4.12) 式は，いかなる可動性トレーサの現象でもフラックス確率密度関数の表示として妥当である．ただし，それは溶液相では，可動性トレーサと吸着性トレーサとが同じ輸送体積の領域を通って同じ確率で移動するという条件下においてである[*3]．

[*3] 換言すると，吸着性物質は可動性物質と同じ体積分移動するが吸着反応によって鈍化される．

4.3 非平衡吸着

例 4.3 線形吸着と対流分散式（CDE）

化学物資が吸着されて平衡に達するとき，対流分散式モデル (2.37) はフラックス確率密度関数関係 (4.12) に従うことを以下に示す.

溶質保存式 (3.2) と対流分散式の溶質フラックス式 (2.34) とを結合し，全レジデント濃度式 (4.8) が線形平衡吸着 (4.10) を受けると仮定すると，対流分散式モデルの一般化された式を得る.

$$R\frac{\partial C_l^r}{\partial t} + V\frac{\partial C_l^r}{\partial z} - D\frac{\partial^2 C_l^r}{\partial z^2} = 0 \tag{4.13}$$

ここで，可動性トレーサの場合 $R = 1$ である．フラックス濃度とレジデント濃度との間の対流分散式関係 (3.14) は，吸着性トレーサの場合も妥当（(2.35) 式が溶質フラックスを表すので）であるから，フラックス濃度も一般化された対流分散式を満足する.

$$R\frac{\partial C^f}{\partial t} + V\frac{\partial C^f}{\partial z} - D\frac{\partial^2 C^f}{\partial z^2} = 0 \tag{4.14}$$

もし，(4.14) 式で $t' = t/R$ とすると，新しい時間フレーム t' において可動性トレーサ (2.37) に対し対流分散式を得る．したがって，もし，

$$C^f(0, t') = \delta(t') \tag{4.15}$$

ならば，

$$C^f(z, t') = f_m^f(z, t') \tag{4.16}$$

(4.16) 式は可動性溶質の通過時間確率密度関数である．最後に，$t' = t/R$ であるから，

$$f_a^f(z, t) = \frac{1}{R} f_m^f\left(z, \frac{t}{R}\right) \tag{4.17}$$

ここで，$1/R$ は正規化のために必要とされ，$f_m^f(z, t)$ は単位面積を持つことになる.

4.3 非平衡吸着

溶解相と吸着相は物理的に分かれている．それらの相が土中のある点で平衡からずれるとき（つまり土壌カラムの入力端に吸着溶質を急激に加えることによって），平衡への回復は瞬間でなく，ある時間経って起こる．この時間は吸着現象に特有な時間スケールとしてみなされるが，吸着表面付近で溶質分子が液体中を拡散する速度によって決定される．もし，吸着時間スケールが，流入溶液と吸着面との間の接触時間より短いならば，最後には平衡が回復し，(4.9) 式のような分配の法則が用いられ，2 つの相の濃度が関連付けられる．しかし，溶質が急速に移動して，平衡になる前に溶質が吸着面から離れるとすれば，分配の法則は正しくなく，それぞれの相に対して違った表現（非平衡吸着）を関連づける必要がある.

溶質が非平衡吸着を受けるとき，可動相と吸着相との間の関係は時間依存になる．この関係を表す一般的な方法は，2 つの相の間の質量伝達速度が平衡からのずれに比例すると仮定することである.

$$\rho\frac{\partial C_a^r}{\partial t} = \alpha(K_d C_l^r - C_a^r) \tag{4.18}$$

(4.8) と (4.18) 式は土壌におけるレジデント濃度のモデルを構成する．次の例では，この式が対流分散式にいかに用いられるかを示す．

例 4.4 非平衡吸着と対流分散式

レジデント流体濃度によって表される対流分散型フラックス式は，

$$J_s = J_w C^f = -\theta D \frac{\partial C_l^r}{\partial z} + J_w C_l^r \tag{4.19}$$

となり，溶質保存式 (3.2) およびレジデント濃度式 (4.8) とを結びつけると

$$\theta \frac{\partial C_l^r}{\partial t} + \rho_b \frac{\partial C_a^r}{\partial t} - \theta D \frac{\partial^2 C_l^r}{\partial z^2} + J_w \frac{\partial C_l^r}{\partial z} = 0 \tag{4.20}$$

ここでは，水フラックスが定常で，土壌特性が一様だと仮定している．この式には，2 つの未知数，つまり 2 つのレジデント相の濃度が含まれている．相の濃度の非平衡関係式 (4.18) は 2 つの未知数を解くのに必要な 2 番目の式を与えている．最初土壌中に溶質が存在しなければ，(4.18) 式のラプラス変換は $\hat{C}_a^r$ に対して解くことができ，

$$\hat{C}_a^r = \frac{\alpha K_d \hat{C}_l^r}{\alpha + \rho_b s} \tag{4.21}$$

(4.20) 式のラプラス変換は，θ で割って，

$$D \frac{d^2 \hat{C}_l^r}{dz^2} - V \frac{d\hat{C}_l^r}{dz} - s\hat{C}_l^r - s\frac{\rho_b}{\theta}\hat{C}_a^r = 0 \tag{4.22}$$

(4.21) 式を (4.22) 式に代入すると，

$$D \frac{d^2 \hat{C}_l^r}{dz^2} - V \frac{d\hat{C}_l^r}{dz} - g(s)\hat{C}_l^r = 0 \tag{4.23}$$

ここで，関数 $g(s)$ は

$$g(s) = s + \frac{s\alpha(R-1)}{\alpha + \rho_b s} \tag{4.24}$$

R は，(4.10) 式で与えられる．
上部の境界条件が狭いパルスの溶質フラックス入力の場合，

$$-D \frac{\partial C_l^r}{\partial z} + V C_l^r = V C^f = V \delta(t), \quad z = 0 \tag{4.25}$$

このラプラス変換は

$$-D \frac{d\hat{C}_l^r}{dz} + V \hat{C}_l^r = V \hat{C}^f = V, \quad z = 0 \tag{4.26}$$

(4.23) 式の解は

$$\hat{C}_l^r = \frac{2}{1+\zeta} \exp\left(\frac{Vz}{2D}(1-\zeta)\right) \tag{4.27}$$

ここで，

$$\zeta := \sqrt{1 + 4g(s)D/V^2} \tag{4.28}$$

4.4 空間変動と平衡吸着

したがって，全レジデント濃度のラプラス変換は (4.8)，(4.21)，(4.27) 式を用いて

$$\hat{C}_t^r = \frac{2\theta g(s)}{(1+\zeta)s}\exp\left(\frac{Vz}{2D}(1-\zeta)\right) \tag{4.29}$$

最後にフラックス濃度は次式で与えられる．

$$\hat{C}^f = \hat{C}_l^r - \frac{D}{V}\frac{d\hat{C}_l^r}{dz} = \exp\left(\frac{Vz}{2D}(1-\zeta)\right) \tag{4.30}$$

フラックス濃度 C^f も (4.22) 式に従うので，(4.30) 式は直接導けることに注意しよう．

(4.30) 式はこの現象に対する通過時間確率密度関数のラプラス変換であるので，(2.29) 式によってこのモデルに対する通過時間モーメントを計算できる．問 4.9 で示すように

$$\mathrm{E}_z(t) = Rz/V \tag{4.31}$$

$$\mathrm{Var}_z(t) = \frac{2R^2Dz}{V^3} + \frac{2\rho_b z(R-1)}{\alpha V} \tag{4.32}$$

このモデルにおける分散あるいは混合溶質の大部分は，非平衡吸着によって起こされる．図 4.1, 4.2 は，無次元の速度パラメータ $W = \alpha l/V$ に対するフラックス濃度，レジデント濃度の解を示している．速度パラメータが極端に小さいとき，化合物は全然吸着されないように動き，逆に大きいとき化合物は吸着され平衡化されるようになる．速度パラメータが中間値のとき，流出曲線は長い流出の後曳きを示すようになり，地表部でリーチングされていない領域が残るようになる．

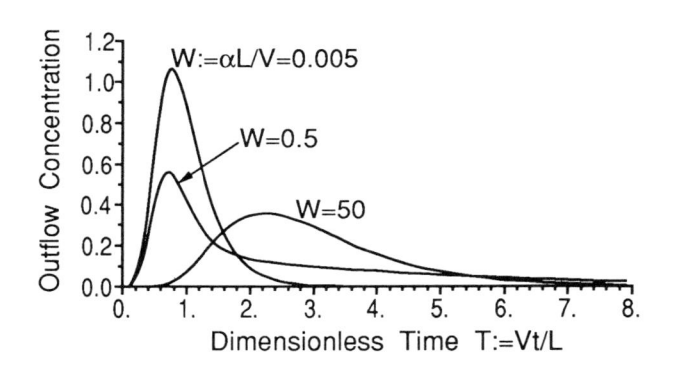

図 4.1 溶質の非平衡吸着の場合のフラックス濃度確率密度関数

4.4 空間変動と平衡吸着

トレーサの吸着が線形的に平衡に向かっても，遅延係数 (retardent factor) R がフィールドの場所によって変化していると，(4.17) 式は妥当でない．この問題は確率流管法 (stochastic stream tube method)(4.1) によって解くことができる．(4.10) 式によると，遅延係数を持つ吸着性溶質の通過時間 t_a は，吸着されない可動性溶質の通過時間 t_m と次式によって関係づけられる．

$$t_a = Rt_m \tag{4.33}$$

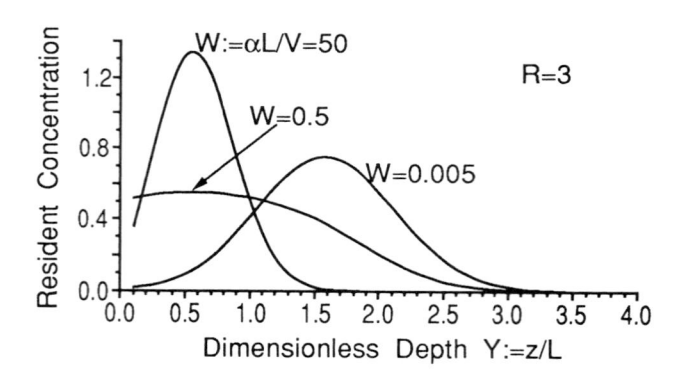

図 4.2 溶質の非平衡吸着の場合の全レジデント濃度確率密度関数

ここで，R と t_m は与えられた流管で一定の確率変数とみなす．したがって，(4.1) 式によって，フィールド平均濃度のフラックス確率密度関数は

$$f^f(z,t) = \int_0^\infty \int_0^\infty \delta(t - Rt_m) f(R, t_m) dR dt_m \tag{4.34}$$

ここで，$f(R, t_m)$ は R と t_m の結合確率密度関数である．$f(R, t_m)$ が 2 変数対数正規分布であるとすると，(4.34) 式は解析的に計算できる．

$$f(R, t_m) = \frac{1}{2\pi \sigma_R \sigma_m R t_m \sqrt{1 - \rho^2}} \\ \times \exp\left(-\frac{{y_R}^2 - 2\rho y_R y_m + {y_m}^2}{2(1 - \rho^2)}\right) \tag{4.35}$$

ここで，

$$y_m = \frac{\ln(t_m) - \mu_m}{\sigma_m} \tag{4.36}$$

$$y_R = \frac{\ln(R) - \mu_R}{\sigma_R} \tag{4.37}$$

これらは，平均がゼロ，分散が 1 のランダム正規変量である．また，

$$\rho := \mathrm{E}(y_R y_m) = \int_0^\infty \int_0^\infty y_m y_R f(R, t_m) dR dt_m \tag{4.38}$$

は相関係数である．この場合，(4.34) 式は次のようになる (問 4.2 を参照)．

$$f^f(z,t) = \frac{1}{\sqrt{2\pi}\sigma t} \exp\left(-\frac{(\ln(t) - \mu)^2}{2\sigma^2}\right) \tag{4.39}$$

ここで，

$$\mu := \mu_R + \mu_m \tag{4.40}$$

4.4 空間変動と平衡吸着

$$\sigma := \sqrt{\sigma_R{}^2 + 2\rho\sigma_R\sigma_m + \sigma_m{}^2} \tag{4.41}$$

したがって，吸着性溶質は対数正規通過時間確率密度関数を持つ．このモデルは次の例で展開される．

例 4.5 殺虫剤吸着の空間変動

可動トレーサ (塩素 (Cl^{-1})) を地表にパルスで与え，土壌サンプラーを用いて，定められた深さ $z = l$ を通過するパルスの移動をモニタリングして可動性のトレーサの通過時間確率密度関数を測定した．それと同時に，多くの地点で土壌サンプルをとり，殺虫剤 (bromacil) の R の分布を決定するのに用いた．R も t_m も対数正規分布であることが分かった．地表と深さ l との間の bromacil の通過時間確率密度関数を Cl^{-1} の通過時間確率密度関数と関係付けて予測するのに次の 3 つのモデルを用いる．

- モデル A：R の分布の平均値 R_0 に等しい単一の R 値によって平衡に向かう bromacil の吸着．
- モデル B：R 値は各流管で異なり，Cl^{-1} の通過時間とは相関がないものとする．そのような，ランダムな R によって平衡に向かう bromacil の吸着．
- モデル C：R 値は各流管によって異なり，Cl^{-1} の通過時間と完全に相関しているものとする．そのような R によって平衡に向かう bromacil の吸着．

(4.40)-(4.41) 式と対数正規分布の特性 (2.77) と (4.7) から，bromacil の通過時間分布の平均と CV は 3 つのモデルにしたがって次のように予測される．:

モデル A

$$E(t_a) = R_0\, E(t_m) \tag{4.42}$$

$$CV(t_a) = CV(t_m) = \sqrt{\exp(\sigma_m{}^2) - 1} \tag{4.43}$$

モデル B

$$E(t_a) = R_0\, E(t_m) \tag{4.44}$$

$$CV(t_a) = \sqrt{\exp(\sigma_R{}^2 + \sigma_m{}^2) - 1} \tag{4.45}$$

モデル C

$$E(t_a) = R_0\, E(t_m)(1 + CV(R)\, CV(t_m)) \tag{4.46}$$

$$CV(t_a) = \sqrt{\exp((\sigma_R + \sigma_m)^2) - 1} \tag{4.47}$$

図 4.3 は，空間的に変動している遅延係数 R をもつ溶液に対して，モデル A-C から求めた流出濃度予測を示している．B, C では同じデータを用いているにもかかわらず，予測された流出形は全く異なっている．この違いは，吸着特性と，可動性物質の通過時間との相関が大きいことを示唆している．残念ながら，相関係数をフィールドで測定することは困難である．

El Abd (1984), Jury et al. (1986) は 0.64 ha のフィールドで 36 地点から採取した土壌中の殺虫剤 (napropamide) の R 値を測定している．R の分布は歪んでいて，CV は 0.31 であった．個々のコアで R と t_m との間の相関は見られなかった．殺虫剤の一部は，吸着されないで移動し平衡に達した．吸着係数が鉛直方向で変化するとき，溶質の通過時間確率密度関数に対する単純解を得ることも可能である．この話題については，第 5 章で述べる．

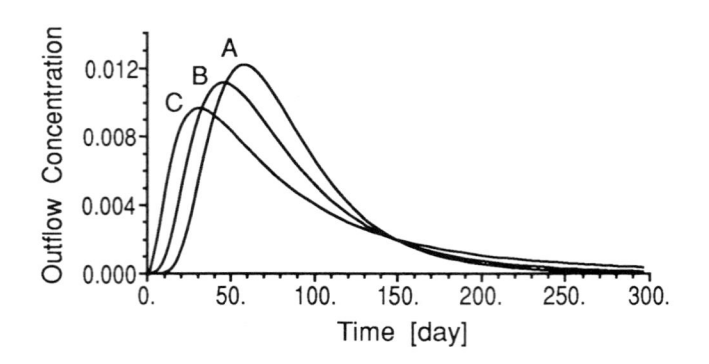

図 4.3 モデル A-C に対する予測流出濃度．これは分散 (variance) 係数が 0.40 の遅延係数 R をもつ溶質の場合で，溶質は変動係数が 0.55 の可動部通過時間の確率密度関数をもって土壌中を移動する．

4.5 流管モデルのモーメント

(4.1) 式に狭いパルスの入力条件を適用すると，積分内の局所フラックス濃度 $C^f(z,t;\lambda_1,...,\lambda_N)$ と平均濃度 $\overline{C}^f(z,t)$ は通過時間確率密度関数と見なされる．従ってこの場合，(4.1) 式は

$$\mathrm{E}(C) = f^f(z,t)$$

$$= \int_{-\infty}^{\infty}\cdots\int_{-\infty}^{\infty} f^f(z,t;\lambda_1,...,\lambda_N)f(\lambda_1,...,\lambda_N)d\lambda_1...\lambda_N \quad (4.48)$$

したがって，システムの N 次の通過時間モーメントは

$$\mathrm{E}_z(t^N) = \int_0^{\infty} t^N\, f^f(z,t)dt$$

$$= \int_{-\infty}^{\infty}\cdots\int_{-\infty}^{\infty} \mathrm{E}_z(t^N;\lambda_1,...,\lambda_N)f(\lambda_1,...,\lambda_N)d\lambda_1...\lambda_N \quad (4.49)$$

(4.49) 式は，平均通過時間確率密度関数の N 次の通過時間モーメントが局所的な N 次モーメントのアンサンブル平均に等しいことを示している．この結果は，ある問題における平均確率密度関数の通過時間モーメントの計算を簡略化したり，モーメントの値に寄与しているいろいろな因子の役割を明らかにしたりするのに用いられる．

例 4.6 平行土壌カラムモデルのモーメント

(4.2) 式によって局所的に表された平行土壌カラムモデルが，(4.49) 式を説明するのに用いられる．(2.54) 式から，(4.2) 式の N 次のモーメント (デルタ関数入力の反応として流出しているフラックス濃度であるから正規化された局所確率密度関数である) は，

$$\mathrm{E}_z(t^N; V) = \left(\frac{z}{V}\right)^N \tag{4.50}$$

従って，フィールドの平均 N 次モーメントは，(4.49) 式によって，

$$\mathrm{E}_z(t^N) = z^N \mathrm{E}_V\left(\left(\frac{1}{V}\right)^N\right) \tag{4.51}$$

ここで，$\mathrm{E}_V(.)$ は $f_V(V)$ の期待値あるいはアンサンブル平均である．とくに，平均と分散は，

$$\mathrm{E}_z(t) = z\, \mathrm{E}_V\left(\frac{1}{V}\right) \tag{4.52}$$

$$\mathrm{Var}_z(t) = z^2\, \mathrm{Var}_V\left(\frac{1}{V}\right) \tag{4.53}$$

これらのモーメントはフラックス確率密度関数から決定されるので，対流分散式のモーメントでは (2.57)-(2.58) 式を用いて，モデルの有効フラックスの移動速度と分散度が計算できる．

$$V_{eff}^f(t) = \left(\mathrm{E}_V\left(\frac{1}{V}\right)\right)^{-1} \tag{4.54}$$

$$\lambda_{eff}^f = \frac{D_{eff}^f}{V_{eff}^f} = \frac{z}{2}\mathrm{CV}_V^2\left(\frac{1}{V}\right) \tag{4.55}$$

ここで，$\mathrm{CV}_V(1/V)$ は局所移動速度の逆数の変動係数である．したがって，2 つの重要な結果がある．第 1 は，面平均パルスの平均フラックス移動速度は局所移動速度の調和平均であること，第 2 は，平均パルスの広がりを表すフィールド平均の分散度は深さの距離とともに線形的に増加することである．

4.6 流管モデリングと変動解析

いくつかの発生源をもち，ランダム成分を含むような過程では，その空間変動成分を解析するには流管モデリングが有効である．このことは次の例で示される．

例 4.7 空間変動灌漑下の溶質移動

フィールドの地表面に溶質の狭いパルスを与え，リーチング実験を行った．スプリンクラーを用いて灌水すると，灌水量は空間的に変動するが時間的には定常な速度であった．土壌溶質液のサンプル測定から，$z = l$ での通過時間確率密度関数を作った．通過時間確率密度関数と灌漑速度を表す確率密度関数とともに対数正規であった．通過時間確率密度関数は土壌空間変動によってどれほど影響されるであろうか．

もし次のような仮定をすれば簡単な答えが得られる．(i) 定常灌漑下では，土壌は特殊な確率密度関数をもち，その関数は正味の給水量 I の関数である (仮説 1 と (2.63) 式を参照); (ii) 灌漑強度 i と，$z = l$ に達するに十分な正味の給水量 I との間には相関がない (これは，湛水していなければ妥当である); (iii) 灌漑強度には空間的な相関はない．

これらの仮定を用いると，流管を通って深さ z まで達する通過時間確率密度関数は簡単に，

$$C^f(z,t;I,i) = f^f(z,t;I,i) = \delta\left(t - \frac{I}{i}\right) \tag{4.56}$$

I と i は流管における一定のパラメータであり，フィールドにおいては確率変数として扱われる．(4.56) 式を (4.1) 式に挿入後，I を $y = I/i$ の変数に変え，y について積分すると，

$$f^f(z,t) = \int_0^\infty i f_I(z,it) f_i(i) di \tag{4.57}$$

I と i が独立という条件下では，(4.57) 式は I と i がどのように分布しようとも妥当である．もし，I と i が対数正規で独立ならば，$f(z,t)$ は次のパラメータをもつ対数正規分布である (問 4.2 を参照)．

$$\mu_t = \mu_I - \mu_i \tag{4.58}$$

$$\sigma_t{}^2 = \sigma_I{}^2 + \sigma_i{}^2 \tag{4.59}$$

図 4.4 は，土壌の確率密度関数が $\mathrm{CV}_I = 0.5$ の場合における通過時間確率密度関数の予測値を灌漑速度の変動係数 CV_i の関数として示している．図 4.4 から分かるように，比較的大きな CV_i 値 0.2 のときでも通過時間確率密度関数の変化は小さい．通過時間確率密度関数は土壌の本質的な変動性に支配されている (Jury *et al.*, 1982)．

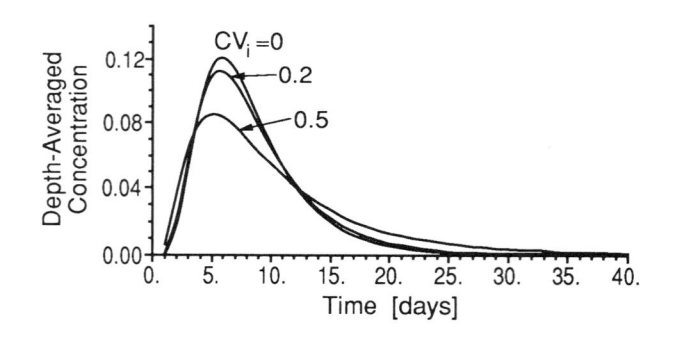

図 4.4 z=30 cm に対する通過時間確率密度関数の予測．Butter *et al.*(1989) によって報告された，3 種の灌水速度 CV_i に対する土壌固有の確率密度関数 (μ_l=2.0, σ_l=0.5, l=30 cm) を用いて (4.57) 式で計算した．

4.7 流管モデルのレジデント確率密度関数

いろいろな移動速度分布を含む平行土壌カラムモデルを用いると，(4.4) 式で示されるフラックス確率密度関数が得られる．したがって，(3.37) 式を用いれば，このモデルに対

4.7 流管モデルのレジデント確率密度関数

するレジデント確率密度関数は次のようになることが分かる (問 4.5 を参照).

$$f^r(z,t) = \frac{1}{t} f_V\left(\frac{z}{t}\right) \tag{4.60}$$

したがって，この確率密度関数の 1 次深さモーメントは

$$Z_1 := \mathrm{E}(z) = \int_0^\infty \frac{z}{t} f_V\left(\frac{z}{t}\right) dz = t \int_0^\infty V f_V(V) dV = t\mathrm{E}_V(V) \tag{4.61}$$

ここで，$V = z/t$ を用いた．ゆえに，レジデント濃度の観測値から計算されるパルスの平均移動速度 V^r_{eff} は，平均濃度位置の移動を時間で割った値である[*4].

$$V^r_{eff} = \mathrm{E}_V(V) \tag{4.62}$$

(4.62) 式は，空間変動速度場において，パルスによるレジデント濃度の平均移動速度が，移動速度分布の平均であることを示している．しかし，フラックス確率密度関数 (4.4) 式によって深さ z までの平均通過時間を計算すれば，(4.54) 式で与えられる結果を得る．したがって，フラックス濃度の観測値から計算されるパルスの平均移動速度 V^f_{eff} は，平均通過時間を深さで割った値の逆数である．

$$V^f_{eff} = \frac{1}{\mathrm{E}_V\left(\frac{1}{V}\right)} \tag{4.63}$$

次の例では，フラックス移動速度とレジデント移動速度との違いを定量的に示す．

例 4.8 対数正規速度場の溶質移動

上で論じた平行土壌カラムモデルの速度分布 $f_V(V)$（V の単位は cm d^{-1}）が，$\mu = 1$，$\sigma = 0.75$ の対数正規であると仮定すると，地表から加えられた狭いパルスの平均フラックス移動速度及びレジデント移動速度が計算できる．問 2.4 において x が対数正規なら，

$$\mathrm{E}(x^N) = \exp\left(N\mu + \frac{N^2\sigma^2}{2}\right) \tag{4.64}$$

したがって，(4.62)-(4.63) 式から

$$V^r_{eff} = \exp(\mu + \sigma^2/2) = 3.60$$

$$V^f_{eff} = \frac{1}{\exp(-\mu + \sigma^2/2)} = 2.05$$

したがって，この例では，パルスの平均移動速度はレジデント濃度 (固定した時間における土壌コア)[*5] としてよりもフラックス濃度 (固定深さにおける溶液サンプル) として見れば，およそ 50% 遅くなると感じられる[*6].

[*4] 溶質は各流管で下方に移動せねばならないので，このモデルでは平均移動速度は時間に依存しない．

[*5] この結果は Butters *et al.*(1989) の結果を説明している．彼らは，0.64 ha に亘って平均化されたパルスの鉛直平均移動速度が定常フラックス，平均水分分布条件下で予測したピストン流の移動速度の半分程度であることを見出している．

[*6] 訳注) オイラー速度とラグランジュ速度の違い．

4.8 1次減衰反応を伴う溶質移動

これまで，我々の議論は溶質が土中で反応を受けない場合の溶質移動に限定してきた．簡単な反応の1つは1次の減衰現象である．そこでは体積当たりの溶質質量の減衰速度は全レジデント濃度に比例する．その場合，溶質の保存式は

$$\frac{\partial C_t^r}{\partial t} + J_w \frac{\partial C^f}{\partial z} + \mu C_t^r = 0 \tag{4.65}$$

ここで，$\mu = \ln(2)/\tau_{1/2}$ は1次のオーダの減衰定数，$\tau_{1/2}$ は半減期である．(4.65) のラプラス変換は，初期レジデント溶質濃度が0の場合，

$$(s + \mu)\hat{C}_t^r + J_w \frac{d\hat{C}^f}{dz} = 0 \tag{4.66}$$

これは，$s \to s + \mu$ 以外は不活性な溶質に対する保存式 (3.2) のラプラス変換と同一である．したがって，ラプラス変換の移動定理 (付録A) によって，1次の減衰条件下の溶質の狭いパルス (δ 関数) 入力に対するフラックス濃度の出力解は次のようになる．

$$C^f(z,t) = f^f(z,t;\mu) = \exp(-\mu t) f^f(z,t;\mu = 0) \tag{4.67}$$

ここで，$f^f(z,t;\mu = 0)$ は非反応化学物質の通過時間確率密度関数である．この場合，インパルス (応答) 反応関数 $f^f(z,t;\mu)$ は溶質の通過時間の分布を表している．それら溶質は移動中に1次の減衰を受けずに流出端に達したものである．したがって，ユニットとして供給された質量のすべてが流出端に達するわけではないので，それは正規化されない．どの現象のモデルに対しても (4.67) 式は妥当である．

図 4.5 は，減衰定数 μ のいろいろな値に対して通過時間確率密度関数 (4.67) をプロットしたものである．非減衰化学物質の場合の計算にはフィック型確率密度関数 (2.59) 式を用いている。

4.9 吸着と1次減衰反応を同時に伴う移動

水が定常フラックス J_w で流れている間，線形吸着と1次の減衰を同時に受ける化学物質は，次式で示される通過時間確率密度関数を持つ ((4.12) と (4.67) 式を用いた)．

$$f^f(z,t) = \frac{\exp(-\mu t)}{R} f_m^f\left(z, \frac{t}{R}\right) \tag{4.68}$$

多くの土壌の生物学的活動域は比較的浅いので，殺虫剤や他の危険な有機化合物が表層 (分解が生じる) より下の層に移動し，地下水汚染を引き起こす危険性がある．

4.9 吸着と1次減衰反応を同時に伴う移動

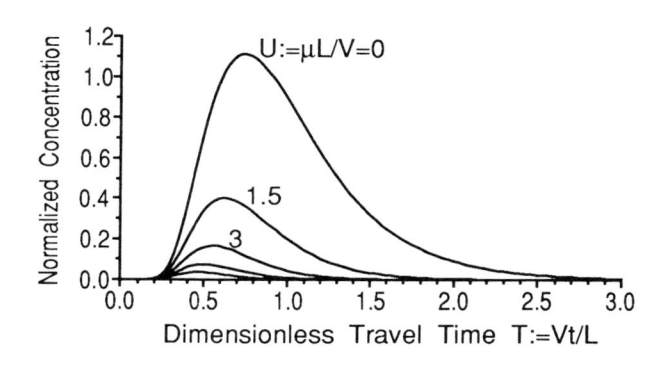

図 4.5 フィックの現象 $p := lV/D = 10$ 及び **1** 次減衰反応に従う化学物質の通過時間確率密度関数. 無次元の減衰係数 $U = \mu l/V = 0$, 1.5, 3.0, 4.5, 6.0 の場合を示す.

4.9.1 平均質量残留率 (RMF) の推定

地表に加えられた溶質質量に対する質量残留率 (residual mass fraction:RMF) [*7], つまり生物分解域を通過後, 分解されずに通過流体中に残存する質量の割合を推定することができる (Jury and Gruber, 1989). というのは, それは積算分布確率 $P^f(z, \infty)$ に等しいにすぎないし, 溶質分子が無限の通過時間内に輸送体積の流出端に達する確率である. したがって, (4.68) 式を用いて, RMF は次のようになる.

$$\mathrm{RMF} = P^f(z, \infty) = \int_0^\infty f^f(z,t) dt$$

$$= \frac{1}{R} \int_0^\infty \exp(-\mu t) f_m^f\left(z, \frac{t}{R}\right) dt \tag{4.69}$$

第 2 章 (2.63) 式で示したように, 可動性で反応しない化学物質の場合, 通過時間確率密度関数が I の関数として不変になるという仮定に基づき, 時間を積算給水量または排水量 $I = J_w t$ で変換することによって, 水フラックスの影響を (4.69) 式に組み込むことができる. したがって, この変換を用いると, (4.69) 式は,

---

[*7] 訳注) 分解域に残留する分でなく, 分解域で分解されずに流出する分を指すことに注意.

$$\text{RMF} = \frac{J_w}{R} \int_0^\infty \exp(-\mu t) f_m^f\left(z, \frac{J_w t}{R}\right) dt$$

$$= \int_0^\infty \exp\left(-\frac{\mu R I}{J_w}\right) f_m^f(z, I) dI \tag{4.70}$$

ここで，$f_m^f(z, I)$ は I に関して正規化された通過時間確率密度関数であり，J_w に独立であると仮定されている．

式 (4.70) は，スクリーニング (screening) モデルとして Jury and Gruber (1989) によって用いられた．それは，生物学的に活性な土壌域より下の層に残留する殺虫剤のリーチングに対して土壌及び気候変動がいかに影響するかを研究するためのものであった．殺虫剤は，それぞれ環境学的な消長特性 (吸着や減衰) を通してモデル中に出現する．この吸着現象を特定の土壌に限定しないために，彼らは (4.10) 式中の分配係数 K_d を次のように分けた．

$$K_d = f_{oc} K_{oc} \tag{4.71}$$

ここで，f_{oc} は有機炭素 (C) の分率，K_{oc} は有機炭素の分割係数 (partition coefficient) である．このように分けることによって土壌中の非イオン系殺虫剤の吸着の変動係数が大きく減少することがわかった．したがって，K_{oc} は殺虫剤の備えている吸着ポテンシャルを表し，(4.71) 式によって土壌と関連づけられる．土壌や環境条件の影響を研究するため，次の例では (4.70) 式がスクリーニングモデルとしていかに用いられるかを説明する．

例 4.9 空間変動と地下水の殺虫剤汚染能力

あるモデルが可動水の通過時間確率密度関数 $f_m^f(z, I)$ の場合に特定されると，種々の土壌条件及び環境条件下における化合物の RMF 値を得るために，(4.70) 式を用いることができる．生物学的活性ゾーンの厚さ l，一定水分量 θ をもつ土壌の場合の最も簡単なモデルは，ピストン流モデルである．

Case1: 均質土壌における溶質のピストン流

I で表示したピストン流モデルの通過時間確率密度関数は (例 2.1 を参照)

$$f_m^f(l, I) = \delta(I - l\theta) \tag{4.72}$$

したがって，(4.72) を (4.70) 式に入れると，この場合の RMF を得る．

$$\text{RMF} = \exp\left(-\frac{\mu R l \theta}{J_w}\right) \tag{4.73}$$

この公式は，本来 Rao et al. (1985) や Jury et al. (1987) によって用いられたモデルで，殺虫剤のスクリーニング法として用いることができる．与えられた気象，土壌条件においては，地表ゾー

4.9 吸着と1次減衰反応を同時に伴う移動

ン以下に侵入した物質の一部 ϵ しか殺虫剤の存在が許されない場合を考えてみよう．これは，RMF $< \epsilon$ または (4.73) 式を用いて

$$\exp\left(-\frac{\mu R l \theta}{J_w}\right) < \epsilon \tag{4.74}$$

が必要条件となる．R と μ の定義を用いれば，(4.74) 式は

$$\frac{\ln(2)(\theta + \rho_b f_{oc} K_{oc})l}{\tau_{1/2} J_w} > \ln\left(\frac{1}{\epsilon}\right) \tag{4.75}$$

(4.75) 式は

$$K_{oc} > a\tau_{1/2} - b \tag{4.76}$$

ここで，

$$a = \frac{J_w \ln(1/\epsilon)}{\rho_b f_{oc} l \ln(2)} \tag{4.77}$$

$$b = \frac{\theta}{\rho_b f_{oc}} \tag{4.78}$$

(4.76) 式は，K_{oc} と τ の値をもつ殺虫剤のリーチングが，施用された質量の特定割合 ϵ 以下の量になる条件を表している．パラメータ a，b は土壌 (ρ_b, f_{oc}, θ, l) と気象 (J_w) の関数である．図 4.6 は，(4.76) 式の空間プロットを，2 つの対照的な状況，つまりリーチングポテンシャルが比較的高い場合，と低い場合に対して示している．この例において，殺虫剤 A はリーチングポテンシャルの両条件下で無視でき，殺虫剤 C は両条件下で無視できないし，また殺虫剤 B の RMF は低いリーチング条件下で無視できるが，高い条件下では無視できない．$f_m^f(z, I)$ がある範囲の値をもつことを認め，RMF に対する通過時間の土壌変動の影響を調べよう．

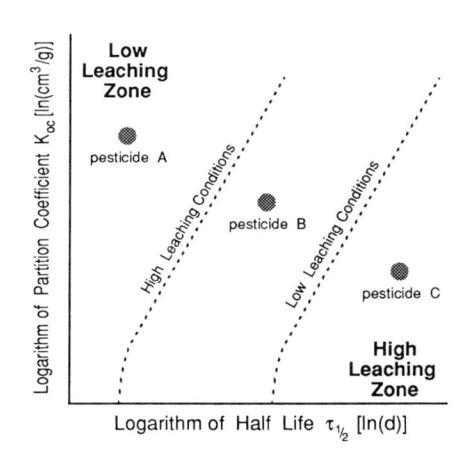

図 4.6 ピストン流スクリーニングモデルにおけるリーチング能の位相空間プロット．各農薬は空間上の点で表示され，各リーチングのシナリオは線で表示されている．リーチングによって農薬の残留率が指定値以下となる場合は線の左側である．

Case 2: 変動する土壌

この場合，基本的な土壌の確率密度関数はガンマ分布 (2.61) 式で表されることにする．

$$f_m^f(z, I) = \frac{\beta^{1+\alpha} I^\alpha \exp(-\beta I)}{\alpha!} \tag{4.79}$$

ここで，α と β は一定である．(4.79) 式を用いると (4.70) 式の積分は解析的に計算できる．この土中における平均移動がピストン流の場合の式 (4.72) に一致するためには，次式が成り立たなければならない (問 2.8 を参照)．

$$\mathrm{E}(I) = \frac{1+\alpha}{\beta} = l\theta \tag{4.80}$$

(4.79) を (4.70) に入れると，(D.39) 式を用いて

$$\mathrm{RMF} = \left(1 + \frac{\mu R}{\beta J_w}\right)^{-(1+\alpha)} \tag{4.81}$$

(4.80) を用いると，(2.81) 式は

$$\mathrm{RMF} = \left(1 + \frac{\mu R l\theta}{(1+\alpha) J_w}\right)^{-(1+\alpha)} \tag{4.82}$$

4.9.2 RMF の分散の推定

RMF (4.69) を解釈するもうひとつの方法がある．それは，通過時間 t_a をもつ流管の局所 RMF $= \exp(-\mu t_a)$ をアンサンブル平均したものである．つまり，吸着性化学物質の通過時間の分布

$$f_a^f(z, t_a) = \frac{1}{R} f_m^f\left(z, \frac{t_a}{R}\right) \tag{4.83}$$

を積算したものである．したがって，局所 RMF は次式で与えられる分散を持つ．

$$\mathrm{Var}(\exp(-\mu t)) = \mathrm{E}(\exp(-2\mu t)) - \mathrm{E}^2(\exp(-\mu t)) \tag{4.84}$$

ゆえに，(4.82) 式を用いると，分散は，

$$\mathrm{Var}(\exp(-\mu t)) = \left(1 + \frac{2\mu R l\theta}{(1+\alpha) J_w}\right)^{-(1+\alpha)}$$
$$- \left(1 + \frac{\mu R l\theta}{(1+\alpha) J_w}\right)^{-2(1+\alpha)} \tag{4.85}$$

例えば，与えられた土壌気象条件下で殺虫剤が $\mu R l\theta / J_w = 2$ をもち，変動土壌に $\alpha = 2$ の確率密度関数 (4.79) 式 (CV=0.58 に相当) の給水を行えば，Case 1 と Case 2 の，2 つ

4.9 吸着と1次減衰反応を同時に伴う移動

のモデルによって次のような RMF の予測値が与えられる．

ピストン流　　RMF = 0.135
変動土壌　　　RMF = 0.216 ± 0.179

ここで，0.179 は (4.82) と (4.85) 式で計算される平均値からの標準偏差である．したがって，溶質移動問題を確率流管モデルとして扱うことにより，不明確なところが RMF の推定値に取り込まれる．このモデルは，6.3 節において確率 (s) 的な水分入力の場合にも適用できるように更に拡張される．

問　題[*8]

問 4.1 土壌が一組の相互作用のない流管からできていて，管ごとに溶質移動速度 V と減衰定数 μ が異なると仮定しよう．もし流管がピストン流の式

$$\frac{\partial C}{\partial t} + V\frac{\partial C}{\partial z} + \mu C = 0 \tag{4.86}$$

に従うものとして，
a) 流管の通過時間フラックス確率密度関数を計算せよ．
b) V が一定で，μ がガンマ分布

$$f_\mu(\mu) = \frac{\beta^{1+\alpha} \mu^N \exp(-\beta\mu)}{N!} \tag{4.87}$$

であると仮定して，輸送体積の通過時間確率密度関数を計算せよ．
この流出濃度は，それが1次減衰式に従うように，挙動するであろうか．
c) μ が一定で，V が確率密度関数 $f_V(V)$ に従って分布すると仮定して，輸送体積に対する通過時間確率密度関数を計算せよ．この流出濃度は1次の減衰式に従うであろうか．

問 4.2 もし $f(R, t_m)$ が2変数対数であるとすると，(4.34) 式の通過時間確率密度関数が対数分布になることを証明せよ．

問 4.3 Nielsen *et al.* (1973) は古典的なフィールド実験において，湛水下の 150 ha のフィールドの浸潤速度分布を測定し，対数分布であることを見出した（$\mu_i = 2.58$，$\sigma_i = 1.00$）．同じフィールドにおいて，Biggar and Nielsen (1976) は湛水浸潤下の溶質移動を研究し，$l = 100$ cm における溶質パルスのみかけの通過時間[*9] が

[*8] † のついた問題は難しい．
[*9] 我々は (4.4) 式を用いて速度分布から通過時間確率密度関数を計算した．

フィールド全体で対数分布（$\mu_t = -0.58$, $\sigma_t^2 = 1.56$）に分布することを見出した．浸潤速度と固有の土壌変動性が湛水中完全に相関しているという仮定を用いて，土壌に加えられた正味の水の確率密度関数 $f^f(l, I)$ のパラメータを計算せよ．

問 4.4 X が対数分布（μ_X, σ_X）ならば，$Y = aX^b$, $\mu_Y = \mu_X + \ln(a)$, $\sigma_Y = b\sigma_X$ も対数分布であることを証明せよ．

問 4.5 式 (4.60) を証明せよ．

問 4.6 例 4.7 で論じたフィールド実験において，スプリンクラーを用いて Δt 時間内に一定濃度 C_0 で狭小な溶質パルスを添加したと仮定しよう．フィールドに加えられた物質も空間的に分布することを示し，これがフィールドで平均化された通過時間確率密度関数の分散に寄与することを示せ．

問 4.7 溶質が局所的な対流分散式に従って流れている平行な土壌カラムのネットワークからフィールドができていて，局所対流分散式の定数 V と D がフィールドで独立に対数分布していると仮定する．モーメント法を用いて，V と D の分布の定数から，平均の通過時間確率密度関数の平均値と分散を計算せよ．また，フィールドで平均化された分散係数を計算せよ．

†問 4.8 初期条件 $C_t^r(z, 0) = \delta(z)$ を仮定し，土壌の無限点（例 4.4 は無限の土壌に拡張される）における対流分散の非平衡吸着モデルの 0 次及び 1 次深さモーメントを計算せよ．時間の関数として可動溶質の移動速度式と化学物質の吸着式を計算せよ．吸着相と可動相は初期には平衡していると仮定せよ．

問 4.9 非平衡吸着下の対流分散式モデルにおける通過時間の平均と分散の式 (4.31)-(4.32) を誘導せよ．

第5章

鉛直方向に不均一な土壌における伝達関数

　これまでの応用では，土壌は巨視的にみて均一だと仮定して，いろいろな土壌の深さまでフラックス確率密度関数を拡張してきた．この仮定は，確率対流 (stochastic convective) 現象 (2.65) を定義したとき第2章で明確に示されている．対流分散モデルでは，z に依存しない一定のパラメータをもつということが暗黙的に仮定されている．

　しかし，ほとんどの土壌は深さ z 方向に土性や構造が変化している．移動や保水特性を急激に変化させるほど明確に区別できる地層が入っていることもある．不均一土壌を含む輸送体積から流出するフラックス濃度を均一土壌と全く同様な方法で特徴付けるためには，不均一土壌に対する伝達関数を定義する必要がある．というのは，フラックス確率密度関数は，内部の成分に関係なく，体積を通る通過時間分布を特徴付けているからである．しかし，不均一土壌のある位置の特性を他の位置の特性へと適用することはできない．現象モデルにおいて，あるいは種々の異なる位置のフラックス確率密度関数において，土壌特性が時間によって変化することを表現しなければならない．したがって，確率対流仮説(2.65) 式のようなモデルの仮定は，土壌が均一な場合だけに妥当であるに過ぎない．

5.1　深さ依存の水分量

　土壌が不均一であるということは，土壌水分量が深さ z の関数であることである．ここまで論じてきた全ての現象モデルにおいては，土壌の水分量が一様に均一な場合，つまり定常な水の流れにおいて，通過時間は深さとともに線形的に増加することが仮定されてきた．したがって，不均一性を含むような伝達関数を修正する最も簡単な方法は，不均一な水分分布に対して平均通過時間を求めることである．また，それと同時に，新しい座標系において深さに関係ないパラメータを新しいモデルに組み込む際の条件を調べることである．

Simmons (1986b) から抜粋した次の例では，対流分散式の場合，モデルがどのようにして変形されるかが示されている．

例 5.1 不均一土壌における定常対流分散形の流れ

不均一土壌中において 水分量分布が $\theta(z)$ である土壌を通る，定常流条件下の溶質の 1 次元移動を考える．その移動を表すフラックス濃度表示の対流分散式は (Simmons, 1986b)，

$$\theta(z)\frac{\partial C^f}{\partial t} + J_w \frac{\partial C^f}{\partial z} - \frac{\partial}{\partial z}\left(\theta(z)D(z)\frac{\partial C^f}{\partial z}\right) = 0 \tag{5.1}$$

ここで，分散係数 $D(z)$ は z の関数として仮定されている．一般に (5.1) 式は数値解法によって解かれるが，次のような特殊な場合は解析的に解ける．まず，深さ座標 z は次式によって流体座標フレームに変換される．

$$y := \int_0^z \theta(z')dz' \tag{5.2}$$

(5.1) を (5.2) 式の y を用いて書き直し，連鎖法則 (Kaplan, 1984)

$$\frac{\partial}{\partial z} = \frac{dy}{dz}\frac{\partial}{\partial y} = \theta(z)\frac{\partial}{\partial y} \tag{5.3}$$

を施し，式を $\theta(z)$ で割ると，

$$\frac{\partial C^f}{\partial t} + J_w \frac{\partial C^f}{\partial y} - \frac{\partial}{\partial y}\left(\theta^2(z)D(z)\frac{\partial C^f}{\partial y}\right) = 0 \tag{5.4}$$

(5.4) 式はいま対流分散式であり，対流分散式は流体座標フレームにおける一定の溶質移動速度と深さによって変化する有効分散係数をもつ．しかし，特殊な場合においては[*1]

$$\theta^2(z)D(z) =: E = \text{constant} \tag{5.5}$$

$$\frac{\partial C^f}{\partial t} + J_w \frac{\partial C^f}{\partial y} - E\frac{\partial^2 C^f}{\partial y^2} = 0 \tag{5.6}$$

これは，一定定数を含む対流分散式である．したがって，流入端 $z = y = 0$ に溶質の狭いパルスを加えると，どの深さ $y(z)$ においても流出フラックス濃度はこのモデルに対する通過時間確率密度関数である．(5.6) 式は，一定の係数を含み，境界条件及び初期条件は均一土壌における対流分散式のときと同じであるから，フラックス確率密度関数は均一土壌の対流分散式 (2.51) 式に対するフィック型の確率密度関数の変数を単に変えたに過ぎない．つまり，

$$z \longrightarrow y(z), \quad V \longrightarrow J_w, \quad D \longrightarrow E \tag{5.7}$$

したがって，正規座標フレームにおいてはフラックス確率密度関数は

$$f^f(z,t) = \frac{y(z)}{2\sqrt{\pi E t^3}} \exp\left(-\frac{(y(z) - J_w t)^2}{4Et}\right) \tag{5.8}$$

(5.8) 式のフラックス確率密度関数は著しく歪んだ形をしている．位置 z では y が一定になるの

[*1] この D と θ との関係について理論的な妥当性が得られないことは分かっている．

5.1 深さ依存の水分量

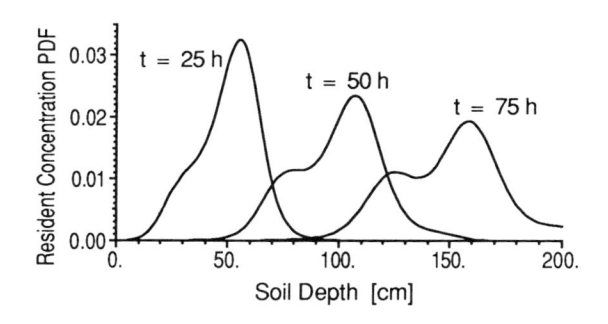

図 5.1　不均一対数分散式 (5.9) 式において $J_w = 1$ cm/hr, $E = 1$ cm^2/hr の場合のレジデント濃度確率密度関数. S 字型の水分分布の土壌を考えており, $\theta_0 = 0.5$, $\theta_1 = 0.15$, $\lambda = 0.125$ cm^{-1} の値をもつ (5.10) 式を用いている.

で, この場合, 不均一性が確かに存在するが陽に現れない. しかし, レジデント確率密度関数 (この通過時間確率密度関数に相当する) は

$$f^r(z,t) = \frac{\theta(z)}{\sqrt{\pi E t}} \exp\left(-\frac{(y(z)-J_w t)^2}{4Et}\right) \\ -\frac{J_w \theta(z)}{2E} \exp\left(\frac{J_w y(z)}{E}\right) \text{erfc}\left(\frac{y(z)+J_w t}{\sqrt{4Et}}\right) \quad (5.9)$$

となり, これは明らかに不均一であることを示している (問 5.1 を参照). 図 5.1 は, 水分量が

$$\theta(z) = \theta_0 + \theta_1 \sin(\lambda z) \quad (5.10)$$

で変化する仮想の土壌の場合に対する (5.9) 式の表示である. レジデントパルスは y フレームではガウス分布である. それは, 正規座標系で表すと奇形をなし, 水分が空間変動していることを示す.

不均一性に関するこのような取り扱いは, 分散係数が水分に依存するという, 特別な仮定 ((5.5) 式が妥当) から, 行われたものであるが, 1.4 ha のフィールドの大区画で測定された対流分散式の係数の不均一性はすべて除かれることが分かった (Ellsworth, 1989; Ellsworth et al., 1991). 本研究においては, 著者らはフィールド全体に対し 1 つの J_w と E の値を用い, 座標 $y(z)$ で 1.5 m 平方の区画に溶質パルスを与えて, 離散した溶質プルームを面で平均した移動として表現することができた.

同様に, 確率対流仮説 (2.65) も不均一システムに修正しよう.

$$f^f(z,t) = \frac{y(l)}{y(z)} f^f\left(l, \frac{ty(l)}{y(z)}\right) \quad (5.11)$$

ここで, l は基準深さ, $y(z)$ は (5.2) 式で定義される. (5.11) 式は $\theta = $ 一定のとき (2.65) 式になる. このモデルは不均一土壌では試されなかった.

上述の簡単な方法は，物理的洞察よりも，数学的な簡略化によってさらに改良が加えられた．不均一土壌中の移動を表す別の方法は，輸送体積を連続したいくつかの層に分ける方法である．それぞれの層は，それ自身の通過時間確率密度関数によって特徴づけられている．この方法は次節で論議される．

5.2 成層土壌における溶質移動

地下水の状況とは対照的に，Vadose zone[*2] の流れの方向は自然にできる土壌層の走方向と直角をなす．本節では，いろいろな特性を持つ直列の層を移動する溶質移動問題を伝達関数によっていかに定式化できるかについて論じる．具体的には，2層問題を論じることにする．というのは，それは N 層の問題に一般化するのが容易であるからである．

図 5.2 は，明確に異なる 2 層の成層土壌を通る溶質移動を理想化して図示したものである．

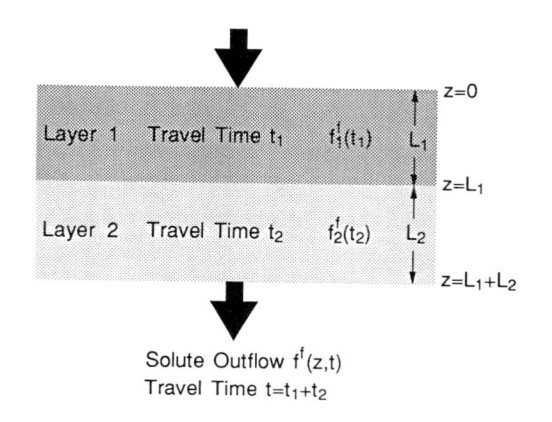

図 5.2 成層土壌中の移動の伝達関数表示．流出端に到達するまでに要する通過時間は 2 つの層の移動に要する通過時間の和であり，各層はそれぞれ別の通過時間確率密度関数で表される．

土壌は 2 層からなり，各土層は通過時間確率密度関数で表される．第 1 層の通過時間確率密度関数 $f_1^f(L_1, t_1)$ は，流入端に狭小な溶質パルスを付加し，$z = L_1$ で流出濃度を時間の関数として測定することによって，計測できる．しかし，通常第 2 層の通過時間確率密度関数 $f_2^f(L_2, t_2)$ は直接計測できない．なぜなら，第 2 層の流入端である $z = L_1$ に狭小な溶質パルスを付加できないからである．$z = 0$ の狭小なパルス入力に対して，$z = L_1 + L_2$ で流出フラックス濃度を測定することは可能であり，通過時間確率密度関数

[*2] 訳注）地表から地下水面までの領域を指す．

5.2 成層土壌における溶質移動

$f^f(z,t)$ を構築するのに用いられる．ここで，t は第1,2層を通る通過時間の合計である．したがって，通過時間 t は $t = t_1 + t_2$ という拘束条件を満足しなければならない．

深さ z での通過時間確率密度関数は

$$f^f(z,t) = \int_0^t \int_0^{t-t_2} \delta(t - t_1 - t_2) f_{12}(t_1, t_2) dt_1 dt_2 \tag{5.12}$$

ここで，$f_{12}(t_1, t_2)$ は t_1 と t_2 の結合確率密度関数である．(5.12) は確率流管モデルと考えられ，その中の局所流管モデルは $\delta(t - t_1 - t_2)$ である．したがって，z での流出は一般に各層の通過時間分布に依存し，各層の通過時間の間の相関に依存する．(5.12) 式を簡略化すると 2 つの興味あるケースが得られるが，その前に確率変数の基礎的特性を述べておく．

補記 確率変数の和と積

X_1 と X_2 とが確率変数であり結合確率密度関数 $f(X_1, X_2)$ で表されるとすると，確率変数 $Z = X_1 + X_2$ は次のモーメントを持つ．

$$\mathrm{E}(Z) = \int_{-\infty}^{\infty} \int_{-\infty}^{\infty} (X_1 + X_2) f(X_1, X_2) dX_1 dX_2 = \mathrm{E}(X_1) + \mathrm{E}(X_2) \tag{5.13}$$

$$\mathrm{Var}(Z) = \mathrm{Var}(X_1) + \mathrm{Var}(X_2) + 2\mathrm{Cov}(X_1, X_2) \tag{5.14}$$

ここで，

$$\begin{aligned}\mathrm{Cov}(X_1, X_2) &:= \mathrm{E}\left[(X_1 - \mathrm{E}(X_1))(X_2 - \mathrm{E}(X_2))\right] \\ &= \mathrm{E}(X_1 X_2) - \mathrm{E}(X_1)\mathrm{E}(X_2)\end{aligned} \tag{5.15}$$

は X_1 と X_2 の共分散である．共分散は相関係数 ρ と関係している．

$$\rho := \frac{\mathrm{Cov}(X_1, X_2)}{\sqrt{\mathrm{Var}(X_1)\mathrm{Var}(X_2)}} \tag{5.16}$$

$X_1 X_2$ の積によって定義される確率変数は次式で与えられる期待値，あるいはアンサンブル平均を持つ．

$$\mathrm{E}(X_1 X_2) = \mathrm{E}(X_1)\mathrm{E}(X_2) + \mathrm{Cov}(X_1, X_2) \tag{5.17}$$

(5.16) 式を用いると，この関係は次式で表される．

$$\mathrm{E}(X_1 X_2) = \mathrm{E}(X_1)\mathrm{E}(X_2) + \rho \sqrt{\mathrm{Var}(X_1)\mathrm{Var}(X_2)} \tag{5.18}$$

これらの関係は N 個の確率変数 $X_i, (i = 1, .., N)$ の和の場合に拡張され，

$$Z := \sum_{i=1}^N X_i \tag{5.19}$$

X_i の平均と分散をそれぞれ μ_i と σ_i で表すと,Z の平均と分散は(問 5.3 を参照),

$$\mathrm{E}(Z) = \sum_{i=1}^{N} \mathrm{E}(X_i) = \sum_{i=1}^{N} \mu_i \tag{5.20}$$

$$\mathrm{Var}(Z) = \sum_{i=1}^{N} \sum_{j=1}^{N} \rho_{ij} \sigma_i \sigma_j \tag{5.21}$$

ここで,ρ_{ij} は X_i と X_j との相関係数である.

一般に (5.21) 式で分かるように,直列の成層土壌における通過時間確率密度関数は隣接する層の通過時間の相関関係に依存する.しかし,その関係が独立 ($\rho=0$) 及び完全相関 ($\rho=1$) という特殊な場合,系を通る通過時間確率密度関数は個々の層の特性を用いて完全に表現することができる.このことを以下で見てみよう.

5.2.1 独立した成層土壌

2 つの土層を通るときの通過時間が互いに独立ならば,結合確率密度関数は

$$f_{12}(t_1, t_2) = f_1^f(L_1, t_1) f_2^f(L_2, t_2) \tag{5.22}$$

この場合,t_2 で積分すると (5.12) 式は次のようになる.

$$f^f(L_1 + L_2, t) = \int_0^t f_1^f(L_1, t_1) f_2^f(L_2, t - t_1) dt_1 \tag{5.23}$$

(5.23) 式は,ラプラス変換後 (付録 A の A.36 参照),非常に簡単になる.

$$\hat{f}^f(L_1 + L_2; s) = \hat{f}_1^f(L_1; s) \hat{f}_2^f(L_2; s) \tag{5.24}$$

土壌間で通過時間が独立という仮定はある種の問題,例えば土壌から暗渠排水管への溶質流れの場合には適切かもしれない.そのシステムでは,不飽和域を通る物質の通過時間の分布は土性と土壌構造によって主に影響されるが,飽和土壌を通る通過時間では暗渠排水管の位置よりも地下水面の流入地点に大きく影響される (Jury, 1975).Utermann et al. (1990) は最近 (5.23) 式を用いた暗渠排水管を通る溶質移動をモデル化した.

5.2.2 完全に相関した成層土壌

第 2 層を通る通過時間が第 1 層を通る通過時間と完全に相関がある[*3]とすれば,t_1 が既知のとき通過時間 t_2 は完全に求められる.この条件は公式的には,

$$f_{12}(t_1, t_2) = f^f(L_1, t_1) \delta(t_2 - g(t_1)) \tag{5.25}$$

[*3] これは必ずしも線形関係を意味しない.

5.2 成層土壌における溶質移動

ここで，$t_2 = g(t_1)$ は t_2 と t_1 との間にある関数関係を表す．$g(t_1)$ が決められると，通過時間確率密度関数は (5.25) 式を (5.12) 式に代入することによって計算できる (問 5.4 を参照)．t_2 と t_1 との関数関係の性質はそれら時間の配分に依存する．通過時間のオーダが相対的に各層で同じであることを表すために，次の 2 つの分布の積算分布関数 (cdf) を等価におく．

$$P_1(L_1, t_1) = P_2(L_2, t_2) \tag{5.26}$$

これによって，$t_2 = g(t_1)$ 関数が導かれる．(5.26) 式の解は

$$t_2 = P_2^{-1}(P_1(L_1, t_1)) \tag{5.27}$$

例えば，もし t_1 と t_2 がともに正規分布で完全に相関しているならば，(5.26) 式は

$$\frac{t_1 - m_1}{s_1} = \frac{t_2 - m_2}{s_2} \tag{5.28}$$

あるいは，

$$t_2 = m_2 - m_1 \frac{s_2}{s_1} + t_1 \frac{s_2}{s_1} = \alpha + \beta t_1 \tag{5.29}$$

ここで，m_i と s_i^2 は i 層の通過時間の平均と分散である．同様に，各層が対数正規の通過時間であれば，(5.26) 式は次式を表す (問 5.9 を参照)．

$$\frac{\ln(t_1) - \mu_1}{\sigma_1} = \frac{\ln(t_2) - \mu_2}{\sigma_2} \tag{5.30}$$

これはもともと t_1 と t_2 との間の非線形関数を表す．

$$t_2 = \exp\left(\mu_2 - \mu_1 \frac{\sigma_2}{\sigma_1}\right) t_1^{\sigma_2/\sigma_1} = \alpha t_1^\beta \tag{5.31}$$

ここで，μ と σ^2 は $\ln(t)$ の平均と分散である．2 つの土層の通過時間が完全相関で対数正規である場合，それらを通る通過時間確率密度関数 (5.12) 式の計算方法は問 5.4 で与えられている．

隣接する層同士の通過時間が高い相関を持つと思われる状況は，各層の透水性が高く，層内の通過時間の変動が主に水フラックスの局所変動によるような場合である．そのような場合，第 1 層の通過時間は短くなり，それは大きい局所水フラックスによって起こされる．水フラックスが連続している限り，第 2 層の通過時間も短くなる．同様に，水フラックスが小さいとき，第 1 層の通過時間範囲は長くなり，第 2 層の通過時間範囲も長くなる (図 5.3 を参照)．

対流分散モデル (convective-dispersive model) と確率対流モデル (stochastic-convective model:SCM) は溶質の分散が極めて異なっているため，はじめの方の章では別々に扱ってきた．さらに，それらは溶質の通過時間の相関も極端に異なっている．つまり，対流分散モデルは通過時間が非相関の土壌を表し，確率対流モデルは通過時間が完全

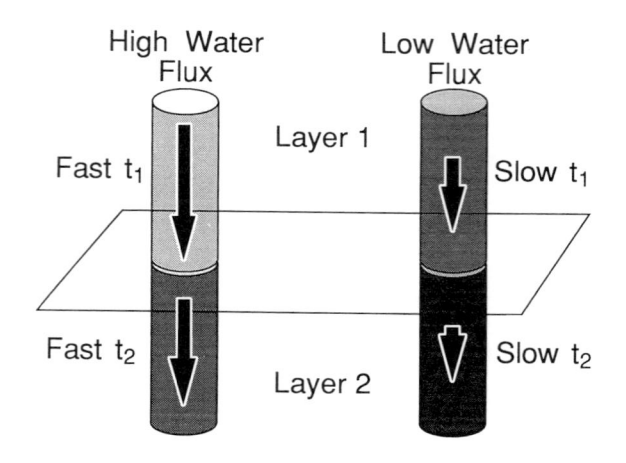

図 5.3 異なる局所水フラックスをもつ 2 つの流管の模式図. 水フラックスが局所的に連続である（すなわち，側方流がない）限り，連結する土層間で相関を持った通過時間を生じる.

に相関した土壌を表す．このことは，次の 2 つの例で示される．

例 5.3 相関がゼロとなる対流分散モデル

均一土壌において，深さ z に対する通過時間が対流分散式の確率密度関数 (2.51) 式によって表される場合，その通過時間は (2.57)-(2.58) 式で与えられる平均と分散を持つ．鉛直方向に均一な土壌であっても，それは厚さ Δz の N 層からなり，その各々が同一の通過時間確率密度関数を持っていると考えることができる．この確率密度関数もフィック型のモデル (2.51) で表され，$z \to \Delta z$ とした (2.57)-(2.58) 式で得られる平均と分散を持つ．深さ $z = N\Delta z$ では，平均と分散は，

$$E_z(t) = \sum_{j=1}^{N} E(t_j) = \frac{z}{V} = N\frac{\Delta z}{V} = NE_{\Delta z}(t_1) \tag{5.32}$$

$$\text{Var}_z(t) = \frac{2Dz}{V^3} = N\left(\frac{2D\Delta z}{V^3}\right) = N\text{Var}_{\Delta z}(t_1) \tag{5.33}$$

仮定によって (5.32)-(5.33) 式はすべての z で成り立つから，対流分散式は通過時間の平均と分散が個々の層の平均と分散の和に等しくなるようなモデルである．したがって，(5.21) 式では，層が異なる場合 $i \neq j$ 層間の相関係数 ρ_{ij} はゼロでなければならない．

第 2 章においては，通過時間確率密度関数が均一土壌の (2.65) 式に従うモデルとして確率対流モデルを定義した．この現象の通過時間の平均と分散は (2.67)-(2.68) 式で与えられている．ゆえに，対流分散式と異なり，確率対流モデルにおける通過時間の分散は，流入端からの距離の平方に比例して増加する．この特性は次の例に示されるように完全相関

を意味する．

例 5.4 完全相関の確率対流モデル (SCM)

N 個の確率変数 $t_1,...,t_N$ が同じように分布し，完全に相関していれば，$\rho_{ij}=1$ なので，(5.20)-(5.21) 式は

$$\mathrm{E}_z(t) = \sum_{i=1}^{N} \mathrm{E}_{\Delta z}(t_i) = \sum_{i=1}^{N} \mathrm{E}_{\Delta z}(t_1) = N\mathrm{E}_{\Delta z}(t_1) \tag{5.34}$$

$$\mathrm{Var}_z(t) = \sum_{i=1}^{N}\sum_{j=1}^{N} \mathrm{Var}_{\Delta z}(t_1) = N^2 \mathrm{Var}_{\Delta z}(t_1) = \left(\frac{z}{\Delta z}\right)^2 \mathrm{Var}_{\Delta z}(t_1) \tag{5.35}$$

これは，(2.67)-(2.68) 式と同じである．したがって，確率対流モデルは完全に相関なモデルである．

5.3 成層土壌におけるフラックス確率密度関数

　隣接する土層間の通過時間の相関は成層土壌における移動現象に重大な影響を与える．しかし，2つの異なる性質の層からなる土壌では，2つの層間の相関係数が変化しても，流出端のフラックス確率密度関数の形は，大きく変化しない．図 5.4 は 30 cm 土層における 2 つの通過時間確率密度関数を示していて，これらの輸送特性は大きく異なっている．

　また，図 5.5 は 2 つの層が非相関 ($\rho=0$) か完全相関 ($\rho=1$) であると仮定し，60 cm の深さにおけるフラックス確率密度関数を，(5.12) 式を用いて予測を示したものである．

　この結果は，各層の通過時間確率密度関数が既知としても，成層土壌を通るフラックス確率密度関数の測定から相関構造を決定することが難しいことを示している．さらによくあることは，第 1 層の確率密度関数だけが既知の場合である．つまり，そのときは，2つの層を通るフラックス確率密度関数の観測値に適合するように，第 2 層の確率密度関数と相関係数の両方を決定しなければならない．成層土壌中の通過時間分布を表すフラックス確率密度関数は，均一土壌の確率密度関数の形とほとんど変わりがない (図 5.5)．

　フラックス確率密度関数が土壌の不均一性を示さない理由の 1 つは，溶質はすべて流出端に達する前に各層を通過しなければならないことである．対照的に，不均一土壌のレジデント確率密度関数は均一土壌の場合と全く異なっている．それは，各層を通過中に，溶質パルスの一部が各層の境界の両側に存在するようになるためである．

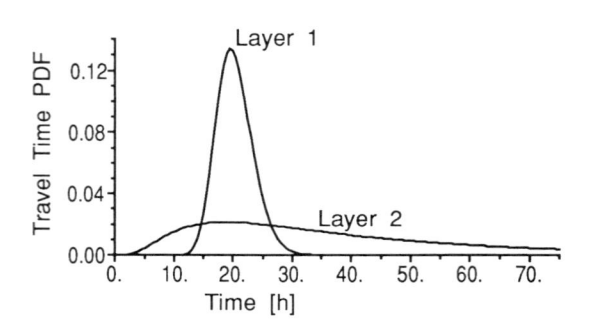

図 5.4　30 cm 成層土壌の通過時間確率密度関数．成層土壌中では 1 cm/hr の定常フラックスで水が流れている．CLT(2.72) 式あるいは対流分散式 (2.51) 式のいずれのモデルでも確率密度関数が同等に表され，土層 1 及び土層 2 に対して，それぞれパラメータ $\mu_1=3.0$, $\sigma_1=0.15$, $V_1=1.48$, $D_1=0.5$, $\mu_2=3.5$, $\sigma_2=0.75$, $V_2=0.68$, $D_2=7.7$ が用いられている．

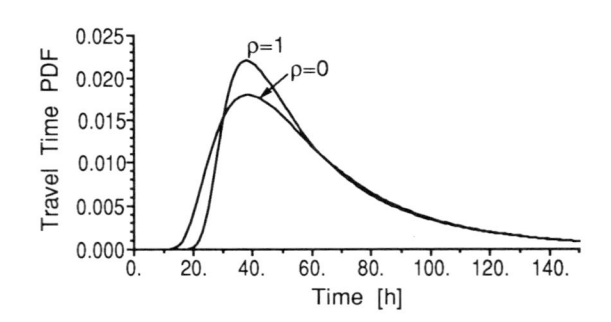

図 5.5　図 5.4 で示される特性値をもつ土壌の，$z = L_1 + L_2 = 60$ cm における通過時間確率密度関数．土層間でゼロ相関及び完全相関を仮定して計算している．

5.4　成層土壌における対流分散モデルのレジデント確率密度関数

　上で見てきたように，成層土壌に対する連続体のフラックス確率密度関数とレジデント確率密度関数の展開には，各層内の現象モデル (あるいは通過時間確率密度関数) の仮定と層間境界での相関性の仮定を具体的に与える必要がある．この分野における研究はほとんど行われておらず，それは主に，今日用いられている主なモデルでは，すべて鉛直方向の土壌特性が変化しないことが仮定されてきたからである．成層土壌における溶質移動の問題をモデル化するために対流分散式が用いられてきた (Kreft and Zuber, 1978; Barry

5.4 成層土壌における対流分散モデルのレジデント確率密度関数

and Parker, 1987). そこでは，各層が次式に従うと仮定されてきた．

$$\frac{\partial C_j^r}{\partial t} = D_j \frac{\partial^2 C_j^r}{\partial z^2} - V_j \frac{\partial C_j^r}{\partial z} \qquad (5.36)$$

ここで，C_j^r は層 j ($L_j < z < L_{j+1}$) におけるレジデント流体濃度，V_j, D_j はこの層における溶質速度と分散係数である．(5.36) 式は各層のフラックス濃度に対しても成り立つ．層間の境界面では隣接領域の濃度に関係する 2 つの条件が必要である．Kreft and Zuber (1978), Barry and Parker (1987) は，境界面ではフラックス濃度もレジデント濃度も連続であると仮定している．レジデント濃度で示すと

$$D_j \frac{\partial C_j^r}{\partial z} - V_j C_j^r = D_{j+1} \frac{\partial C_{j+1}^r}{\partial z} - V_{j+1} C_{j+1}^r \qquad (5.37)$$

$$C_j^r = C_{j+1}^r \qquad (5.38)$$

フラックス濃度に関しては (Kreft and Zuber, 1978; 問 5.6 を参照)

$$C_j^f = C_{j+1}^f \qquad (5.39)$$

$$V_j \frac{\partial C_j^f}{\partial z} = V_{j+1} \frac{\partial C_{j+1}^f}{\partial z} \qquad (5.40)$$

(5.36)-(5.40) 式を解くことによって，2 成層土壌の $z = L_1 + L_2$ における溶質通過時間確率密度関数を計算し，通過時間モーメントを解析することができる．その場合，均一土壌の結果 (例 5.3) と異なり，$z = L_1 + L_2$ における分散 (variance) は個々の層の分散の和に等しくならないことが分かる (Barry and Parker, 1987). それゆえ，2 つの層の間の共分散や相関係数は (5.14) 式からゼロであってはならない．従って，対流分散型では均一断面内の場合通過時間が非相関であるが，成層土壌の隣接領域間の場合通過時間が相関を持つことになる．フラックスが連続しているという仮定 (5.37) は明らかに正しいので，この思いがけない結果が生じた理由はレジデント濃度が境界で連続であるという仮定 (5.38), あるいは (5.40) 式にあるにちがいない．

各層は対流分散式 (5.36) 式に従うが，2 層の通過時間は非相関と仮定しよう．このシステムにおける濃度分布を解くことによって境界面でのレジデント濃度に何が起こっているかを検討してみる．このシステムでは，通過時間が層間で独立した場合であり，成層土壌の通過時間モデル (5.23) が用いられ，各層はフィック型の通過時間確率密度関数 (2.51) で表される．土壌断面におけるすべての位置 z のフラックス濃度を式で表示できれば，対応するレジデント濃度を計算するのに (3.5) 式を用いることができる．独立した層の場合の対流分散式の通過時間確率密度関数分布は次のように書くことができる．

$$f^f(z,t) = \begin{cases} f_1^f(z,t) & , 0 < z \leq L_1 \\ \int_0^\infty f_1^f(L_1,t_1) f_2^f(z-L_1,t-t_1) dt_1 & , z > L_1 \end{cases} \qquad (5.41)$$

$z < L_1$ のときフラックス確率密度関数は深さ z 第 1 層のフラックス確率密度関数に等しいことに注意しよう．それは，土壌がこの深さまでは均一であるからにほかならない．$z > L_1$ の場合，上層と下層がそれぞれ L_1 と $z - L_1$ の厚さの成層土壌を通る移動を表すのに (5.23) 式が用いられる．

(5.41) 式のラプラス変換の解は，(5.24) 式を用いて，

$$\hat{f}^f(z;s) = \begin{cases} \hat{f}_1^f(z;s) & , 0 < z \leq L_1 \\ \hat{f}_1^f(L_1;s)\hat{f}_2^f(z-L_1;s) & , z > L_1 \end{cases} \tag{5.42}$$

(5.42) 式においてフラックス濃度に対するレジデント流体濃度は (3.7) 式を用いて

$$\hat{C}_l^r(z;s) = \begin{cases} -\frac{V_1}{s}\frac{d\hat{f}_1^f(z;s)}{dz} & , 0 < z \leq L_1 \\ -\frac{V_2}{s}\hat{f}_1^f(L_1;s)\frac{d\hat{f}_2^f(z-L_1;s)}{dz} & , z > L_1 \end{cases} \tag{5.43}$$

ここでは，次のような代入を行っている．

$$\hat{C}_l^r(z;s) = \begin{cases} \frac{\hat{C}_l^r(z;s)}{\theta_1} & , 0 < z \leq L_1 \\ \frac{\hat{C}_l^r(z;s)}{\theta_2} & , z > L_1 \end{cases} \tag{5.44}$$

(5.43) 式中の 2 つの確率密度関数は，z，V，D の適当な値を持つフィック型の確率密度関数のラプラス変換 (2.50) 式によって表される．逆ラプラス変換を数値的に行う (付録 B) ことによって，z と t の関数として濃度が得られる．

図 5.6 は，対流分散式を用いて予測した 2 成層土壌の場合のレジデント濃度分布を示している．解析では 2 つのことが仮定されている．その 1 つは，レジデント濃度が連続的に変化していて，対流分散式 (5.36)-(5.38) が使えるという仮定であり，もう 1 つは上層では通過時間が短く，一様であるのに対し，下層では通過時間が長く，変動するようなそれぞれ独立した層 ((5.43) 式) が仮定されていることである．

フラックス濃度 (図 5.5) とは対照的に，レジデント濃度の分布形 (図 5.6) は境界の仮定によって大きく影響される．移動現象は各領域で同じ形で表されるが，境界面の仮定のため 2 つのモデルの分布に非常に異なった特徴が生み出される．層が独立であると仮定して試算されたレジデント濃度には，不連続が生じる．この不連続性は，溶質がゆっくり移動し，第 2 層の境界で幾重にも折り重なった結果である．2 つの領域の対流分散式に存在する不連続性は，境界面で連続性が保たれるように最初の領域の分布を変更することによって回避される．

即座に見て，上述のモデルはどちらも正しくはない．しかし，均一土壌では対流分散式モデルの通過時間は非相関であり，個々にみても 2 つの層は非相関なのにそれらの境界では相関が成り立っているのは奇妙に思える．単一の流管において，レジデント濃度は局所

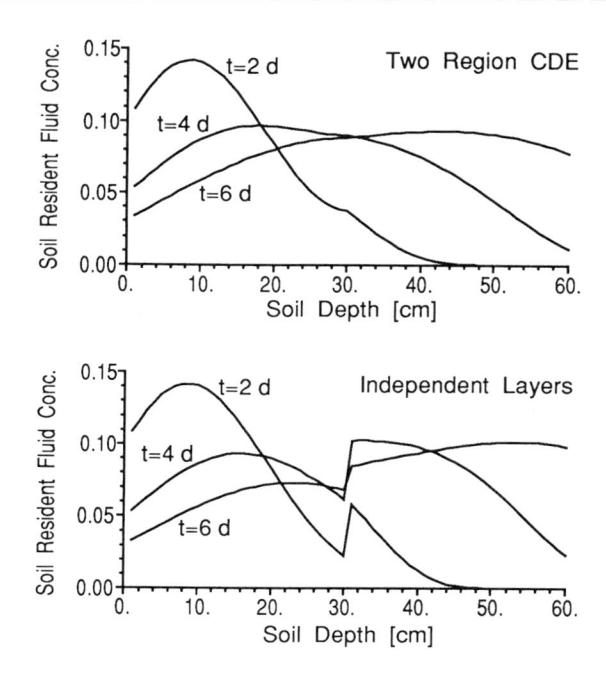

図 5.6 **2 成層土壌の対流分散式によるレジデント流体濃度．2 層が連続したレジデント濃度を持つ場合と，下層 30 cm で $V_2 = 3$ cm/d, $D_2 = 35$ cm^2/d, 上層 $V_1 = 11$ cm/d, $D_1 = 3$ cm^2/d のそれぞれ独立した土層を仮定した場合を示す．**

的に連続であると考えるのは合理的に思えるが，各領域において濃度と水分とが側方に変化しうるとき，体積平均のレジデント濃度が連続的であるとは限らない．

図 5.6 に示されるように，予測した分布形状の違いは大きいので，その境界面の仮説は成層土壌の移動実験によって実験的に調べることができるかもしれない．しかし，レジデントの流体濃度は直接測定できないので，全レジデント濃度の予測した形状と測定値とを比較しなければならない．各モデルでは，全レジデント濃度は不連続という予測が得られるが，予測形状の差は図 5.6 に示される程度に小差である (Jury and Utermann, 1991)．

5.5 成層土壌における確率対流型レジデント確率密度関数

上述の例 5.4 において，確率対流モデル (2.65) 式が通過時間と完全に相関を示すことが分かった．従って，通過時間確率密度関数が 1 つの層内では (2.65) 式に従い，境界面では完全に相関するという条件によって，成層土壌の確率対流モデルを展開するのに異論はないであろう．

観測値に適合させると，対流分散型の伝達関数モデルと対流対数型の伝達関数モデル (CLT) のフラックス確率密度関数はほとんど似たような形をしている (図 2.3 を参照)．

そこで，(5.31) 式とともに対数モデルを用いて，図 5.6 の条件における完全な相関を表すことができる．図 5.7 は，各層が対流対数型の伝達関数モデルに従うとの仮定の下で，(5.12), (5.25), (5.31) 式を用いて計算したレジデント濃度を示している（問 5.4-5.5 を参照）．

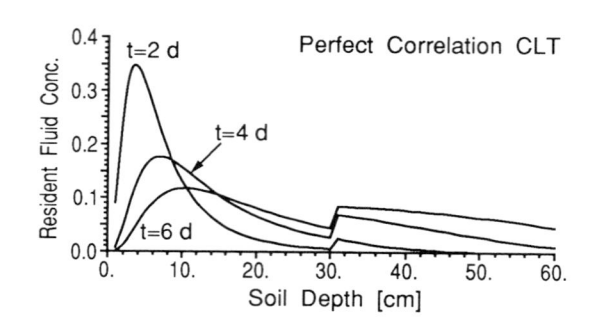

図 5.7　図 5.5, 5.6 に相当する土壌レジデント流体濃度．各土層が CLT に従い，土層間の相関が完全と仮定した場合である．

図 5.6 の対流分散式シミュレーションに比べて，第 1 層のピーク濃度が高くなっているのが図 5.7 の特徴である．それは，この領域では対流対数型の伝達関数モデルの分散係数がゼロから最大値まで線形的に増加しているためである．その最大値は $z = L$ における対流分散式の分散係数に等しい．しかし，これら 2 つのモデルではレジデント濃度が大きく異なっているように見えるが，下層端での流出形状はほんの少し違っているだけである（図 5.8）．

成層土壌を通る溶質移動の定式化は明らかに未解決の研究分野である．将来，境界面を通る移動の基礎的及び応用的研究を行い，総合的な理論を理解し，展開していく必要がある．当面の間，顕著に成層化した媒体を通る場合の近似解を展開するには，上述のような簡単なアプローチに頼らざるを得ない．大まかな規則として，境界面で著しい横流れが生じているときは土層の独立性を仮定し，一方すべての層の透水性が高く，かつ，各層の最大値の流速で流れるとき土層間の完全相関を仮定することによって，相関関係を近似することが可能である．境界面で流れの不安定が発達しているとき (Raats, 1973; Hillel, 1986) や，土中の横方向の混合の程度が初期水分に著しく依存するとき (Ellsworth, 1989)，土壌断面内のレジデント濃度をモデル化するためには上述のもの以上に複雑な表現が必要となる．

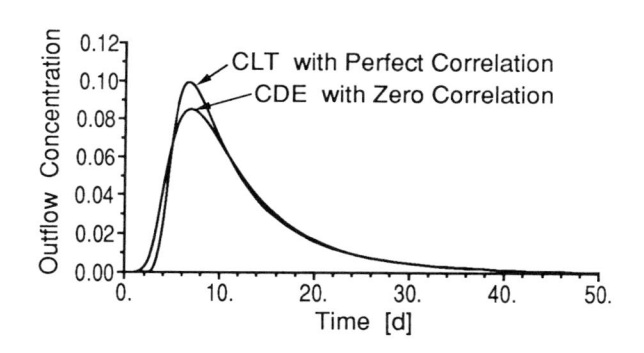

図 5.8 対流拡散式と **CLT** モデルで予測された流出濃度. 第 2 層の底 $z = 60$ cm のところでゼロ相関と完全相関が仮定されている.

5.6 深さに依存する吸着条件下の溶質移動

吸着や減衰速度 (問 5.11) が深さに依存する場合に対しても, 成層土壌のアプローチは移動問題を解くのに有用である. その方法は次の例で示される.

例 5.5 深さ依存の吸着

土壌は, 確率対流型かつ均一であるが, 可動性化学物質の移動に対しては, 対数型の通過時間確率密度関数 (2.72) をもつものと仮定しよう. しかし, 化学物質の移動の際, 土壌は次式で与えられる深さ依存の遅延係数を持つものとする.

$$R(z) = \begin{cases} R_1 &, 0 < z < l \\ R_2 &, z > l \end{cases} \tag{5.45}$$

土壌が可動性化学物質に対して確率対流型かつ均一であることから, 完全相関する成層土壌モデル (5.25) を用いて, 吸着化学物質の移動をモデル化することは道理にかなっている. $z < l$ の場合, フラックス確率密度関数は $R = R_1$ として (4.12) 式で与えられる. $z > l$ の場合, 確率密度関数を発生させるのに, 5.2.2 節で用いた方法を使用する.

そこで, 可動性化学物質の対数型モデルパラメータを μ, σ と仮定すると, $z > l$ では (5.30) 式は次のように書ける.

$$\frac{1}{\sigma}\left[\ln\left(\frac{t_2 l}{R_2(z-l)}\right) - \mu\right] = \frac{1}{\sigma}\left[\ln\left(\frac{t_1}{R_1}\right) - \mu\right] \tag{5.46}$$

これは,

$$t_2 = \frac{z-l}{l}\frac{R_2 t_1}{R_1} = g(t_1) \tag{5.47}$$

となる. したがって, $z > l$ の場合, フラックス確率密度関数は (5.47) と (5.25) 式を結合させるこ

とによって得られ，その結果を (5.12) 式に入れると

$$f^f(z,t) = \int_0^t \delta\left(t - t_1 - \frac{z-l}{l}\frac{R_2 t_1}{R_1}\right) \frac{1}{R_1} f_m^f\left(\frac{t_1}{R_1}\right) dt_1 \tag{5.48}$$

この積分は，(2.10) 式によって計算でき，その結果は

$$f^f(z,t) = \begin{cases} f_m^f(t/R_1)/R_1 &, 0 < z < l \\ f_m^f(t/\omega(z))/\omega(z) &, z > l \end{cases} \tag{5.49}$$

ここで，$\omega(z) = R_1 + R_2(z-l)/l$ である．

問 題[*4]

問 5.1 (5.9) 式を誘導せよ．

問 5.2 深さによって水分量が異なっている不均一土壌の確率対流通過時間確率密度関数に対する式 (5.11) を誘導せよ．

問 5.3 N 個の確率変数の和の平均と分散が式 (5.20)-(5.21) によって与えられることを示せ．

†問 5.4 2 変数対数型に分布し，完全に相関がある，厚さ l の 2 つの土層が層をなしている．その土層の底における通過時間確率密度関数に対する解析式 (5.31) を誘導せよ．

†問 5.5 問 5.4 に関連して，$0 < z < 2l$ に対するレジデント確率密度関数を計算せよ．

問 5.6 連続したレジデント濃度の条件 (5.38) が，2 つの不均一土層の境界におけるフラックス濃度に対する条件 (5.40) と等しいことを示せ．

問 5.7 確率対流仮説に従い，深さ $z = l$ 以外では均一な土壌がある．$z = l$ では，通過時間は非相関である（すなわち，$z = l$ の上下部では確率対流領域では非相関である）．深さの関数として通過時間の分散 (variance) を計算し，システムの平均分散係数が $z = l$ 以上で減少することを示せ．

[*4] †のついた問題は難しい．

5.6 深さに依存する吸着条件下の溶質移動

問 5.8 確率対流仮説に従い,深さ $l < z < 2l$ 以外では均一な土壌がある.その範囲における,単位深さ当たりの平均通過時間は残りの部分の土壌体積に対する値の 2 倍になっている.しかし,2 つの層は境界面 $z = l, 2l$ で完全に相関が維持されている.深さの関数として通過時間分散を計算し,システムの平均分散係数が $z = l$ 以上で減少することを示せ.土壌の単位長さ当たりの分散はどこでも一定であることを仮定せよ.

問 5.9 フィック型(対流分散式)のフラックス確率密度関数 (2.59) を持つ 2 つの独立した層の場合,レジデント濃度 (5.43) が境界 $z = l$ で不連続になることを示せ.

†問 5.10 境界条件 (5.37)-(5.38) をもつ 2 層の対流分散式のフラックス濃度に対する解 (5.36) のラプラス変換を計算せよ.

問 5.11 表層域 $(0 < z < l)$ において,減衰速度係数が μ で 1 次減衰しこの深さ以上では減衰しない,可動溶質のフラックス確率密度関数を計算せよ.土壌は均一であること,溶質は可動で非減衰の確率対流仮説 (2.65) に従う確率密度関数を持っていることを仮定せよ.

第6章

不飽和土壌フィールドにおける伝達関数法の応用

　不飽和土壌中の溶質移動をフィールドスケールでモデル化することは，多くの理由によって極めて困難である．第1に，水や溶質の移動に影響を与える移動特性や保水特性が水平的にも鉛直的にも変動しており，そのことが，物質の流路を非常に複雑にしている．このような3次元の流れはいかなる移動モデルを用いても詳細に表現できない．それにもかかわらず，局所的なスケールでそのような複雑性を考慮に入れた移動モデルが開発されているものの，フィールドスケールでは考えられ得るいかなる測定値を用いてもそれらモデルを検証することはできない．多くの場合測定は不可能だし，ある特性値を測定する場合は土壌を大きく攪乱せざるを得ないこともある．

　第2に，水の供給が頻繁にあって，溶質の降下流が実質的に生じている場合でも，地表付近の水フラックスレジームはいつも過渡的になる．従って，定常流の仮定に基づいて構成されている溶質移動モデルは過渡的流れにおいて使用できるように調整しなければならない．

　最後に，多くの不飽和土壌断面では，流れ方向に沿って明らかに不均一である．成層土壌における土壌特性の急激な変化は，地下水の側方流から，小さな湿った土壌部分に沿う流体の局所的流れに至るまで，無秩序な流れを引き起こす (Kung, 1988)．

　溶質移動に関する多くのフィールド応用研究では，輸送体積が限られているため，すべての溶質流路を詳細に表すように工夫されたモデルは期待できない．フィールドにおけるどのような研究や応用においても，土壌の移動特性や保水特性のデータのサイズと性質は，常に開発モデルの種類を限定する主な要因となっている．過度の入力データや検証データを必要とするモデルは役に立たないし，最悪の場合には，測定値が欠如しているとき，モデルの多くのパラメータが指定値（デフォルト値）で与えられるといった誤った使用が行われることがある．

　それに代わる方法として，伝達関数は，データが得難いところで適用することができ

る．以前の章では伝達関数は狭い入力パルスの下で展開されてきた（定常流の場合，水理特性の空間的な相関がない場合，成層境界上で両層の特性がゼロ相関の場合，あるいは完全相関の場合）が，さらに仮定を加えることによってかなりの程度まで拡張できる．本章では，適切に行われたフィールド試験のいくつかの応用例について論じる．

6.1 過渡的伝達関数モデル

フィールドの系は本来過渡的である．日射の日的周期は温度と蒸発の変動をもたらし，それらは多くの興味ある溶質移動現象に影響する．実験のときでさえ，フィールドでの水供給は決して定常ではない．これらの理由から，溶質の滞留時間や通過時間の確率密度関数は時間的に一定ではなく[*1]，役に立たない．すなわち，測定を行った実験条件は，決して再現されないので将来の動きについての予測はできない．そうかと言って，水や溶質移動の決定論的モデルは大面積の場合では非現実的である．それは，移動特性を十分に高密度で測定することが難しいため，局所的フラックスが場所的時間的に正確に把握できないからである．これらの条件下で移動を表していくためには，いくつかの付加的仮定を導入し，データ採取過程を簡略化する必要がある．

Jury et al. (1990) はフィールド系の伝達関数モデルを開発した．そのモデルは，溶質リーチングが起きる条件下，すなわち，降下する正味の水フラックスが常に存在するという条件下で使えるように工夫されている．このモデル化の目的は，土壌水文系の簡単なモデルを用いて溶質移動現象を表現すること，それによって，多くの地点における水文特性及び保水特性の詳細な測定を不要にすることである．

彼らのモデルは次の仮定に基づいている．

1. 土壌の各深さには，ある特定のフラックス確率密度関数が存在する．それは，面積で平均した流出フラックス濃度を表し，流出境界面を通過する積算排水量の関数としても表されるが，水の流速とは無関係である ((2.5), (2.63) 式を参照)．
2. その特定のフラックス確率密度関数は1つの層内では確率対流型 (2.65) であり，各層の境界面では完全な相関をなしている．
3. フィールドスケール及び面積平均の排水速度は簡単な水収支モデルから計算できる．そのモデルにおいては，排水フラックスは排水点より上で貯留された水量の関数である．
4. 輸送体積内の水分量の変化は，流出曲線を排水軸に沿ってその変化量だけ移動させることで修正できる．

これらの仮定については以下で詳細に論じる．

[*1] 第2章における表現では，これは通過時間や滞留時間が入力時間に依存することを意味する．

6.1 過渡的伝達関数モデル

6.1.1 排水の一意的確率密度関数

フィールドの過渡的な水の流れをモデル化しなくてよいように，Jury(1982) は通過時間確率密度関数の時間の代わりに，正味の給水量 I あるいは積算排水量を用いることを提案した．この確率密度関数は水の流速には近似的に独立になる．すなわち，溶質はシステムを通過する水量の関数として，一意的な（特定な）関係で輸送体積の流入端から流出端まで移動する．

彼のモデルは確かに飽和土壌には適用できようが (問 6.3 を参照)，不飽和土壌を通る移動では近似的な表現にすぎない．それは，湿った間隙空間の形状が，流速によって変化するからである．しかし，水フラックスが大きく変化しても水分量がほんの少ししか変化しないような，粗い土壌を通る溶質移動を表す場合には，そのモデルは納得のいく精度を持つことが考えられる．対照的に，大きな流速のときにだけ大きな間隙を満たすような，構造化した (structured) 土壌では，そのモデルは正確でない．そのような土壌では，低流速で測定された排水フラックスの確率密度関数は高流速で測定されたものより変化が少ないことは疑いない．この効果は，不攪乱実験室カラムで，構造化した粘土土壌に対して実証されてきた (Dyson and White, 1986)．これらの著者は通過時間確率密度関数関数の分散を灌漑フラックスの関数にすることを提案している．

6.1.2 確率対流の流れ

不飽和土壌における多くの応用研究では，対象とする地表面積は大きいが，溶質移動が生じている深さ（例えば根域，浅い地下水面上の土）は小さい（例えば，農業のフィールド）．そのような条件下では，横方向の混合時間は溶質が表層部を鉛直に移動する対流時間よりはるかに長い．結局，面積平均（フィールドスケール）の通過時間確率密度関数は，均一土壌における確率対流モデル (2.65) と不均一土壌における成層間の境界面で考えられる完全相関モデル (5.25) とによって正確に表現される．地表面 0.64 ha に溶質を施した，ローム質砂土フィールドでは，確率対流モデル (2.65) は土壌表層土 2 m 以内で極めてよく機能した (Butters *et al.*, 1990; Butters and Jury, 1990)．

6.1.3 過渡的畳み込み積分

鉛直方向に巨視的に均一な土壌に対して，Jury *et al.* (1990) のモデルを展開する．モデルは，成層土壌の各土層に排水関数と溶質フラックスの確率密度関数を設定することによって，成層土壌の場合に容易に拡張できる．この展開で用いられるアプローチは，初めにモデルを (2.5) 式の定常形で表し，次にそれを過渡的な条件に合うようにシステムを調節するものである．

定常モデル

正味の給水量，あるいは積算排水量 $I = J_w t$ で表される伝達関数式の定常形は (2.5) 式に深さ z を適用して，次式で与えられる．

$$C^f(z, I) = \int_0^I C^f(0, I - I') f^f(z, I') dI' \tag{6.1}$$

ここで，フラックス確率密度関数は I に関して確率対流モデルであることが仮定されている．従って，

$$f^f(z, I) = \frac{l}{z} f_l^f \left(l, \frac{Il}{z} \right) \tag{6.2}$$

ここで，l は確率密度関数のパラメータが定義されている基準深さである．

初期貯留に対する調節

(6.2) 式は，ある水の定常流フラックス J_w^{ss} のときに校正して得られたものと仮定されている．その校正時間中，輸送体積は平均水分量 θ^{ss} になっている．定常法の校正実験によってフラックス確率密度関数を測定するため，溶質の狭い入力パルスを地表に与えるとき，トレーサが流出端に到達する前に輸送体積からトレーサなしの水が，ある量の体積/面積 W^{ss} だけ出ていく．W^{ss} を溶質の質量の中心位置に関連して定義すれば，近似的に

$$W^{ss} = \int_0^z \theta^{ss}(z) dz \approx z \theta^{ss} \tag{6.3}$$

もし，θ^{ss} が深さによって一定であればこれが成り立つ．

もし土壌断面の初期水分貯留が W^{ss} と異なる条件で定常流実験を行うとすると，流出端では溶質が出現する前にトレーサなしの水が W^{ss} とは異なる体積/面積 W の量で流出する．この新たな先行する体積は，土壌断面が定常実験時よりも湿っているか乾いているかによって，W^{ss} よりも大きくなったり，小さくなったりする．フラックス確率密度関数 (6.2) 式が I の一意的関数であっても，初期貯留の変化によってフラックス確率密度関数は定常時とは異なる形に変化する．第1近似として，定常時の確率密度関数 $f_{ss}^f(z, I)$ を排水軸 (I 軸) に沿って，校正実験 (いま定常と呼んでいる) と新しい実験との間の初期水貯留量の差の分だけ，移動させることによって，この変化 (確率密度関数) を修正できる．

$$f^f(z, I) = f_{ss}^f(z, I - \Delta W(0)) \tag{6.4}$$

ここで，$t = 0$ 時の水分貯留差は

$$\Delta W(0) = \int_0^z \left(\theta(z', 0) - \theta_{ss} \right) dz' \tag{6.5}$$

図 6.1 は (6.4) 式で使われる修正を表している．

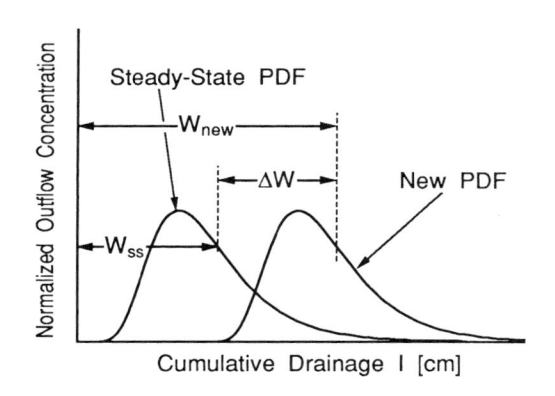

図 6.1 基本確率密度関数の調節．これは，土壌断面内の初期水分貯留量が異なる場合を補正するために用いられる．

6.1.4 過渡的な水の流れの調節

　土中のある深さ z を通過して流れる積算排水量 $I(z,t)$ が時間の非線形関数になるとき，(6.1) 式は2つの方法で調整しなければならない．第1に，基本の確率密度関数 (6.2) 式は，ある量の溶質が流入端に与えられた時間における断面貯留状態と，定常貯留状態 W^{ss} との差に対して絶えず調整しなければならない．第2に，土壌中の貯留量が変化するため，深さ z での積算排水量 $I(z,t)$ は，積算水流入量 $I(0,t)$ とは異なる値になる．これら両者の効果は，(6.1) 式の独立変数を積算排水量から時間に変えると説明できる．これには，積分における3つの変化が必要である．

$$\begin{aligned} f_{ss}^f(z, I' - \Delta W(0)) &\longrightarrow f_{ss}^f(z, I(z,t') - \Delta W(I(0,t) - I(0,t'))) \\ dI' &\longrightarrow J_w(z,t')dt' \\ C^f(0, I - I') &\longrightarrow C^f(0, I(0,t) - I(0,t')) \end{aligned} \qquad (6.6)$$

ここで，$J_w(z,t)$ は深さ z，時間 t における瞬間排水速度，$\Delta W(I(0,t) - I(0,t'))$ は溶質が時間 t に深さ z に到達した時の水貯留量と，積算排水量 $I(z,t)$ が地表に加えられた時の水貯留量との差である．連続の式から，

$$I(z,t) = I(0,t) - W(t) + W(0) = I(0,t) - \Delta W(t) \qquad (6.7)$$

ここで，

$$\Delta W(t) = \int_0^z (\theta(z',t) - \theta(z',0))\, dz' \qquad (6.8)$$

及び，
$$I(z,t) = \int_0^t J_w(z,t)dt \tag{6.9}$$

水の流れのパラメータはすべてフィールドスケール，面平均の量である．最後に，(6.1) 式の左辺のフラックス濃度 $C^f(z,I)$ は次のように変えられる．

$$C^f(z,I) \longrightarrow C^f(z,I(z,t)) \equiv C^f(z,t) \tag{6.10}$$

従って，過渡的伝達関数モデルの最終的な形は，

$$C^f(z,t) = \int_0^t C^f(0, I(0,t) - I(0,t'))$$
$$\times f_{ss}^f \left(I(z,t') - \Delta W(I(0,t) - I(0,t')) \right) J_w(z,t')dt' \tag{6.11}$$

6.2 水収支モデル

フィールドスケールの過渡的溶質移動問題に対する伝達関数解 (6.11) では，溶質確率密度関数を，フィールドスケールの排水の一意的関数とすることによって，局所的な水フラックスのモデル化の複雑性が回避されている．フィールドスケールの排水は，1 次元の水保存則 (6.7) によって表される．それは，3 次元の局所的水フラックスに比べて予測が著しく容易である．(6.11) 式のモデルに必要なフィールドスケールの排水関数 $I(z,t)$ と $W(t)$ を発生させる簡単な方法は，成層重力流モデルと一緒に用いることである (Jury et al., 1975)．このモデルでは，与えられた深さ z での面積平均水フラックス $J_w(z,t)$ が水分量の一意的関数であることが仮定されている．フラックスをいくつかの深さで表すことができるように，土壌は一連の一様な層に分割されるが，水分量は経時変化する．水の流れの問題は，各層に対して簡単な質量収支式で表現することによって具体化される．

$$L_1 \frac{d\theta_1}{dt} = J_{in}(t) - K_1(\theta_1)$$
$$L_j \frac{d\theta_j}{dt} = K_{j-1}(\theta_{j-1}) - K_j(\theta_j), \; j = 2, \cdots, n \tag{6.12}$$

ここで，$K_j(\theta) := J_w(\theta_j)$ は層 j の底 $(z = L_1 + \cdots + L_j)$ での排水速度，L_j はその層の厚さである．

数人の研究者によって，土中の与えられた深さ z での排水速度が，その深さより上の水分量の関数として一意的に表されることが見いだされた．Black et al. (1969) は，砂を詰めた，表面積 4 m^2，深さ 1.5 m のフィールドライシメータからの排水速度の測定値が次の関数でうまく表されることを示した．

$$K(\theta) = K_0 \exp(-\beta(\theta - \theta_0)) \tag{6.13}$$

ここで, $K_0 := K(\theta_0)$ は $K(\theta)$ 曲線上の 1 点, β は $\ln(K)$ と θ 線の傾きである. Nielsen et al. (1973) や Libardi et al. (1980) はフィールドで与えられた深さ z での排水速度を表すためにこのモデルを利用し, 再分布中の不飽和透水係数の測定に用いている.

(6.13) 式を用いれば, 多数の成層の場合でも (6.12) 式は容易に解くことができる. それは, $J_{in}(t)$ を時間間隔毎にその平均値で置き換えれば, 与えられた時間ステップ Δt に対して近似的に解析解が与えられるからである (Jury et al., 1990, 問 6.4 を参照せよ). 注目する期間に対して水収支モデルを一度解くと, 伝達関数合成積分 (6.11) はいかなる $C^f(0, I(t))$ の場合でも数値的に解くことができる.

最近, 過渡的伝達関数モデルがフィールドで試された (Jury et al., 1990). その研究では, 冬の不規則な降雨の間, 地表 0.64 ha に与えられた溶質パルスの時間的移動変化が 5 点の深さ (30~180 cm) で予測されている (Jury et al., 1982). 過渡的な土壌断面は (6.11) 式を用いて計算できる. 計算には, 最近の実験 (Butters et al., 1989) で得られた 30 cm におけるフラックス確率密度関数の定常測定値と, 空気侵入時のインフィルトロメータ (浸潤測定器) 測定値 $K(\theta)$ から得られる水収支モデル (Russo and Bresler, 1980) が用いられた. (6.11) 式のモデルと溶質フラックス濃度の測定値との一致は極めてよかった. とくに, 実験中に採られたデータが, シミュレーションに使われる降雨強度と蒸発速度だけだったことを考えると一致のしすぎである. (6.11) 式に必要な他のすべての情報はフィールドで行った他の測定からいろいろな時間で得られている (Jury et al., 1990).

6.3　過渡的な水分流れの確率シミュレーション

第 4 章で示した簡単な殺虫剤汚染スクリーニングモデルでは, 地表への水の流入速度は定常であることが仮定されている. しかし, 殺虫剤のリーチングは過渡的な降雨あるいは周期的な灌漑を行った結果であり, 時季はずれの無秩序な水の流入によって質量残留率 (residual mass fraction : RMF) は異常に変化する.

殺虫剤のリーチングにおいて過渡的な効果が重要である理由は, 質量残留率が給水後のある時間の間に影響を受け易いためである. すなわち, 生物的分解が最大限に生じている表層土に, 殺虫剤が過渡的に滞在するためである. 例えば, 表層土以下の層に可動性の化学物質の大部分をリーチングさせるのに 20 cm の水が必要であれば, 20 cm の雨が 1 週間の間に降った 2 度の降雨によるものなのか, あるいはもっとゆっくりした速度の一様な降雨によるものなのかによって可動性化学物質の質量残留率は違ってくる.

Jury and Gruber (1989) は, Small and Mullar (1987) の研究によって開発された方法を用いて, 以下の仮定を行い, 確率降雨入力の下でリーチング現象の伝達関数モデルを作成した.

1. 土壌は厚さ l の浅い層であると仮定されている. その中では, 化学物質は減衰係数

μ をもつ 1 次反応 (4.8 節を参照) で減衰する．その層以下では，生物学的分解は無視される．

2. 殺虫剤は至る所で遅延係数 $R = 1 + \rho_b f_{oc} K_{oc}/\theta$ でもって吸着され，平衡になる．

3. 深さ l でのフラックス確率密度関数は地表に与えられた正味の給水量 I の一意的関数であると仮定した．また，I はすべての深さにおいて積算排水量に等しいと仮定した．(すなわち，輸送体積内では水の貯留の変化は無視される．)

4. フラックス確率密度関数はガンマ分布でモデル化した．したがって，可動で，不活性の化学物質の場合，
$$f_m^f(l, I) = \frac{\beta^{1+\alpha} I^\alpha \exp(-\beta I)}{\alpha!} \tag{6.14}$$
ここで，パラメータ α と β は次のように関係している*2.
$$\frac{1+\alpha}{\beta} = L\theta \tag{6.15}$$
したがって，吸着性殺虫剤のフラックス確率密度関数は (4.12) 式によって
$$f_a^f(l, I) = \frac{1}{\alpha!} \left(\frac{\beta}{R}\right)^{1+\alpha} I^\alpha \exp\left(-\frac{\beta I}{R}\right) \tag{6.16}$$

5. 時間 t における土壌表面の積算降雨量 I は，t に関する確率変数としてモデル化される (Eagleson, 1978)．そのランダム性は 2 つの原因から生じる．1 つは降雨と降雨との間のランダム時間量で，指数の確率密度関数で表される．
$$f_\tau(\tau) = \omega \exp(-\omega \tau) \tag{6.17}$$
もう 1 つは，降雨当たりのランダム水量 h で次のガンマ型確率密度関数で表される．
$$f_h(h) = \frac{\lambda^\kappa h^{\kappa-1} \exp(-\lambda h)}{\Gamma(\kappa)} \tag{6.18}$$
ここで，$\Gamma(\kappa) := (\kappa - 1)!$ はガンマ関数あるいは階乗関数 (Abramowitz and Stegun, 1970) である．Eagleson (1978; 問 6.5 を参照) によって示されたように，時間 t という条件付 I の確率密度関数は
$$f_P(I|t) = \sum_{\nu=1}^{\infty} \frac{(\eta\kappa)^{\nu\kappa} I^{(\nu\kappa-1)}}{\Gamma(\nu\kappa)} \exp(-\eta\kappa I) \frac{(\omega t)^\nu \exp(-\omega t)}{\nu!} \tag{6.19}$$

---

*2 訳注) (6.15) 式の L は l の誤りであろう．

6.3 過渡的な水分流れの確率シミュレーション

ここで，$\eta = \lambda/\kappa$ である．

このシステムにおける，ある吸着性化学物質の場合，深さ $z = l$ までの通過時間確率密度関数は，ある水量が時間 t 内に到達する確率 $f_P(I|t)$ に，ある水量 I が地表に加えられたとき化学物質が深さ l に到達する確率 $f_a^f(l, I)$ を掛けることによって得られる．通過時間確率密度関数を得るには，I のすべての値に対して積分しなければならない．従って，

$$f_a^f(l,t) = \frac{\int_0^\infty f_P(I|t) f_a^f(l,I) dI}{\int_0^\infty \int_0^\infty f_P(I|t) f_a^f(l,I) dI dt} \tag{6.20}$$

ここで，分母は確率密度関数を時間に関して単位面積に正規化するのに必要である (Jury and Gruber, 1989)．(6.18)-(6.19) 式を代入すると，(6.20) 式に対する解 (問 6.7 を参照) は

$$f_a^f(l,t) = \omega \frac{\sum_{\nu=1}^\infty (\chi^{\nu\kappa} \Gamma(\nu\kappa + \alpha)(\omega t)^\nu \exp(-\omega t))/(\Gamma(\nu\kappa)\nu!)}{\sum_{\nu=1}^\infty (\chi^{\nu\kappa} \Gamma(\nu\kappa + \alpha))/\Gamma(\nu\kappa)} \tag{6.21}$$

ここで，$\chi := (1 + \beta/\eta\kappa R)^{-1}$ である (Jury and Gruber, 1989)．

この新しい確率密度関数を用い，第 4 章で定常流と仮定して計算した質量残留率 (RMF) を，降雨分布の不確実性を特徴付けるパラメータの関数 (η, κ, ω) として再び推定してみる．例えば，質量残留率の平均と分散は次式から計算される．

$$\mathrm{E}(\mathrm{RMF}) = \mathrm{E}(\exp(-\mu t)) = \int_0^\infty \exp(-\mu t) f_a^f(l,t) dt \tag{6.22}$$

$$\mathrm{Var}(\mathrm{RMF}) = \mathrm{E}(\exp(-2\mu t)) - \mathrm{E}^2(\exp(-\mu t)) \tag{6.23}$$

最後に，質量残留率がある値 γ より大きいか等しくなる積算確率は

$$P(\mathrm{RMF} \geq \gamma) = \mathrm{Prob}\{\exp(-\mu t) \geq \gamma\}$$
$$= \mathrm{Prob}\left\{t \leq t_\gamma = \frac{1}{\mu} \ln\left(\frac{1}{\gamma}\right)\right\} = \int_0^{t_\gamma} f_a^f(l,t) dt \tag{6.24}$$

(6.21) 式を積分して次式を得る．

$$P(\mathrm{RMF} \geq \gamma) = \frac{\sum_{\nu=1}^\infty \chi^{\nu\kappa} \Gamma(\nu\kappa + \alpha)(1 - \Psi(\nu, \omega t_\gamma))/\Gamma(\nu\kappa)}{\sum_{\nu=1}^\infty \chi^{\nu\kappa} \Gamma(\nu\kappa + \alpha)/\Gamma(\nu\kappa)} \tag{6.25}$$

ここで，$\Psi(\nu, \omega t_\gamma)$ は不完全ガンマ関数である (Abramowitz and Stegun, 1970)．

$$\Psi(\nu, \omega t_\gamma) := \int_0^{\omega t_\gamma} \frac{x^\nu \exp(-x)}{\nu!} dx \tag{6.26}$$

例 6.1 気象変動と殺虫剤リーチング

質量残留率の推定の不確実性に対する，土壌の変動と気象の変動の影響を表すため，土壌におけるリーチングの変動性 (6.14)，降雨の頻度 (6.17)，降雨高 (6.18) を支配しているそれぞれの確率密度関数に対してある範囲の値を選択してみる．表 6.1 はシミュレーション研究を行った条件の範囲を示している．表 6.1 において，土壌に水を加えたとき，可動性化学物質に対する確率密度関数 (6.14) の平均値 E (I) が一定 (45 cm) であり，平均給水量 (93 cm/year) に相当することに注意しよう．したがって，シナリオ A, B, C, D は，気象と土壌の変動をいかにモデル化するかという点だけが異なっている．表 6.2 には，(6.24) 式の計算値結果をまとめており，質量残留率がある値を超える確率を表示している．

表 6.1 土壌と気象の変動性を表す確率密度関数 (**PDF**) の平均と変動係数 (**CV**). 表 6.2 に示される 4 つのシミュレーションを対象としている.

Model	Soil PDF $f^f(l,I)$		Storm Freq. PDF $f_\tau(t)$		Storm Height PDF $f_h(h)$	
	Mean (cm)	CV	Mean (day)	CV	Mean (cm)	CV
A	45	0.6	3.33	1.00	0.85	1.41
B	45	0.4	20.00	1.00	5.10	3.16
C	45	0.6	20.00	1.00	5.10	3.16
D	45	0.4	3.33	1.00	0.85	1.41

表 6.2 細かい土壌 ($K_{oc} = 36$ cm^{3}g^{-1}; $\tau_{1/2} = 70$ d; Jury and Gruber, 1989) の表層 1 m をリーチングした際, 化学物質 aldicarb の質量残留率 (**RMF**) が指定値を超える確率 (%) の計算値. いずれも年降水量を 92.7 cm としている. (**A**:不均一土壌と一様な気象；**B**:均一土壌と変動気象；**C**:不均一土壌と変動気象；**D**:均一土壌と一様な気象)

Specified RMF Value	Climatic and Soil Conditions			
	A	B	C	D
0.0001	83.18	66.10	87.09	65.46
0.0010	66.36	48.60	67.05	45.88
0.0100	40.02	27.66	33.77	23.80
0.1000	11.08	8.34	5.00	6.06
0.5000	0.61	0.79	0.06	0.48

したがって，この計算においては，RMF が 0.0001 を超える確率が，D 条件下の 65.46% という低い値から C 条件下の 87.09 という高い値まで変化した．与えられた気象条件下における土壌の変動性の影響は，与えられた土壌条件下における RMF の変動性に対する気象変動の影響よりは

6.4 スケーリング理論

るかに大きかった．この結果は，Jury and Gruber (1989) の発見と一致している．彼らは，RMFの不確実性には気象変動が重要な要素となっていることを観察した．それは，表層土以下の層への平均リーチングの通過時間が 1 季節以下に収まるような化合物の場合に限定されている．その場合，1 季節内の降雨分布は，施した質量のうちどれほどの分量が分解されないで生物学的活性層を通過するのかということに影響する．

6.4 スケーリング理論

スケーリング理論とは，空間変動している土壌中の移動問題を簡略化するため，次元解析，幾何学的議論，ある時には経験関数に基づいて異なる場所の土壌パラメータ間に存在する関係を利用するものである (Tillotson and Nielsen, 1984; Sposito and Jury, 1986)．その基礎は Miller and Miller (1956) の古典的な解析に由来している．彼らは幾何学的な相似の仮定の下で，不飽和土壌中の水の流れをスケーリングする理論を展開している．2つの多孔媒体で，それぞれの土壌を構成している粒子が，相対的な大きさ以外は全く同一の形と方向をしているとすれば，それら媒体は幾何学的に相似であると言われる (図 6.2)．

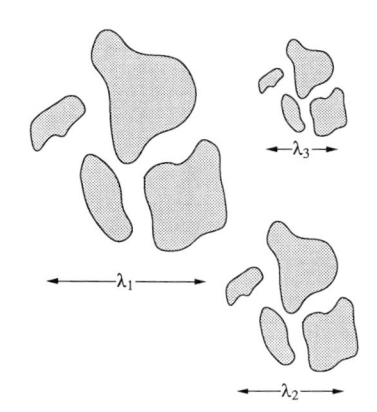

図 6.2 幾何学的に合同である多孔媒体の 3 つの部分と，局所的倍率を定義する 3 つのスケーリング係数 λ の表示．

土壌マトリックスが幾何学的相似に従うと仮定できる局所的な範囲の土壌を考える．その土壌は，単一のスケーリング係数 λ によって他の土壌と一意的に関係づけられ，局所的大きさや長さスケールが定められる．さらに，局所範囲の水理学的特性は，相対的なスケールの倍率を用いて土壌内の基準領域の水理特性と関係づけられる．

Miller and Miller (1956) によって示されるように，スケーリング係数 λ_i をもつ場所 i の水理学的および保水特性は，すべて $\lambda = \lambda^*$ の基準場所での特性値から計算できる．とくに，不飽和透水係数 $K_i(\theta)$ とマトリックポテンシャル $\psi_i(\theta)$ は次式によって計算さ

れる．

$$K_i(\theta) = \alpha_i{}^2 K^*(\theta) \tag{6.27}$$

$$\psi_i(\theta) = \alpha_i{}^{-1} \psi^*(\theta) \tag{6.28}$$

ここで，$\alpha_i = \lambda_i/\lambda^*$ は基準領域に相対的な領域 i の倍率を表す．$K^*(\theta)$ と $\psi^*(\theta)$ は特性値の基準値である．定義によって，幾何学的に相似な土壌のすべての領域は同じ間隙率を持つことに注意を要する．

6.4.1 スケーリング理論に基づく移動モデル

(6.27) 式から明らかなように，空間的に変動する土壌に対してスケーリング理論を適用することは可能である．フィールドの土壌が幾何学的に相似であり，スケーリング係数分布が既知であるとすると，すべての領域の水理特性は単一の基準領域の水理特性から計算できる．この考えは，Peck et al. (1977) によって最初に提案された．さらに，過渡的な水の流れや，リチャーズ式 (Hillel, 1980) も縮尺（スケール）でき，基準領域の水理特性と相対的なスケール係数 α にだけ依存する無次元形で表される (Warrick and Amoozean-Fard, 1979; 問 6.1 を参照)．

不均一土壌をモデル化するこの方法は，次の例で示されるように空間変動土壌中の溶質移動を展開するために利用されてきた．

例 6.2 Bresler and Dagan のスケーリングモデル

1979 年，Dagan and Bresler は 2 つの論文を提出した (Dagan and Bresler, 1979; Bresler and Dagan, 1979). そこでは，溶質を含めて土壌の水理特性の空間変動をモデル化するため，幾何学的相似スケーリング理論が使用されている．彼らのアプローチでは，フィールドスケールの面積平均溶質移動を水の定常流条件下でモデル化している．土壌を局所的に均一な領域 i の集合として取り扱い，各領域では式 $J_w := K_i(\theta)$ に従う重力流によって水が流れるとしている．ここで，$K_i(\theta)$ は領域 i の不飽和透水係数である．さらに，局所スケールでの水と溶質の流れは 1 次元と仮定されているので，フィールドは平行土壌カラムの集合と見なされる．したがって，フィールドを定常速度 $J_w = i_0$ で灌漑するとき，各局所領域は異なる土壌水分量になり，次式に従う．

$$\theta_i = \begin{cases} K_i^{*-1}(i_0) &, i_0 < K_{i,sat}^* \\ \theta_{sat} &, i_0 \geq K_{i,sat}^* \end{cases} \tag{6.29}$$

フィールドは，幾何学的に相似で，対数スケーリング係数分布であると仮定される．したがって，(6.29) 式の不飽和透水係数は (6.27) 式に従う．基準領域は，次の関数形でモデル化される．

$$K^*(\theta) = K_{sat}^* \left(\frac{\theta}{\theta_{sat}}\right)^{1/\beta} \tag{6.30}$$

ここで，β は一定．(6.27), (6.29), (6.30) 式を結合し，地点 i での水分量 θ_i と給水量 i_0 との関係に従って，

$$i_0 = \alpha_i{}^2 K_{sat}^* \left(\frac{\theta_i}{\theta_{sat}}\right)^{1/\beta}, \quad i_0 < K_{i,sat}^* \tag{6.31}$$

6.4 スケーリング理論

この式は局所水分量に対して解かれ,

$$\theta_i = \begin{cases} \theta_{sat} i_0^\beta \alpha_i^{-2\beta} K_{sat}^{*\ -\beta} & , i_0 < K_{i,sat}^* \\ \theta_{sat} & , i_0 \geq K_{i,sat}^* \end{cases} \quad (6.32)$$

Dagen and Bresler (1979) の最初の論文では，局所的溶質分散が無視できる (すなわち，各局所的土壌カラムではピストン流が妥当である) と仮定している．彼らは，後のモデルの応用 (Dagen and Bresler, 1983; Bresler and Dagen, 1983ab) では，この条件は緩められている．もし，分散が無視されると，可動性溶質化学物質は湛水がないとき一様な速度 $V_i = i_0/\theta_i$ で，湛水があるとき $V_i = \alpha_i^2 K_{sat}^*/\theta_{sat}$ で動く．したがって，溶質速度 V_i は

$$V_i = \begin{cases} \theta_{sat}^{-1} i_0^{1-\beta} \alpha_i^{2\beta} K_{sat}^{*\ \beta} & , \alpha_i > \sqrt{i_0/K_{sat}^*} \\ \theta_{sat}^{-1} \alpha_i^2 K_{sat}^* & , \alpha_i \leq \sqrt{i_0/K_{sat}^*} \end{cases} \quad (6.33)$$

(6.33) に従って，局所的溶質速度 V は，一連の定数パラメータ β, i_0, θ_{sat}, K_{sat}^*, 対数確率密度関数 $f(\alpha)$ で表される空間変動パラメータ α の関数である．従って，フィールドの溶質通過時間フラックス確率密度関数は，単一のランダムパラメータ α をもつ局所的流管モデルから (4.1) 式を用いて得られる．

$$f^f(z,t;\alpha) = \delta\left(t - \frac{z}{V(\alpha)}\right) \quad (6.34)$$

ここでは，α が空間的構造を持たないと仮定されている．仮定によって α は対数分布であり，2つの変数 (V, α) は (6.33) 式によって関係付けられるので，α の確率密度関数から V の確率密度関数を導くことができる．(6.33) 式で両辺の自然対数をとると,

$$\ln(V) = \begin{cases} \gamma + 2\beta Y & , Y > Y_P \\ \eta + 2Y & , Y \leq Y_P \end{cases} \quad (6.35)$$

ここで,

$$Y = \ln(\alpha)$$
$$Y_p = 1/2 \ln(i_0 K_{sat}^{*\ -1})$$
$$\gamma = \ln(\theta_{sat}^{-1} i_0^{1-\beta} K_{sat}^{*\ \beta}) \quad (6.36)$$
$$\eta = \ln(\theta_{sat}^{-1} K_{sat}^*)$$

$f_Y(Y)$ から V の確率密度関数 $f_V(V)$ を導くため (6.35) 式が使用できる．

$$f_V(V) = f_\alpha(\alpha(V))\frac{d\alpha}{dV} = f_Y(Y(V))\frac{dY}{dV} \quad (6.37)$$

したがって，α がパラメータ μ_α, σ_α によって対数的に分布していれば,

$$f_Y(Y) = \frac{1}{\sqrt{2\pi}\sigma_\alpha} \exp\left(-\frac{(Y - \mu_\alpha)^2}{2\sigma_\alpha^2}\right) \quad (6.38)$$

V の確率密度関数は次式で与えられる（問 6.2 を参照).

$$f_V(V) = \begin{cases} \frac{1}{2\beta V} f_Y\left(\frac{\ln(V)-\gamma}{2\beta}\right) & , \ln(V) > \gamma + 2\beta Y_p \\ \frac{1}{2V} f_Y\left(\frac{\ln(V)-\eta}{2}\right) & , \ln(V) \leq \gamma + 2\beta Y_p \end{cases} \quad (6.39)$$

これによって，V の確率密度関数が決定されるので，フィールドのフラックス確率密度関数は (4.1) 式を用いて次の形で計算される.

$$f^f(z,t) = \int_0^\infty \delta\left(t - \frac{z}{V}\right) f_V(V) dV = \frac{z}{t^2} f_V\left(\frac{z}{t}\right) \tag{6.40}$$

したがって，通過時間確率密度関数は (6.39)-(6.40) 式を用いて，

$$f_f(z,t) = \begin{cases} \frac{1}{2\beta t} f_Y\left(\frac{\ln(z/t)-\gamma}{2\beta}\right) & , \ln\left(\frac{z}{t}\right) > \gamma + 2\beta Y_p \\ \frac{1}{2t} f_Y\left(\frac{\ln(z/t)-\eta}{2}\right) & , \ln\left(\frac{z}{t}\right) \leq \gamma + 2\beta Y_p \end{cases} \tag{6.41}$$

Bresler and Dagan (1979) は，溶質をステップ関数で与えた場合の溶質の平均と分散を計算するために，上で展開したスケーリング理論モデルを用いた．それらは，水供給速度 i_0 の空間変動の影響も含んでいる.

後の研究において，彼らはこのモデルを過渡的な給水の場合に対して拡張した．それには，化学物質の流管モデル内の溶質分散も含まれている (Dagan and Bresler, 1983; Bresler and Dagan, 1983ab).

6.4.2 スケーリング理論の検証

スケーリングモデルはその優雅さにもかかわらず，不確実な理論的基礎に基づいている (幾何学的相似)．近似的に幾何学的相似の条件が満足できる多孔体 (例えば，単一分散性ガラスビーズを異なる径毎に詰めたカラム) で行ったスケーリング関係 (6.3) 式の室内試験では，議論の末，理論が実証された (Miller and Miller, 1956; Klute and Wilkinson, 1958)．しかし，フィールド土壌の不均一性はスケールの倍率によってはうまく表せないように思われる．例えば，フィールドの間隙率 ϕ は普通 10% のオーダの CV を持っている (Jury, 1985)．大きな値ではないが，この変動は幾何学的相似の仮定を侵害することになる．それは，その仮定において，ϕ が一定であるという条件が必要なためである.

このような理由から，フィールドの水理特性のスケーリングでは，通常前もって水分量を ϕ の局所値で割り，そのあと相対飽和度 ($s = \theta/\phi$) の関数として特性値をスケーリングすることが行われる (Warrick et al., 1977)．この種のスケーリングは，もはや幾何学的相似ではなく，Sposito and Jury (1985) のレビューにおいてはワリック相似体と呼ばれている.

ワリック相似体の検証試験は，通常，フィールドの周辺の多くの地点で，幾つかの水理特性 (例えば K と ϕ) を s の関数として測定し，基準地点での値を持つ，それら特性とある基準点の値との比較から計算された 2 つの特性の α 値を比較することによって行われる．Warrick et al. (1977) が最初にこれを試みている．そこでは，Nielsen et al. (1973) のフィールド研究で測定された 150 ha 内の 20 地点の $K(s)$ と $\psi(s)$ を用いている．2 つの α の分布は，ともに対数正規分布で，それらの相関は $(r^2 = 0.83)$ であったが，全く異

なっていた．$\psi(s)$ データから得られた $f(\alpha)$ 分布に対する $\ln(\alpha)$ の分散 $\sigma_\alpha{}^2$ は 0.26 程度であったのに対し，$K(s)$ の測定値から計算した場合，それらは 1.36 であった (問 6.9 を参照). 同様に，Sharma et al. (1980) は，9.6 ha のフィールド内の浸透速度を場所的に測定し，浸潤モデルに適合させて，2 つのパラメータから計算したスケーリング係数は相関 ($r^2 = 0.83$) を示したがやはり全く異なっていた ($\sigma_\alpha{}^2 = 0.33$ と 1.06).

Russo and Bresler (1980) はスケーリング理論について 2 つの異なるテストを行った．1 つは $K(s)$ と $\psi(s)$ を用い，2 つめは同じフィールド地点での浸潤測定に関係付けている．それらの分布は，以前の研究よりは類似していた ($\sigma_\alpha{}^2 = 0.30$ と 0.57) が，飽和付近の狭い範囲を除くと相関していなかった ($r^2 = 0.57$).

Jury et al.(1987) は，Nielsen et al.(1973) と Russo and Bresler(1980) の実験データを再検討した結果，単一のスケーリング係数ではフィールドの変動性は除けないこと，しかし，2 つの局所スケーリング係数を用いたモデルでは両データの変動性がさらに除かれることを結論付けた．今後の研究によっては，ある種のスケーリングモデルを用いて，空間変動をモデル化する手法が展開される可能性がある．

問 題[*3]

問 6.1 非定常条件下の水の流れを表すリチャーズ式

$$\frac{\partial \theta}{\partial t} = \frac{\partial}{\partial z}\left(K(\psi)\frac{\partial \psi}{\partial z}\right) - \frac{\partial}{\partial z}K(\psi) \tag{6.42}$$

に幾何学的相似スケーリング関係を適用し，基準地区の特性 $K^*(\theta)$ と $\psi^*(\theta)$ に関係する 1 つの式を作れ．無次元時間 $T := t/t^*$ と無次元長 $X := z/z^*$ を定義し，変換式からスケーリング係数 α を除去するような定数 t^* と z^* を選択せよ．

問 6.2 (6.39) 式の確率密度関数 $f_V(V)$ を誘導し，それが正規化されることを示せ．

問 6.3 対流分散式に従う現象において，$f^J(z, I)$ が飽和土壌の積算水フラックスの一意的関数となる条件を述べよ．

問 6.4 時間間隔全てにおいて入力フラックスが一定で，排水関数が (6.13) 式によって与えられるならば，ある時間間隔 Δt において (6.12) 式が厳密解を持つことを示せ．

†問 6.5 確率密度関数 $f_P(I|t)$ の条件で (6.19) 式を誘導し，それが単位面積に対する正規化が行えない理由を述べよ．

[*3] †のついた問題は難しい．

問 6.6 (6.4) によって修正された定常伝達関数 (6.1) の積分形は物質収支を保持することを示せ.

問 6.7 (6.19)-(6.20) から (6.21) 式を誘導せよ.

†問 6.8 年の初日に 1 年当たりの降雨量 H が一度に生じる特殊な場合に対して条件付き確率密度関数 $f_P(I|t)$ を誘導せよ. この確率密度関数に相当する通過時間確率密度関数を計算せよ.

問 6.9 Warrick *et al.* (1977) の論文において, 彼らはスケーリング理論を用いて Nielsen *et al.* (1973) のフィールドデータを解析した. そこでは, $\psi(\theta)$ から一組のスケーリング係数を, $K(\theta)$ のデータから別の一組の係数を計算した. 2 つの組は共に対数分布をなしたが, α の対数平均値と対数分散値は大きく異なっていた (μ_α, σ_α).

Hydraulic Function	μ_α	σ_α
$\psi(\theta)$	-0.13	0.51
$K(\theta)$	-0.62	1.17

2 つの仮定された α の分布の場合, 飽和透水係数 K_s ((6.27) に従う) に対して予測される最頻値, 中央値, 平均値, CV を計算せよ. ただし, 基準地区では $K_{sat}^* = 10$ cm/hr と仮定する.

第7章

確率連続体モデル

土壌マトリックスは非常に複雑な構造をしていて，10^{-6} m 以下の粘土粒子間隔から，土壌タイプによっては数百 m までの範囲に亘って典型的な形を持つ．マトリックスの複雑な構造は多くの土壌特性，例えば土壌密度，水分量，水のエネルギー密度，水理伝導度，に影響している．あらゆる実験において，土壌はあるスケールで調べられる．このスケールより大きな特性長をもつ構造は一定あるいは線形構造と考えられるが，小さな特性長を持つ構造はランダム構造とみなされる．本書では，実験のスケールより大きなスケールの変動で誘発される複雑性は取り扱わない．土壌は，常に研究されるスケールより明らかに大きいスケールでは均一であると仮定される．実際には分散 (dispersion) が存在するため，より小さなスケールに関しては同じような仮定は許されない．というのは，完全な均一システムでは分散がないからである．

今日まで，注目しているスケールでは土壌は均一であり，それより小さなスケールでは土壌は不均一な媒体と見なしてきた．したがって，輸送体積の複雑な構造をモデル化する必要はなく，この構造から生じる複雑な溶質移動は，対流分散式モデルの分散度 (dispersivity) のような集中系の流出パラメータで表してきた．本章では，輸送体積の詳しい構造を説明するための種々のアプローチを調べ，さらに少なくとも統計的な見方によって，溶質移動に対し土壌構造が果たす役割を調べる．

7.1 N 層通過時間確率密度関数

均一土壌の確率モデルとして，最初に，厚さ Δz の同一の均一層の N 層からなる媒体を考えよう．これらの各層は，通過時間確率密度関数 $f^f(\Delta z, t)$ によって表される．輸送体積の流入端から流入する溶質は各層を通過した後に流出端に達すると仮定すると，全輸送体積に対する通過時間確率密度関数は次式で与えられる[*1]．

$$f^f(z,t) = \int_0^\infty \cdots \int_0^\infty \delta\left(t - \sum_{j=1}^N t_j\right) f(t_1,\cdots,t_N) dt_1 \cdots dt_N \qquad (7.1)$$

ここで，t_j は j 番目の層を通過する通過時間，$f(t_1,...,t_N)$ は $t_1,...,t_N$ の結合確率密度関数である．t の平均と分散は，(5.20)-(5.21) 式と層が同一という仮定から

$$E_z(t) = \sum_{j=1}^N E_z(t_j) = N\mu \qquad (7.2)$$

$$\mathrm{Var}_z(t) = \sum_{i=1}^N \sum_{j=1}^N E_z(t_i t_j) - N^2 \mu^2 = \sigma^2 \sum_{i=1}^N \sum_{j=1}^N \rho_{ij} \qquad (7.3)$$

ここで，μ と σ は厚さ Δz の単一層を通る通過時間の平均と標準偏差であり，ρ_{ij} は i 番目と j 番目の層間の相関係数である．(7.1) 式の結合通過時間確率密度関数の最も簡単な表示は，それが多変量正規であると仮定することである．このケースは次の例で解析される．

例 7.1 多変量正規分布通過時間

通過時間確率密度関数が (7.1) 式で表される均一土壌の厚さ Δz の個々の層の通過時間はすべて平均 μ，分散 σ^2 の正規分布であり，

$$\rho_{ij} = \rho^{|i-j|} \qquad (7.4)$$

に従って相関がある（ρ は定数）とすると，結合確率密度関数 $f(t_1,...,t_N)$ は多変量正規分布であるといわれる (Himmelblau, 1970)．この場合，分散 (7.3) 式は次式に等しい（問 7.1）．

$$\frac{\mathrm{Var}_z(t)}{\sigma^2} = N + \frac{2\rho N}{1-\rho} - \frac{2(\rho - \rho^{N+1})}{(1-\rho)^2} \qquad (7.5)$$

いま，$N = z/\Delta z$ とし，$\rho^x = \exp(x\ln(\rho))$ とすると，(7.5) 式は次のように書かれる．

$$\frac{\mathrm{Var}_z(t)}{\sigma^2} = \frac{1+\rho}{1-\rho}\frac{z}{\Delta z} - \frac{2\rho}{(1-\rho)^2}\left(1 - \exp\left(-\frac{z}{H_t}\right)\right) \qquad (7.6)$$

パラメータ

$$H_t = -\frac{\Delta z}{\ln(\rho)} \qquad (7.7)$$

は通過時間の特性長スケールとして考えられ，この距離の間で移動現象が確率対流から対流分散へ変化する．さらに，巨視的分散度 λ は次式によって定義される．

$$\lambda = \frac{D}{V} = \frac{V^2}{2z}\mathrm{Var}_z(t) = \frac{\Delta z^2}{2\mu^2 z}\mathrm{Var}_z(t) \qquad (7.8)$$

[*1] (7.1) 式は局所流管フラックス確率密度関数を表す積分内に δ 関数を持つ確率流管モデルとして考えられる．

7.1 N 層通過時間確率密度関数

λ は (7.6) 式と結合され次式となる．

$$\lambda = \frac{(1+\rho)}{(1-\rho)}\gamma - \frac{2\gamma\Delta z\rho}{z(1-\rho)^2}\left(1-\exp\left(-\frac{z}{H_t}\right)\right) \quad (7.9)$$

ここで，

$$\gamma = \frac{1}{2}\left(\frac{\sigma}{\mu}\right)^2 \Delta z \quad (7.10)$$

問 7.2 で示されるように，γ は $z = \Delta z$ における分散度に等しい．分散度 (7.9) は ρ のいろいろな値に対して，z の関数として図 7.1 にプロットされている．

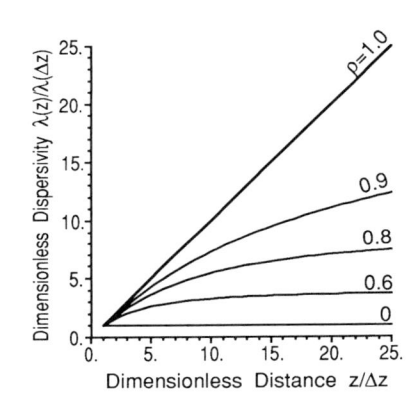

図 7.1 均一土壌の距離及び厚さ Δz の各層間の相関係数 ρ の関数とする分散度の変化

前の例 7.1 は通過時間の相関と巨視的分散との関係を表しており，前章における連続体アプローチと確率連続体モデルとの関係を概念的に理解するのに役立っている．しかし，上述の通過時間相関モデルは，大きな距離に亘って溶質移動を予測するための実用的な手段にはなり得ないいくつかの重大な制約がある．第 1 に，通過時間確率密度関数を表すのに正規分布は不適当である点である．それは，実際の通過時間確率密度関数は歪む (Jury, 1985) ことと，CV が大きい場合正規分布した通過時間確率密度関数が負の通過時間を含むことになるという理由からである．第 2 に，相関係数 ρ は，測定できず，いろいろな深さの変化を式 (7.6) に適合させることによってのみ推定できる点である．

もし，多孔媒体が流れ方向に沿って巨視的に均一ならば，すべての層は同一の通過時間確率密度関数を持つことになるだろう．したがって，表層の確率密度関数を直接測定すると，すべての確率密度関数パラメータが定義され，表層以下の層の測定値に適合すべき ρ だけが残る．しかし，実際には表層以下の層の測定値は地表下かなり深いところ (例えば 5 m 以上) で得たものでなければならないし，しかもパラメータを正確に推定しなければならないので，フィールドデータはかなり不正確なものにならざる得ない (Jury and Sposito, 1985). この 5 m 以上の距離は，多くの不飽和土壌問題においてとり上げられる全輸送体積の深さに相当するように思われる．しかも，通過時間の相関モデルは $f^f(z,t)$ を直接測定して校正する必要があるので，溶質移動にそのモデルを適用しても無理である．

このような理由から，確率連続体モデルに対してもっと期待できる方法は，ある現象モデルを用いて，独立して測定できる多孔媒体の特性を通過時間（あるいは移動深さ）と関係づけることにあるように思われる．この考えに沿って，今日まで確率連続体モデルに関する研究に努力が注がれてきた．このアプローチで用いられる手順を表す前に，ランダム関数及び確率過程に関連したいくつかの概念をレビューするのは有用である．

補記 ランダム関数と確率過程

確率変数 ω は取り出した集合 D_ω によって定義でき，その確率分布関数 $f(\omega)$ は D_ω 上で定義される (Van Kampen, 1976).

ランダム関数は，確率変数のみならず，非確率変数にも依存する関数である．もし，非ランダム変数が時間であれば，**確率過程** (stochastic process) と呼ばれる[*2]．簡単にするために，1 つの非ランダム実変数 x と 1 つのランダム実変数 ω に依存するランダム関数 $\boldsymbol{Z}(x;\omega)$ を考えよう．このランダム関数は，確率変数 ω で数えられた (Numberd) 実関数 $\boldsymbol{Z}(x)$ の**総体** (ensemble) と見なされる (Van Kampen, 1976, 1981; Papoulis, 1984). すなわち，特定の ω_0 に対して，$\boldsymbol{Z}(x;\omega_0)$ は実関数であり，ランダム関数の**表示** (representation) と呼ばれる．特定の x_0 の場合，$\boldsymbol{Z}(x_0;\omega)$ は実確率変数であり，$\boldsymbol{Z}(x_0;\omega)$ は結局は 1 つの実数である．

ランダム関数 $\boldsymbol{Z}(x;\omega)$ の**期待値** (expectation) あるいは**アンサンブル平均** (ensemble average) は，確率変数 ω に対する平均として定義される．

$$\overline{Z}_1(x) := \langle \boldsymbol{Z}(x;\omega) \rangle := \int_{D_\omega} \boldsymbol{Z}(x;\omega) f(\omega) d\omega \tag{7.11}$$

その n 次モーメントは次のように定義される．

$$\overline{Z}_n(x_1, x_2, \cdots, x_n) := \langle \boldsymbol{Z}(x_1;\omega)\boldsymbol{Z}(x_2;\omega)\cdots\boldsymbol{Z}(x_n;\omega) \rangle$$
$$:= \int_{D_\omega} \boldsymbol{Z}(x_1;\omega)\boldsymbol{Z}(x_2;\omega)\cdots\boldsymbol{Z}(x_n;\omega) f(\omega) d\omega \tag{7.12}$$

(確率変数のモーメント (2.28) は，$\boldsymbol{Z}(x;\omega)$ が x に依存しない (7.12) 式の特殊な場合と解釈できる．)

もし，ランダム関数のモーメントが $x_2 - x_1, \cdots, x_n - x_1$ などの差にだけ依存すれば，すなわち $\boldsymbol{Z}(x;\omega)$ や $\boldsymbol{Z}(x-x_0;\omega)$ のモーメントがどのような x_0 の値に対しても同じならば，ランダム関数は**定常**（あるいは厳密に定常）と呼ばれる．定常関数のモーメントを決定するのは非常に容易である．全 x 軸の代わりに，区間 $[x_0 - \Delta x, x_0 + \Delta x]$ で $\boldsymbol{Z}(x)$ を測定すれば通常は十分だからである．したがって，考慮下のランダム関数は定常であるという仮定がよく行われる．

[*2] 時間変数と少なくとも 1 つの空間変数が含まれる確率過程は**ランダムフィールド**と呼ばれている (Van Kamplen, 1981).

7.1 N 層通過時間確率密度関数

ランダム関数を完全に決定するには，すべての次数のモーメントが分かっていなければならない．しかし，定常過程でも無数の測定値が関係しているので，これは実際にはできない相談である．実際に適用する場合は，したがって，最初の 2 ～ 3 のモーメントだけ，(1 次と 2 次だけのことがよくある) が考えられ，1 次モーメント (期待値 $\overline{Z}_1$) が x に独立で，2 次モーメント $\overline{Z}_2$ が**ラグ距離** (lag distance) と呼ばれる相対値 $\xi := x_2 - x_1$ にのみ依存する**弱定常** (weakly stationary) ランダム関数という表現が用いられる．弱定常ランダム関数 $\boldsymbol{Z}(x)$ の**共分散** (covariance)[*3]あるいは自己共分散 $\sigma_Z(\xi)$ [*4]は次のように定義される．

$$\sigma_Z(\xi) = \mathrm{Cov}_Z(\xi) := \left\langle (\boldsymbol{Z}(x) - \overline{Z}_1)(\boldsymbol{Z}(x+\xi) - \overline{Z}_1) \right\rangle$$
$$= \langle \boldsymbol{Z}(x)\boldsymbol{Z}(x+\xi) \rangle - \overline{Z}_1^{\,2} = \overline{Z}_2(\xi) - \overline{Z}_1^{\,2} \tag{7.13}$$

分散 (variance) は次のように定義される．

$$\mathrm{Var}(\boldsymbol{Z}) := \sigma_Z(0) \tag{7.14}$$

地質統計学的アプローチ (Journel and Huijbregts, 1978) では，よく共分散の代わりに**セミバリオグラム** (semi-variogram) を使う．

$$\gamma(\xi) := \frac{1}{2}\left(\mathrm{Var}(\boldsymbol{Z}(x+\xi) - \boldsymbol{Z}(\xi))\right) = \mathrm{Cov}(0) - \mathrm{Cov}(\xi) \tag{7.15}$$

共分散とセミバリオグラムの両関数は，弱定常ランダム関数の空間構造を同等に表現している．しかし，それらを実際のデータから推定しようと，モデルをデータに適合させても，$\sigma_Z(0) = \mathrm{Var}(\boldsymbol{Z})$，$\xi = 0$ のときの理論的な値 $\gamma(0) = 0$ は得られない．この違いの原因の 1 つは，測定値間に有限な距離間隔があるためである．有限の距離は小さなスケール構造の検出を不可能にしてしまう．測定値は，$\sigma_Z(0)$ や $\gamma(0)$ の推定に寄与するが，0 より大きなラグの場合それらの推定には寄与しない．理想化された弱定常ランダム関数 $\boldsymbol{Z}(x)$ の共分散やセミバリオグラムを図 7.2 に示す．

ランダム関数 $\boldsymbol{Z}(x)$ の相関は共分散を分散で正規化することによって得られる．

$$\rho_Z(\xi) := \frac{\sigma_Z(\xi)}{\sigma_Z(0)} = \frac{\mathrm{Cov}_Z(\xi)}{\mathrm{Var}(\boldsymbol{Z})} \tag{7.16}$$

$\boldsymbol{Z}(x)$ における構造の持続性の尺度として，種々の相関長を定義できる．次のように定義される**積分相関長** (integral correlation length) あるいは**積分スケール** (integral scale) を後ほど用いる．

$$\lambda_Z := \int_0^\infty \rho_Z(\xi) d\xi \tag{7.17}$$

(もし，$\boldsymbol{Z}(x)$ の相関関係が長く続くと，例えば，$\rho_Z(\xi) \propto 1/\xi$ の場合には，積分 (7.17) 式，つまり積分相関長，は存在しない．)

(7.11) 式の期待値演算子 $<.>$ は確率変数 ω に対する平均値，すなわち $\boldsymbol{Z}(x;\omega)$ のすべての実現値の平均として定義される．多くの応用では，ランダム関数の実現値が 1 つだけあるいは数個しか実際には得られず，一般に (7.12) 式を用いてモーメントの計算はできない．そのような場合，エ

[*3] $\sigma_Z(\xi)$ は，ときどき相関あるいは自己相関と呼ばれる．しかし，正規化された (7.16) のためにはこの表現をとっておこう．

[*4] 以下では，式をコンパクトにするために，変数 ω が不要ならそれを省く．しかし，ランダム関数 $\boldsymbol{Z}(x)$ はいつもボールド体で表されるので，$\boldsymbol{Z}(x)$ とその実現値 $Z(x)$ とは区別できる．

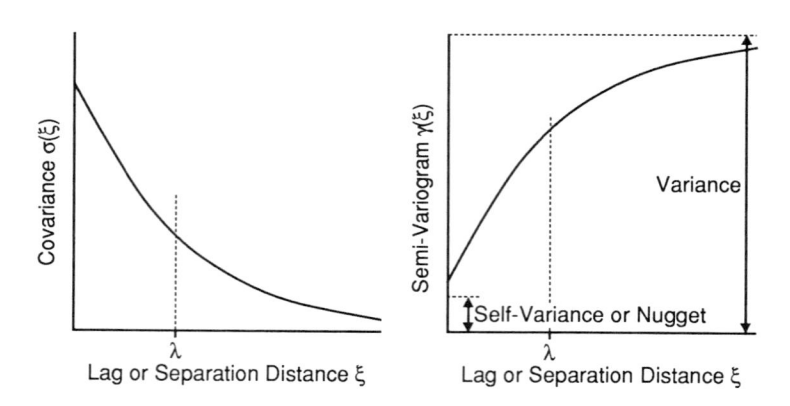

図 7.2 理想的な弱定常の共分散関数とセミバリオグラム．レンジ (range) と呼ばれる積分スケール λ はある空間距離に一致し，それを超えると関係はランダムと見なされる．

ルゴード性と呼ばれるランダム関数の部分集合に解析を限定する必要がある．エルゴード性の解析では，アンサンブル平均は決定論的変数 x に対する実現値 $Z(x)$ を平均したものに等しい．有限の積分相関長をもつ定常ランダム関数の場合，この平均は次式で定められる．

$$\langle \mathbf{Z}(x) \rangle = \lim_{\Delta x \to \infty} \frac{1}{2\Delta x} \int_{-\Delta x}^{\Delta x} Z(x - x') dx' \tag{7.18}$$

定常のようなエルゴード性は，実験的な実証をしなくてもランダム関数では通常仮定されている性質である．

ランダム関数と確率過程との違いは，後者が時間変数によって展開する関数であることである．したがって，1 つの状態から他の状態への遷移的及び突発的記述は確率過程の一部を表現している．確率変数と同様に，確率過程 $Z(t)$ に対して n 次の**確率分布関数** (probability distribution function)

$$F_Z(z_1, t_1; ...; z_n, t_n) := \text{Prob} \left\{ \bigcap_{j=1}^{n} (\mathbf{Z}(t_j) \leq z_j) \right\} \tag{7.19}$$

と n 次の**確率密度関数 (pdf)**

$$f_Z(z_1, t_1; ...; z_n, t_n) := \frac{\partial^n F_Z(z_1, t_1; ...; z_n, t_n)}{\partial z_1 \cdots \partial z_n} \tag{7.20}$$

を定義する (Papoulis, 1984)．ここで，$\bigcap_{j=1}^{n} e_j$ は事象 e_j の積事象 (intersection) を表す．確率過程 $Z(t)$ の条件付き確率密度関数は

$$f_Z(z_n, t_n | z_1, t_1; ...; z_{n-1}, t_{n-1}) := \frac{f_Z(z_1, t_1; ...; z_n, t_n)}{f_Z(z_1, t_1; ...; z_{n-1}, t_{n-1})} \tag{7.21}$$

ここで，便宜的に $t_1 < ... < t_n$ としている．条件付き確率密度関数 (7.21) は**遷移確率** (transition probability) と呼ばれている．それは，$(z_1, t_1)...(z_{n-1}, t_{n-1})$ の状態が分かっていれば，状態 (z_n, t_n) に対するシステムの遷移の確率密度関数が解釈できるからである．(遷移確率は実際には密度関数である．しかし，数学とは関係なく，"確率密度" を "確率" として呼ぶのは普通である．)

確率過程 $Z(t)$ は，

$$f_Z(z_n, t_n | z_1, t_1; ...; z_{n-1}, t_{n-1}) = f_Z(z_n, t_n | z_{n-1}, t_{n-1}) \tag{7.22}$$

ならば，**マルコフ過程** (Markov process) と呼ばれる (Van Kampen, 1981). (7.21)-(7.22) 式から，マルコフ過程の確率密度関数 $f_Z(z_1, t_1)$ は，時間 t_0 ($< t_1$) における確率密度関数 $f_Z(z_0, t_0)$ と遷移確率 $f_Z(z_1, t_1 | z_0, t_0)$ によって完全に決定できる．

$$f_Z(z_1, t_1) = \int_{-\infty}^{\infty} f_Z(z_0, t_0) f_Z(z_1, t_1 | z_0, t_0) dz_0 \tag{7.23}$$

$t < t_0$ の過程については知る必要がない．

7.2 溶質移動速度の通過時間表示

Simmons (1986b) は $z = 0$ から z までのランダムな地点の通過時間を次のように表すことによって，溶質の巨視的分散の連続体表示法を展開した．

$$t(z) = \int_0^z \frac{dz'}{v(z')} \tag{7.24}$$

ここで $v(z)$ は，通過時間 $t(z)$ をもつ溶質粒子の移動速度である．$1/v(z)$ をランダム関数と仮定し，分解すると

$$\frac{1}{v(z)} = \frac{1}{V} + \frac{1}{\zeta(z)} \tag{7.25}$$

ここで，V は $v(z)$ の調和平均値，$1/\zeta(z) := 1/v(z) - 1/V$ は平均がゼロで，$1/V$ のまわりのランダム変動 $1/v(z)$ を示している．したがって，$t(z)$ の平均値は

$$\mathrm{E}_z(t) = \int_0^z \frac{dz'}{V} = \frac{z}{V} \tag{7.26}$$

同様に，$1/v(z)$ が弱定常ランダム関数であると仮定すると，t の分散は，

$$\mathrm{Var}_z(t) = \int_0^z \int_0^z \sigma^2 \rho \left(\frac{1}{\zeta(z')\zeta(z'+h)} \right) dz' dh \tag{7.27}$$

ここで，σ^2 は $1/\zeta(z)$ の分散である．

したがって，(7.27) 式を用いて通過時間の分散を z の関数にする作業は，移動速度の逆数の変動の自己共分散関数を作ることになる．(7.27) 式を用いて，一般化された巨視的分散度 $\lambda(z)$ を次のように定義する (Simmons, 1986b)

$$\lambda(z) = \frac{V^2}{2} \frac{d\mathrm{Var}_z(t)}{dz} = \frac{\mathrm{CV}^2}{v} \int_0^z \rho \left(\frac{1}{\zeta(z)\zeta(z+h)} \right) dh \tag{7.28}$$

ここで，CV は $1/v$ の変動係数である．(7.28) 式を実際に使えるようにするためには，パラメータを用いて溶質移動速度をモデル化しなければならない．パラメータの空間自己共分散は測定できる．

このアプローチの欠点は，(7.24) 式の移動速度 $v(z)$ が 1 次元であることである．局所的な溶質速度の変動は平均的流れに相対的にあらゆる方向で生じている．したがって，移動速度場が相関構造を持つならば，(7.28) 式の移動速度変動の共分散は独立的に測定できない．それに代わる方法は，ランダム移動速度場で多孔体を移動する溶質粒子のランダムな投射体軌道 (trajectory) によって溶質移動の表現を展開することである．この方法は次節で展開する．

7.3 均一な確率媒体

この節では，全体的に均一な m 次元の確率媒体の土壌を考えよう．実験計画に基づいて，2 つの長さスケールを同定する．つまり，媒体がそれ以上では均一となる**巨視的スケール** (macroscale) Λ_f と，それ以下では媒体が測定過程によって平均化され，詳細な表現が得られない**微視的スケール** (microscale) Λ_d である．微視的スケールと巨視的スケールとの間のスケールを**中間スケール** (mesoscale) と言うことにする．移動速度場 $U(x)$ が，時空間的に定常な確率過程であり，溶質濃度に依存しないことを仮定する．この土壌を通る溶質移動は線形過程であり，そのためそれはトレーサパルスの移動を表すには十分である．

補記 任意な入力関数

単一のパルスとして溶質を加えるか，表示すると，結果として得られる濃度は適当に移動させたり，スケール化したりしたパルス反応の重ね合せになる ((2.4) を参照)．

フラックス濃度の任意入力

フラックス濃度 $\delta(x,t)$ の入力すなわち，$x=0$ で $t=0$ のとき単位フラックスパルスを加えることによって得られる溶質フラックス濃度を $f^f(x,t)$ としよう．任意フラックス入力 $g^f(x,t)$ による溶質フラックス濃度 $C^f(x,t)$ は次のように表される．

$$C^f(x,t) = \int_0^t \int_{-\infty}^{\infty} \int_{-\infty}^{\infty} \int_{-\infty}^{\infty} g^f(x',t') f^f(x-x',t-t') dx'dy'dz'dt' \tag{7.29}$$

ここで，$x=(x,y,z)$ は空間の 1 点である．ある状況下では，入力濃度 $g^f(x,t)$ はすべての空間座標と時間に依存しなくなり，(7.29) 式の積分はかなり簡単になる．

任意の初期レジデント濃度 (初期値問題)

初期のレジデント濃度 $\delta(x,t)$，すなわち，$x=0, t=0$ で単位レジデントパルスの存在によって

7.3 均一な確率媒体

得られる溶質レジデント濃度を $f^r(\boldsymbol{x},t)$ としよう．任意の初期レジデント濃度 $g^r(\boldsymbol{x})$ によって得られる溶質のレジデント濃度 $C^r(\boldsymbol{x},t)$ は次のようになる．

$$C^r(\boldsymbol{x},t) = \int_{-\infty}^{\infty} \int_{-\infty}^{\infty} \int_{-\infty}^{\infty} g^r(\boldsymbol{x}') f^f(\boldsymbol{x}-\boldsymbol{x}',t) dx' dy' dz'^{*5} \tag{7.30}$$

形式的に，時間依存のレジデント入力 $g^r(\boldsymbol{x},t)$ の場合も (7.30) 式が成り立つが，この記述が適用される実験状況を想像するのは難しい．

移動速度を 2 つの成分に分割しよう．つまり，長さスケールが $\Lambda_f < \lambda$ (巨視的スケール) と $\Lambda_d < \lambda < \Lambda_f$ (中間スケール) の 2 つである．

$$\boldsymbol{U}(\boldsymbol{x}) = \overline{\boldsymbol{u}} + \boldsymbol{u}_f(\boldsymbol{x}) \tag{7.31}$$

ここで，$\overline{\boldsymbol{u}}$ は平均移動速度，$\boldsymbol{u}_f$ は平均ゼロの移動速度変動[*6]である．変動 $\boldsymbol{u}_f$ はガウス過程と仮定され，その共分散テンソルは，

$$\boldsymbol{\sigma}_{u_f}(\boldsymbol{x},\boldsymbol{y}) := \langle \boldsymbol{u}_f(\boldsymbol{x}) \boldsymbol{u}_f(\boldsymbol{y}) \rangle \tag{7.32}$$

$(\boldsymbol{x}=0, t=0)$ から始まる粒子の投射体軌道 $X(t)$ [*7]は次式で定義される確率過程 $\boldsymbol{X}(t)$ の実現値である．

$$\boldsymbol{X}(t) = \int_0^t \boldsymbol{U}(\boldsymbol{X}(t')) dt' + \boldsymbol{X}_d(t) \tag{7.33}$$

ここで，$\boldsymbol{X}_d(t)$ はガウス過程で，平均ゼロ，共分散 $2\boldsymbol{d}_d t$ である．この共分散は，スケール $\lambda < \Lambda_d$ (微視的スケール) での変動の影響を表している．(7.31) 式を用いると，(7.33) 式を 3 つの長さスケールに相当する 3 つの項に分けることができる．

$$\begin{aligned}\boldsymbol{X}(t) &= \langle \boldsymbol{X}(t) \rangle + \boldsymbol{X}_f(t) + \boldsymbol{X}_d(t) \\ &= \overline{\boldsymbol{u}} t + \int_0^t \boldsymbol{u}_f(\boldsymbol{X}(t')) dt' + \boldsymbol{X}_d(t)\end{aligned} \tag{7.34}$$

$\boldsymbol{u}_f$ は投射体軌道 $\boldsymbol{X}(t)$ に依存するので，この積分式を解くのは非常に難しい．(7.34) 式の近似解を得るにはいろいろな方法がある．数値的研究では，移動速度場 $\boldsymbol{U}(\boldsymbol{x})$ の実現値は発生でき，投射体軌道は粒子がその速度場で移動する粒子を追跡することによって得られる (Tompson et al., 1988)．反対に解析的方法では，$\boldsymbol{u}_f$ の引き数である $\boldsymbol{X}(t)$ はいろいろなオーダの近似によって置き換えられる (Phythian, 1975; Dagan, 1984)．Dagan

---

[*5] 訳注) f^f は f^r と思われる．
[*6] スケール $\lambda < \Lambda_d$ の過程は速度で表されないが，後に粒子投射体軌道の拡散成分として述べられる．
[*7] 実現値 $X(t) = (x(t), y(t), z(t))$ はベクトル位置関数である．しかし，それを確率過程 $\boldsymbol{X}(t)$ と区別するために，普通の記号で表す．

(1984) に従い，1次の近似式を用いることによって $\boldsymbol{X}(t)$ はその期待値 $\langle \boldsymbol{X}(t) \rangle = \overline{\boldsymbol{u}}t$ で置き換えられる．それによって，(7.34) 式は次のように簡単になる．

$$\boldsymbol{X}(t) = \overline{\boldsymbol{u}}t + \int_0^t \boldsymbol{u}_f(\overline{\boldsymbol{u}}t')dt' + \boldsymbol{X}_d(t) \tag{7.35}$$

仮定によって $\boldsymbol{X}_d$ と $\boldsymbol{u}_f$ は共にガウス分布であるので，投射体軌道 $X(t)$ はガウス過程であり，その積分は $\boldsymbol{u}_f$ に関して線形演算子となる．$\boldsymbol{X}_f$ と $\boldsymbol{X}_d$ は非相関であるから，$\boldsymbol{X}(t)$ の共分散テンソルは次のように表すことができる[*8]．

$$\begin{aligned}\sigma_{X,jk} &:= \langle \boldsymbol{X}_{f,j}(t)\boldsymbol{X}_{f,k}(t)\rangle + 2d_{d,jk}t \\ &= \left\langle \int_0^t \int_0^t \boldsymbol{u}_f(\overline{\boldsymbol{u}}t_1)\boldsymbol{u}_f(\overline{\boldsymbol{u}}t_2)dt_1 dt_2 \right\rangle + 2d_{d,jk}t \\ &= \int_0^t \int_0^t \sigma_{u_f,jk}(\overline{\boldsymbol{u}}t_1, \overline{\boldsymbol{u}}t_2)dt_1 dt_2 + 2d_{d,jk}t\end{aligned} \tag{7.36}$$

ここで，定義 (7.32) 式を用いた．移動速度変動の共分散を用いて，過程 $\boldsymbol{X}(t)$ の共分散を計算することができた．投射体軌道 $\boldsymbol{X}(t)$ の確率密度関数を次のように表すことにする (Dagan, 1987)．

$$\begin{aligned}f(X(t)) &= \frac{1}{\sqrt{(2\pi)^m |\boldsymbol{\sigma}_X|}} \\ &\quad \times \exp\left(-\frac{1}{2}\sum_{j=1}^m \sum_{k=1}^m (X_j(t) - \overline{u}_j t)\sigma_{X,jk}^{-1}(X_k(t) - \overline{u}_k t)\right)\end{aligned} \tag{7.37}$$

ここで，$m = 2, 3$ は考えている溶質の移動の次元である．投射体軌道の確率密度関数 (7.37) 式は粒子位置の確率密度関数として解釈され，空間と時間の関数である．

$$\begin{aligned}f(\boldsymbol{x},t) &= \frac{1}{\sqrt{(2\pi)^m |\boldsymbol{\sigma}_X|}} \\ &\quad \times \exp\left(-\frac{1}{2}\sum_{j=1}^m \sum_{k=1}^m (x_j - \overline{u}_j t)\sigma_{X,jk}^{-1}(x_k - \overline{u}_k t)\right)\end{aligned} \tag{7.38}$$

(7.38) 式が一般化された対流分散式を満足することは，直接代入することによって示すことができる (問 7.4 参照)．

$$\frac{\partial f}{\partial t} + \sum_{j=1}^m \left(V_j \frac{\partial f}{\partial x_j} - \sum_{k=1}^m D_{jk}\frac{\partial^2 f}{\partial x_j \partial x_k}\right) = 0 \tag{7.39}$$

[*8] 添字のコンマはテンソル記号で使われるような微分を表すのではなく，変数と空間方向を表す指標を区別するだけである．

7.3 均一な確率媒体

ここで，巨視的な対流移動速度テンソルと分散テンソルは次のように定義される．

$$V_j := \frac{d\langle \boldsymbol{X}_j(t) \rangle}{dt} = \overline{u}_j \tag{7.40}$$

$$D_{jk} := \frac{1}{2}\frac{d\sigma_{X,jk}}{dt} \tag{7.41}$$

一般に，巨視的分散テンソル (7.41) 式は通常一定ではないから，(7.39) 式は第 2 章で定義されたような対流分散式でない．

確率連続体理論の目標は，観測できる量から，巨視的移動パラメータ $\boldsymbol{V}$ と $\boldsymbol{D}$ を計算することである．例えば地下水の場合のように，飽和媒体を通る溶質移動では，通常不飽和透水係数テンソル $\boldsymbol{K}(\boldsymbol{x})$ を測定し，$\boldsymbol{Y} := \ln(\boldsymbol{K}/K_0)$ の平均と共分散テンソルから移動パラメータを計算する．ここで，K_0 は $|\boldsymbol{K}(\boldsymbol{x})|$ の特性値である (Dagan, 1982, 1984, 1987; Gelhar and Axness, 1983)．Dagan (1984) は，$\boldsymbol{Y}$ の等方的な指数共分散関数に対する 2, 3 次元の分散テンソル $\boldsymbol{D}$ の解析的表示を得ている．

$$\sigma_Y(\boldsymbol{x}) = {\sigma_Y}^2 \exp\left(-\frac{|\boldsymbol{x}|}{\lambda_Y}\right) \tag{7.42}$$

ここで，σ_Y^2 は分散 (7.14) 式であり，λ_Y は $\boldsymbol{Y}$ の積分スケール (7.17) である．

Dagan (1984) の計算を再現しようとは思わないが，3 次元移動の結果を単に引用することにしよう．彼は粒子位置の共分散テンソル (7.36) を次のように計算した．

$$\begin{aligned}
\sigma_{X,xx} &= 2{\sigma_Y}^2{\lambda_Y}^2\left[\tau - \frac{8}{3} + \frac{4}{\tau} - \frac{8}{\tau^3} + \frac{8}{\tau^2}(1+\frac{1}{\tau})\exp(-\tau)\right] + 2d_L t \\
\sigma_{X,yy} &= 2{\sigma_Y}^2{\lambda_Y}^2\left[\frac{1}{3} - \frac{1}{\tau} + \frac{4}{\tau^3} - (\frac{4}{\tau^3} + \frac{4}{\tau^2} + \frac{1}{\tau})\exp(-\tau)\right] + 2d_T t \\
\sigma_{X,zz} &= \sigma_{X,yy} \\
\sigma_{X,jk} &= 0, \quad j \neq k
\end{aligned} \tag{7.43}$$

ここで，$\tau := \overline{u}t/\lambda_Y$ であり，d_L と d_T はそれぞれ局所的な縦分散係数と横分散係数である．座標系は，平均流が x 方向 ($\overline{\boldsymbol{u}} = (\overline{u}, 0, 0)$) になるように選ばれる．これから，(7.41) 式を用いて巨視的分散テンソル D_{jk} を計算すると，次式を得る．

$$\begin{aligned}
D_{xx} &= {\sigma_Y}^2 \lambda_Y \overline{u}\left[1 - \frac{4}{\tau^2} + \frac{24}{\tau^4} - (\frac{24}{\tau^4} + \frac{24}{\tau^3} + \frac{8}{\tau^2})\exp(-\tau)\right] + d_L \\
D_{yy} &= {\sigma_Y}^2 \lambda_Y \overline{u}\left[\frac{1}{\tau^2} - \frac{12}{\tau^4} + (\frac{12}{\tau^4} + \frac{12}{\tau^3} + \frac{5}{\tau^2} + \frac{1}{\tau})\exp(-\tau)\right] + d_T
\end{aligned} \tag{7.44}$$

これらはそれぞれ縦方向，横方向の成分である．対角にない要素 $j \neq k$ はゼロである．図 7.3, 図 7.4 は，それぞれ共分散テンソル (7.43) 式の縦方向，横方向要素の時間依存の

プロット，及び Boden 帯水層に類似した確率媒体の巨視的分散テンソルの時間依存のプロットを示している (Freyberg, 1986).

無次元時間 $\tau = \overline{u}t/\lambda_Y$ (質量の中心が移動した距離を積分相関長 λ_Y で除したもの) に基づいて，(7.43) と (7.44) 式に対して 3 つの場合の近似を考える．つまり，(i) パルスがすでに相関長の数倍の距離を移動したとき，$t \gg \lambda_Y/\overline{u}$, (ii) パルスが 1 つの相関長以下の距離しか移動していないとき，$t < \lambda_Y/\overline{u}$, (iii) $t \ll \lambda_Y/\overline{u}$ (図 7.3, 7.4 を参照)[*9].

無次元時間 τ が大きいとき，τ^{-1} の累乗を含む (7.43)-(7.44) 式のすべての項を無視でき，共分散テンソルに対して次式を得る.

$$\tau \gg 1: \quad \sigma_{X,xx} \approx 2(d_L + \sigma_Y^2 \lambda_Y \overline{u})t - \frac{16}{3}\sigma_Y^2 \lambda_Y^2,$$
$$\sigma_{X,yy} \approx 2d_T t + \frac{2}{3}\sigma_Y^2 \lambda_Y^2 \qquad (7.45)$$

また，巨視的分散テンソルに対して，

$$\tau \gg 1: \quad D_{xx} \approx d_L + \sigma_Y^2 \lambda_Y \overline{u}, \quad D_{yy} \approx d_T \qquad (7.46)$$

この制限内では，巨視的分散テンソルは一定値に近づくので，等方確率連続体における溶質パルスの拡がりは対流分散現象で表される．(7.46) 式に示すように，この現象の巨視的分散テンソル (7.41) 式は，高い非等方性を示す．縦方向成分 D_{xx} は大きなスケールの変動に依存するが，横方向成分 $D_{yy} = D_{zz}$ は小さなスケールの変動にだけ依存するためである．これは，$d_L = d_T$ をもつ局所的等方媒体においても正しい．さらに，図 7.3 - 7.4 は，巨視的分散テンソルが一定になるまでに，溶質プルームがかなりの距離の積分相関長を移動しなければならないことを示している．透水係数が等方でないところでは，このような長距離移動によって，溶質プルームの移動が対流分散現象に到らないまま帯水層の境界に達することになる (Matheron and De Marsily, 1980).

無次元時間 τ が小さい場合，共分散テンソルは $\tau = 0$ における (7.43) 式の Tayler 級数の最初の 2 項によって近似される.

$$\tau < 1: \quad \sigma_{X,xx} \approx 2d_L t + \frac{8}{15}\sigma_Y^2 \overline{u}^2 t^2, \quad \sigma_{X,yy} \approx 2d_T t + \frac{1}{15}\sigma_Y^2 \overline{u}^2 t^2 \qquad (7.47)$$

(7.41) 式によって，巨視的分散テンソルは，

$$\tau < 1: \quad D_{xx} \approx d_L + \frac{8}{15}\sigma_Y^2 \overline{u}^2 t, \quad D_{yy} \approx d_T + \frac{1}{15}\sigma_Y^2 \overline{u}^2 t \qquad (7.48)$$

この近似では，確率連続体での溶質の拡がりは，(i) 微視的スケール (これは時間とともに共分散を増大させる) の変動によって起こされる対流分散現象 (2.58) 式と，(ii) 共分散を時間と共に 2 次的に増大させる確率対流現象 (2.68) 式との重ね合せで表される．無次元

[*9] これらの近似で描いた結果の妥当性は (7.43) 式の妥当性によって当然制限される.

7.3 均一な確率媒体

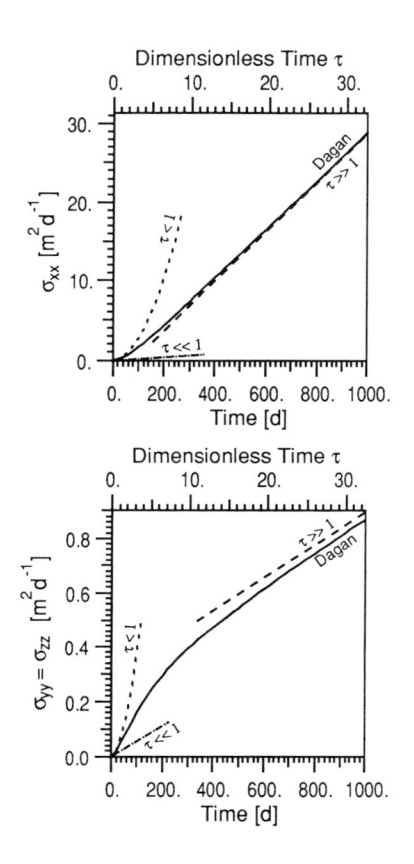

図 7.3 等方性の帯水層における共分散テンソル (7.43) 式の要素. Dagan モデル (7.42) 式に相当する対数透水係数の共分散値が指数的に減衰する場合, 及びその近似値 $\tau \gg 1, \tau < 1, \tau \ll 1$ の場合を対象にしている. 無次元時間 $\tau = \bar{u}t/\lambda_Y$ は積分相関長 λ_Y の数に等しい. λ_Y は平均流れが時間 t 内に移動する距離を表す. パラメータ $u_0 = 0.091 \text{ md}^{-1}$, $\lambda_Y = 2.8$ m, $\sigma_Y^2 = 0.24$, $d_L = 10$ は Boden 帯水層 (Freyberg,1986) をシミュレーションするために選択した. しかし, 実際の帯水層と違って, 透水係数の対数値が等方だと仮定している.

時間が小さい場合には, 帯水層は一連の相互作用のない流管によって近似されるので, 確率対流現象が起きている (第 4 章を参照).

無次元時間が非常に小さい場合, (7.47) 式の 2 次の項が無視でき, 再び対流拡散現象になる. しかし, この近似では, 実験の分解能よりも小さな距離で見ていて, "巨視的分散" テンソルは最初に微視的分散テンソルで仮定した値に戻る. この限界は, 不飽和透水係数の相関長がゼロと仮定されるときにも得られる. この仮定は, "フィールド平均" した一定の不飽和透水係数を用いてフィールドスケールの溶質移動をモデル化する際, 不可欠なものである.

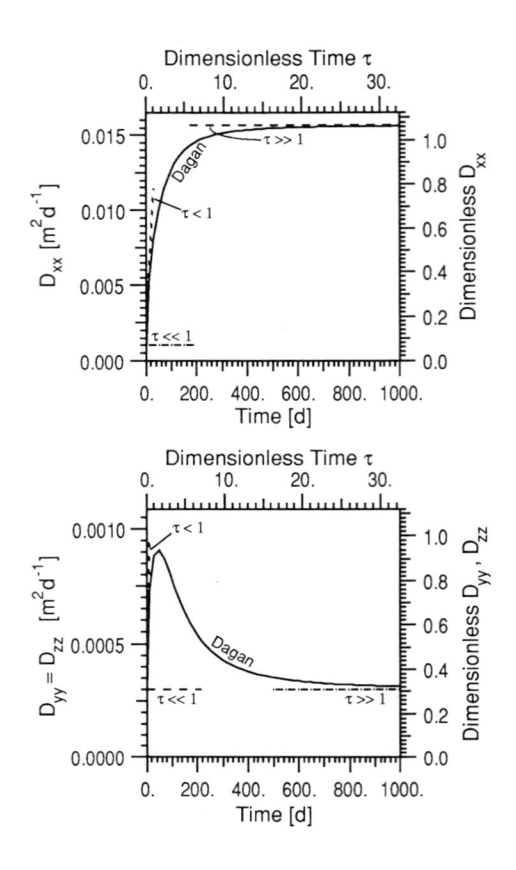

図 7.4 等方性の帯水層における巨視的分散テンソル (7.41) 式の要素．(7.42) 式に相当する対数透水係数の共分散値が指数的に減衰する場合を対象にしている．無次元時間 $\tau = \bar{\mu}t/\lambda_Y$ は積分相関長 λ_Y の数に等しい．λ_Y は平均流れが時間 t 内に移動する距離を表す．無次元巨視的分散テンソルは D_{jk} を $\sigma_Y \lambda_Y \bar{\mu}$ で割って得られている．パラメータは図 7.3 の場合と同じである．

Dagan モデルの場合及び上述の近似の場合に対して得られた $\tau = 6.5$ ($t = 200\ d$) 後の溶質パルスの拡がりを図 7.5 に示す．

確率連続体アプローチは地下水中の溶質移動の表現に大きな信頼性を与えたが，その仮定は不飽和領域[*10]で有効なだけである．不飽和領域を通る流れは普通自然の層に垂直な方向であるから，定常ランダムな土壌特性という仮定は多くの場合，適合しない．さらに，溶質速度と水理特性との関係は，不飽和土壌の場合，地下水の場合よりもはるかに複雑になり，一般に粒子位置の共分散 σ_X は一様な流れであってもいくつかの土壌水理特

[*10] 訳注）「不飽和領域」は「飽和領域」の間違いであろう．

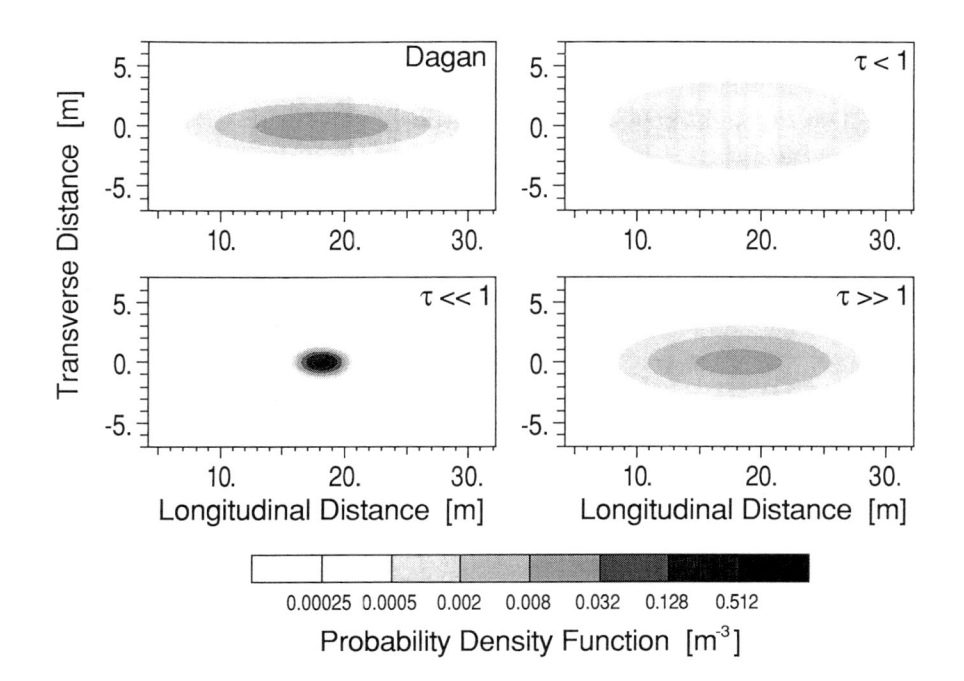

図 7.5　図 **7.3** の帯水層の $(x,t) = (0,0)$ において，溶質パルスが与えられた場合，無次元時間 $\tau = 6.5 (t = 200 \text{ d})$ における，確率密度関数 $f(x,y,0,t)$．確率密度関数は **(7.43)** 式の分散テンソルと $\tau \gg 1, \tau < 1, \tau \ll 1$ の場合の近似値を用いて，**(7.38)** 式から計算した（灰色レベルは対数スケールであることに注意）．

性の共分散構造をもつ複雑な関数になる．最後に，普通地下水の流れは定常であるのに反し，不飽和の流れは過渡的であるので，溶質移動速度は位置とともに時間の関数になる．

これらの限界にもかかわらず，このタイプのモデルが現在開発され続けている (Mantaglou and Gelhar, 1987abc) が，飽和土壌ではあり得ない厖大な障害を乗り越えなければならない．主な困難な点の 1 つは，不飽和水分移動系の非線形性によって起こされる．確率連続体解析では，局所的溶質移動速度はその共分散が計算できるように決定されねばならない．飽和流では，溶質移動速度は Darcy の法則 (Hillel, 1971) によって観測可能な飽和透水係数と関係付けられている．しかし，不飽和流では，溶質移動速度は Buckingham-Darcy フラックス流から計算しなければならず，それは，不飽和透水係数と水分量との関係 $K(\theta)$ 及びマトリックポテンシャルと水分量との関係 $\psi(\theta)$ が必要である．したがって，速度の空間構造を推定するためには，ある範囲の水分とマトリックポテンシャルに対して，これら両方の関係の空間構造を決定しなければならない．

最後に，Buckingham-Darcy 水フラックスの空間構造を予測できたとしても，湿った

間隙空間だけに関係をもつ不動水，選択流路が存在するため，溶質移動速度の空間構造は未確定である．これらの流路は，染料トレーシング法 (これは，大量に土砂を取り除き，ある色のついた土壌でのみ実施可能である) 以外の現代測定法では観測不可能である (Ghodrati, 1989).

以上の理由から，不飽和土壌を通る水と溶質の流れの連続体表現を開発する仕事は，今後の研究課題として残っているように思われる．その仲介としてのコンピュータ機能の発達によって，新しく一般化された溶質移動モデルの作成が可能になってきた．このようなモデルでは，(7.34) 式のような方法によって個々の粒子の移動を表し，数千の実現値に対して計算をくり返し，その結果を平均化することによって移動の大きなスケールの挙動を表現しようとしている．

7.4 確率媒体中の移動の数値シミュレーション

本節では，**粒子痕跡モデル** (particle tracking model) あるいは**ランダムウォークモデル** (random walk model) の基礎的な考えを用いて，確率媒体を通る点状粒子の移動シミュレーションを展開する．各粒子の投射体軌道は確率過程 $Z(t)$ の 1 つの実現値とみなされる．$Z(t)$ はこの媒体を通る溶質の移動を表している．この現象のモーメントは，投射体軌道のシミュレーション結果のアンサンブル平均によって推定される．第 2 章の移動関数の公式に従って，平均流に垂直な方向で平均化した平均溶質移動をモデル化し，線形移動だけに研究を絞る．すなわち，これは，$t = 0$, $z = 0$ から始まるすべての相互作用のない粒子に限定してシミュレーションすることを意味している[*11].

$Z(t)$ は連続マルコフ過程，すなわち，粒子の位置は常に時間の連続関数であり，$t > t_0$ (未来) の場合粒子の位置は現在の時間 t_0 にのみ依存し，$t < t_0$ (過去) の時間に依存しないということを仮定し，それを確率密度関数 $f_Z(z,t)$ で表す[*12]．無限小の時間 dt のあいだに $f_Z(z,t)$ の変化を起こすものは対流速度 V と分散係数 D である (Gardiner, 1985 Sec. 3.4)．すなわち，z に存在する δ 関数は，平均 $z + Vdt$，分散 $2Ddt$ のガウス関数に変形される．粒子の投射体軌道は連続マルコフ過程であると仮定すれば $f_Z(z,t)$ に対する対流分散式が導かれる．このことは，土壌中の溶質移動を研究する際，連続マルコフ過程のシミュレーションを用いることが妥当であることを示している．

水平平均溶質移動だけを**モデル化**したくても，2 次元確率媒体における移動を**シミュレート**することになる．そこでは，中間スケールの移動パラメータの空間変動は水平座

[*11] 前節とは対照的に，いまは主に鉛直移動について考えている．この変化を示すため上述のように平均流の方向を x でなく z で表す．

[*12] $f_Z(z,t)dz$ という数は，(i) 区間 $z \leq z' < z + dz$ で特定の粒子を見いだす確率として，あるいは (ii) 全ての粒子に対するこの区間に存在する粒子の割合として，解釈される．したがって，$f_Z(z,t)$ は $t = 0$ における初期レジデント分布 $\delta(z)$ に相当する．時間 t のレジデント濃度として解釈される．

7.4 確率媒体中の移動の数値シミュレーション

標で集約されている．したがって，その媒体は 2 つの微視的パラメータの場 $v(x,z)$ と $d_d(x,z)$ によって局所的に表される．

コンピュータ上でもっと効率的にシミュレーションを行うため，実際の移動現象を時間で離散化してシミュレーション近似を行う．したがって，粒子の移動速度は小さな時間間隔 Δt では一定であると仮定する[*13]．

7.4.1 均一土壌

最初に，鉛直・水平両方向において均一な土壌を考えよう．対流移動速度 v と分散係数 d_d は土壌全体で一定である．時間 $t=0$ のとき，溶質粒子はすべて $z=0$ にあり，それは土壌中にディラク（Dirac）のパルスが存在することに相当する．そのとき，時間 $t>0$ における粒子位置の確率密度関数は無限土壌のレジデント伝達関数 (3.57) に相当する．離散時間 t_k での確率過程 $\boldsymbol{Z}(t)=(\boldsymbol{x}(t),z(t))$ の近似的実現値 $Z(t_k)=(x(t_k),z(t_k))$ は次式から導かれる．

$$z(t_{k+1}) = z(t_k) + v\Delta t + \omega\sqrt{24 d_d \Delta t} \tag{7.49}$$

初期条件は，

$$z(0) = 0 \tag{7.50}$$

ここで，(7.49) 式の確率変数 ω は区間 [-1/2,1/2] に一様に分布し，継続して得られる実現値は独立である．これらの式は $z(t)$ の実現値を発生させるだけであるが，土壌が均一なとき，x 軸は重要でなくなる（d_d の前の 24 は，以下で示されるように，(7.49) と (3.57) 式の分散係数を等しくするために導入されている）．ある固定した時間 t_k での $z(t_k)$ の確率密度関数が平均 vt_k，分散 $2d_d t_k$ をもつガウス関数 (3.57) 式になることを実証するために，次の増分を考える．

$$\Delta z_k := z(t_k) - z(t_{k-1}) \tag{7.51}$$

平均は，

$$\langle \Delta z_k \rangle = v\Delta t \tag{7.52}$$

分散は，

$$\mathrm{Var}(\Delta z_k) = 24 d_d \Delta t \int_{-1/2}^{1/2} \omega^2 d\omega = 2 d_d \Delta t \tag{7.53}$$

時間 t_k における粒子の位置 $z(t_k)$ は k 個の均一に分布している増分の和である．

$$z(t_k) = \sum_{j=1}^{k} \Delta z_j \tag{7.54}$$

[*13] これはレジデント濃度をシミュレートしていることを示す．もし，フラックス濃度をシミュレートしたいならば，空間を分割した近似を選ぶことができる．すなわち，粒子の速度は小さな距離 Δz を移動している間は一定と仮定している．

(7.54) 式に中央限界定理を適用すると，k の値が大きい場合 (典型的なシミュレーションの場合)，時間 t_k における $z(t_k)$ の確率密度関数はガウス分布に近似できる．

$$f(z(t_k)) \xrightarrow{k \to \infty} \frac{1}{2\sqrt{\pi d_d t_k}} \exp\left(-\frac{(z-vt_k)^2}{4d_d t_k}\right) \tag{7.55}$$

平均は

$$\langle z(t_k) \rangle = k(v\Delta t) = vt_k \tag{7.56}$$

分散は

$$\mathrm{Var}(z(t_k)) = k(2d_d \Delta t) = 2d_d t_k \tag{7.57}$$

7.4.2 水平方向に不均一な土壌

いま，微視的な移動係数が z 方向 (鉛直) には一定であるが，x 方向 (水平) には変化している土壌を考える．簡単のために，水平の変動を決定論的な周期関数で表す．土中の主流は鉛直，すなわち，粒子の対流移動は z 軸に沿うものと仮定する．しかし，粒子は分散によって水平に拡がり，それによって異なる移動パラメータをもつ領域へ移動する．

この土中における投射体軌道をシミュレートするため，均一な場合と本質的に同じアプローチを用いる．時間 $t=0$ のとき，水平方向に分布はしていても，すべての粒子は $z=0$ にある．対流速度 $v(x)$ と鉛直分散係数 $d_z(x)$ は粒子の位置に依存するが，水平分散係数 d_x は一定と仮定される．粒子の投射体軌道の近似的実現値 $(x(t_k), z(t_k))$ は (7.49) 式に準じて，次式で得られる．

$$\begin{aligned} x(t_{k+1}) &= x(t_k) + \omega\sqrt{24 d_x \Delta t} \\ z(t_{k+1}) &= z(t_k) + v(x)\Delta t + \omega\sqrt{24 d_z(x) \Delta t} \end{aligned} \tag{7.58}$$

水平変動は周期的と仮定されているので，単一周期だけを考え，便宜的にスケールし直し，区間 $[-1/2, 1/2]$ が 1 周期になるように移動させる．水平変動が周期的である条件は $v(-1/2) = v(1/2)$ と $d_z(-1/2) = d_z(1/2)$ である．

水平方向の分散とともに，水平方向の v と d_z の変動性によって，$t > \Delta t$ における複数の増分 (7.51) の間で相関が存在するようになる．そうなると，移動深さモーメントの計算がさらに困難になる．しかし，$d_x = 0$ 及び $d_x \to \infty$ の 2 つの限られた場合は容易に解ける．

水平分散がない場合 $(d_x = 0)$

$d_x = 0$ の場合，土壌は相互作用のない均一な土壌カラムの集合体とみなされ，各カラムは対流分散式 (第 4 章を参照) で表される．全媒体中の粒子位置の確率密度関数は形式

7.4 確率媒体中の移動の数値シミュレーション

的に次のように表される．

$$f(z,t_k) \stackrel{k\to\infty}{\Longrightarrow} \int_{-1/2}^{+1/2} f(z,t_k;v(x),d_z(x))dx \tag{7.59}$$

ここで，$f(z,t_k;v(x),d_z(x))$ はパラメータ $v(x)$ と $d_z(x)$ をもつ均一土壌の確率密度関数 (7.55) 式である．一般に，(7.59) 式は数値的にのみ評価できる．しかし，$f(z,t_k)$ のモーメント $M_N(t_k)$ は (7.55) 式の局所モーメント $m_N(t_k;x)$ によって解析的に計算される．

$$\begin{aligned}M_N(t_k) &:= \int_{-\infty}^{+\infty} z^N f(z,t_k)dz \\ &\stackrel{k\to\infty}{\Longrightarrow} \int_{-\infty}^{+\infty} z^N \int_{-1/2}^{+1/2} f(z,t_k;v(x),d_z(x))dxdz \\ &= \int_{-1/2}^{+1/2} m_N(t_k;x)dx\end{aligned} \tag{7.60}$$

時間 t_k における粒子位置の平均と分散は (7.60) 式から次のように計算される (問 7.6)．

$$\langle z(t_k)\rangle = \langle v(x)\rangle t_k \tag{7.61}$$

$$\begin{aligned}\mathrm{Var}(z(t_k)) &= M_2(t_k) - M_1{}^2(t_k) \\ &= 2[\langle d_z(x)\rangle + \frac{t_k}{2}\mathrm{Var}(v)]t_k\end{aligned} \tag{7.62}$$

ここで，v と d_z の平均値は次式で定義される．

$$\begin{aligned}\langle v(x)\rangle &:= \int_{-1/2}^{1/2} v(x)dx \\ \langle d_z(x)\rangle &:= \int_{-1/2}^{1/2} d_z(x)dx\end{aligned} \tag{7.63}$$

v の分散は

$$\mathrm{Var}(v) := \langle v^2(x)\rangle - \langle v(x)\rangle^2 \tag{7.64}$$

(7.61)-(7.62) 式から，媒体全体の巨視的パラメータ v と D_z を次のように定義できる．

$$V := \langle v(x)\rangle \tag{7.65}$$

$$D_z := \langle d_z(x)\rangle + \frac{t_k}{2}\mathrm{Var}(v) \tag{7.66}$$

これらのパラメータは均一媒体を表し，それらの最初の 1 次，2 次モーメントは不均一媒体のモーメントと同じである．

巨視的分散係数 D_z は時間と共に線形的に増大するので，対流分散式では全媒体を表せないことが，(7.66) 式から明らかである．

例 7.2 水平分散をもたない 2 重多孔媒体

2 重媒体とは，異なる移動パラメータをもつ 2 つの均一土壌から成る．水平分散がない ($d_x = 0$) ので，粒子は媒体から他の媒体へと移動できない．したがって，各粒子の移動は一定パラメータによって支配されていて，それらパラメータの値は $t = 0$ 時の粒子の x 座標に依存する．

媒体 1 の体積割合を ϑ_1 で，その移動パラメータを v_1 と $d_{z,1}$ で表す．同様に，媒体 2 の体積割合と移動パラメータは，$1 - \vartheta_1$, v_2 , $d_{z,2}$ で表す．区間 $[-1/2, 1/2]$ での対流移動速度はつぎの対称的関数で示すことができる．

$$v(x) = \begin{cases} v_1 & ; |x| \leq \vartheta_1/2 \\ v_2 & ; |x| > \vartheta_1/2 \end{cases} \tag{7.67}$$

鉛直方向の分散係数は，

$$d_z(x) = \begin{cases} d_{z,1} & ; |x| \leq \vartheta_1/2 \\ d_{z,2} & ; |x| > \vartheta_1/2 \end{cases} \tag{7.68}$$

(7.63)-(7.66) 式を用いて，全媒体の巨視的なパラメータを計算し，次式を得る．

$$V = \int_{-1/2}^{1/2} v(x)dx = 2\left(\int_0^{\vartheta_1/2} v_1 dx + \int_{\vartheta_1/2}^{1/2} v_2 dx\right)$$
$$= \vartheta_1 v_1 + (1-\vartheta_1)v_2 \tag{7.69}$$

$$\begin{aligned} D_z(t_k) &= \int_{-1/2}^{1/2} d_z(x)t_k dx + \frac{t_k}{2}\text{Var}(v) \\ &= \vartheta_1 d_{z,1} + (1-\vartheta_1)d_{z,2} \\ &\quad + \frac{t_k}{2}\left[\int_{-1/2}^{1/2} v^2(x)dx - \left(\int_{-1/2}^{1/2} v(x)dx\right)^2\right] \\ &= \vartheta_1 d_{z,1} + (1-\vartheta_1)d_{z,2} + \frac{t_k}{2}\vartheta_1(1-\vartheta_1)(v_1-v_2)^2 \end{aligned} \tag{7.70}$$

2 重媒体における移動深さ確率密度関数の最初の 2 つのモーメントは (7.69)-(7.70) 式によって表され，均一媒体のそれらと同一であるが，2 つの確率密度関数は全然類似していないことが分かる．2 重媒体の移動深さの分布はモードが 2 つある (2 つのガウス分布の和となっている) が，均一媒体の場合モードが 1 つである．

水平分散が無限大の場合 ($d_x \to \infty$)

$d_x \to \infty$ の場合，もし $|t_2 - t_1| > \Delta t$ ならば，時間 t_2 における粒子の水平位置は，t_1 時の位置とは独立であり，その確率密度関数は区間 $[-1/2, 1/2]$ で一定である．これは粒

7.4 確率媒体中の移動の数値シミュレーション

子の移動を決定するパラメータ $v(x)$ と $d_z(x)$ が時間 t_2 と t_1 で独立であることを意味する．したがって，増分 (7.51) 式は独立である．このことから，中央制限定理を用いて，時間 t_k が大きいときの移動深さ確率密度関数を計算できる．結局，次式を得る．

$$f(z(t_k)) \overset{k \to \infty}{\longrightarrow} \frac{1}{2\sqrt{\pi D_z t_k}} \exp\left(-\frac{(z - V t_k)^2}{4 D_z t_k}\right) \tag{7.71}$$

$$V := \langle v(x) \rangle \tag{7.72}$$

$$D_z := \langle d_z(x) \rangle + \frac{\Delta t}{2} \mathrm{Var}(v) \tag{7.73}$$

これらは，全媒体の巨視的パラメータである (問 7.6 を参照)．

水平分散がない場合 (そこでは巨視的分散係数は時間とともに線形的に増大する) とは対照的に，鉛直の巨視的分散係数 D_z は一定であり，$\Delta t \to 0$ のときの平均局所分散係数 $\langle d_z(x) \rangle$ に近い値である．(7.37) 式は局所パラメータ v，d_z と精度 $\Delta D_z := D_z - \langle d_z(x) \rangle$ でシミュレーションするときの時間ステップ Δt を決定するのに用いられる．その場合，次式が満足される．

$$\Delta t = \frac{2 \Delta D_z}{\mathrm{Var}(v)} \tag{7.74}$$

水平分散が中程度の場合 ($0 < d_x < \infty$)

(7.58) 式は $0 < d_x < \infty$ に対して数値的に解くことができる．それを実行するために，微視的な移動パラメータ $v(x)$ と $d_z(x)$ に対して特殊な関数形を仮定しなければならない．説明を分かりやすくするため，2 つのパラメータが完全に相関するように選ぶ．

$$v(x) = v_0 + \Delta v g(x)$$
$$d_z(x) = d_{z,0} + \Delta d_z g(x) \tag{7.75}$$

ここで，関数 $g(x)$ は

$$g(x) = \frac{1}{1 + (50x)^2} \tag{7.76}$$

(7.76) は，$x = 0$ で急なピークを持ち，選択流が生じる土壌をシミュレートするため考えられた (Roth, 1989)．巨視的なパラメータ V と D_z を計算するために，最初に粒子の位置のモーメントを推定する．

$$M'_n(t_k) = \frac{1}{N} \sum_{j=1}^{N} z^n(t_k) \tag{7.77}$$

ここで，N はシミュレーションで用いられる粒子の数．このとき，パラメータは次式で得られる．

$$V(t_k) = \frac{M_1'(t_{k+1}) - M_1'(t_{k-1})}{2\Delta t} \tag{7.78}$$

$$D_z(t_k) = \frac{\text{Var}_z(t_{k+1}) - \text{Var}(t_{k-1})}{2\Delta t}$$

ここで，

$$\text{Var}_z(t_k) = M_2'(t_k) - {M_1'}^2(t_k) \tag{7.79}$$

水平分散のいろいろな値に対して，時間の関数としての巨視的分散係数 D_z のプロットを図 7.6 に示す．これから，$d_x = 0$ の場合 D_z が時間とともに線形的に増大すること (7.66)，と $d_x \to \infty$ の場合 D_z が非常に小さな値になること (7.73)，が分かる．d_x がそれらの中間の値の場合，巨視的分散係数は，最初時間によって線形的に増大し，時間が経つにつれて一定値に近づく．漸近値と到達する時間スケールは，時間 $\tau := \lambda_h^2/(2d_x)$ に依存する．この時間は粒子が積分相関長 λ_h の長さを水平に拡散するのに必要な特性時間として考えられている．

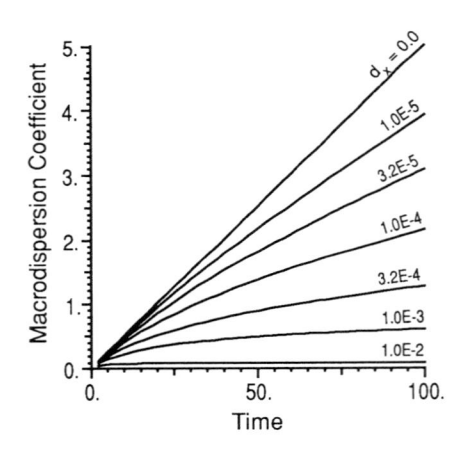

図 7.6 水平分散係数 α_x の種々の値に対する垂直分散係数 $D_z(t)$. このグラフは，次のパラメータを持つ 2^{16} 個の粒子移動のシミュレーションから得られた．$\lambda_h = 1, <d_z(x)> = 0.0216, \text{Var}(v) = 0.0999$.

図 7.1, 7.4, 7.6 を比較すると，驚くほど似ていることが分かる．すべての分散式は，実質的には空間的に相関のある不均一システムを粒子が移動するときの，粒子の拡がりを表している．溶質の流入点からの距離がシステムの相関長よりずっと小さい場合，分散係数は線形的に増大し，距離が相関長より大きくなると一定値に近づく．

7.4 確率媒体中の移動の数値シミュレーション

　本章では，巨視的スケールから中間スケールまで溶質移動の理解を拡げるため，いくつかの方法を研究してきた．この試みは，科学的な好奇心でなく，注目の全輸送体積に対して伝達関数を測定する別の方法を見つけたいという願望から行っている．表層土壌では，溶質フラックス濃度を測定するのは容易かもしれないが，帯水層や深部の不飽和領域のインパルス応答を実験的に決定することは，とくに流速が小さい場合，容易でない．しかし，実際に問題となる状況，例えば廃液の漏れ (spill) のようなものが数多く存在する．モデルの最終目的はそのような大きなスケールの溶質移動を予測することである．本書を通して論じてきた1つの方法は，伝達関数パラメータの小さなスケールの測定を行い，現象モデルで外挿することである．みてきたように，局所的な測定値は，均一土壌の場合だけ外挿が許されるかもしれないが，通過時間の相関構造が分からない場合は，ゼロ時間か無限大時間の限界値に依存しなければならない．多くの実際的な応用場面では，いずれの限界値も理屈に合わない．

　これらの問題は，少なくとも定常 (stationary) な媒体では解くことができる．つまり，実験を行わず式の解だけ見て，局所的 (中間スケール) 特性の測定データを集積し，巨視的に表現できればそれは可能である．本章で示した考えは，中間スケールの移動を決定づける，パラメータの共分散構造についての知識の集積が不可欠であることを示している．飽和透水係数の多数の測定値を収集し，定常 (stationary) な帯水層の移動速度場の共分散構造を計算することは可能だと分かっているが (Freyberg, 1986)，不飽和土壌システムでは多くの厄介な障害がある．不飽和土壌では，水分移動速度は水分量に依存するので，中間スケールの相関構造を解析するには，広範囲の飽和度に対して不飽和透水係数とマトリックポテンシャルの局所的な測定値を空間的に十分な分解能で同時に計算する必要がある．

　現在，大きなスケールで溶質移動を決定するためには，2つの選択肢があるがいずれも容易ではない．1つは伝達関数によって解析されるトレーサパルスの移動を注視することに時間を費やす方法であり，他の1つは小さなスケールの実験を数多く行い，それらを巨視的に集約することに時間と費用を費やす方法である．

問 題

問 7.1 相関係数が (7.4) で与えられる時，分散式 (7.3) が (7.5) になることを示せ．

問 7.2 一般化された分散定数 λ(7.9) の大きな z と小さな z に対する漸近値を計算せよ．

問 7.3 (7.27) 式を誘導し，速度の逆数である振動数の自己相関関数と通過時間分散との関連を導け．

問 7.4 移動に対する多変数ガウス関数確率密度関数 (7.38) が一般化された対流分散式の解 (7.39) であることを証明せよ．

問 7.5 空間の相関は単純自己相関 AR–1 モデルで一般化される (Box and Jenkins, 1978).

$$Z_j - m = \rho(Z_{j-1} - m) + s\xi\sqrt{1-\rho^2} \tag{7.80}$$

ここで，$Z_j := Z(X_j)$ は弱定常ランダム関数で，それぞれの位置で平均 m と分散 s^2 を持つ．ρ は相関係数，$\xi_j := \xi(X_j)$ は空間的に非相関で，平均がゼロで分散が 1 の正規分布ランダム関数である．このモデルに対して，バリオグラムと自己相関関数を計算せよ．積分長スケールとは何かを述べよ．

問 7.6 2 つの場合，$d_x = 0$ ((7.65)-(7.66)) と $d_x \longrightarrow \infty$ ((7.72)-(7.73)) に対して，巨視的定数 V と D_z を誘導せよ．

付録 A

積分変換

　積分変換は，1つ以上の変数の関数において行う数学的操作であり，ある変数を積分変換すると，関数はその変数に依存しなくなる．この操作は変数の全領域にわたって重み係数を乗じ，関数を定積分するものである．その重み係数は，変数や定数からなり，変換される関数の一部として残留する．

　積分変換の主な利用は，偏微分方程式の変数の1つを変換して除去し，式を単純化することである．それによって，変換空間で式が解けるようになる．次に，その解は逆変換の演算によって元の空間に戻される．

　本書では，2つの異なる変換法を用いることにする．時間 t のような変数を変換するためには，**ラプラス変換**を用いる．そこでは，変数の引数がすべて非負値で定義される ($t \in [0, \infty]$)．ラプラス変換は輸送過程の微分方程式とそれらの境界条件をともに変換する．またラプラス変換は，z が半無限の輸送理論の応用において，空間変数 z を変換するのに利用できる．

　変数の引数が全ての値 ($z \in [-\infty, \infty]$) で定義される変数を変換するためには，**フーリエ変換**が用いられる．したがって，この変換は全実数領域で定義される微分方程式の空間変数を除去するために用いられる．

A.1　ラプラス変換

　積分が存在し，$0 \leq t < \infty$，共役変数 s の値に対して関数 $f(t)$ のラプラス変換 $\hat{f}(t)$ は

$$\hat{f}(s) \equiv \mathcal{L}(f(t)) := \int_0^\infty f(t) \exp(-st) dt \tag{A.1}$$

として定義される．定義式 (A.1) はいくつかの変数の関数 $f(x_1, \cdots, x_n, t)$ に対して拡張できる．

$$\hat{f}(x_1, ..., x_n; s) := \int_0^\infty f(x_1, ..., x_n, t) \exp(-st) dt \tag{A.2}$$

例 A.1 ラプラス変換の解析評価

多くの関数 (あるいは一般化された関数) は (A.1) 式を直接積分することによって得られるラプラス変換を持つ．いくつかの簡単な変換例を以下に示す．

- $f(t) = H(t)$

$$\hat{f}(s) = \int_0^\infty \exp(-st)dt = -\frac{1}{s}\exp(-st)\bigg|_{t=0}^{t=\infty} = \frac{1}{s} \tag{A.3}$$

- $f(t) = \delta(t-a);\ a \geq 0$

$$\hat{f}(s) = \int_0^\infty \delta(t-a)\exp(-st)dt = \exp(-sa) \tag{A.4}$$

$a = 0$ に対する (A.4) の特殊な場合は，$\mathcal{L}(\delta(t)) = 1$ である．

- $f(t) = t^N$

$$\hat{f}(s) = \int_0^\infty t^N \exp(-st)dt = \frac{1}{s^{N+1}}\int_0^\infty y^N \exp(-y)dy = \frac{N!}{s^{N+1}} \tag{A.5}$$

A.1.1 微分と積分の変換

ラプラス変換の主な利用の 1 つは，常微分方程式あるいは偏微分方程式の解法にある．そこでは，従属変数は時間に関して微分されたり積分されたりする．$\exp(-st)$ を乗じ，0 から ∞ まで t に関して積分するラプラス変換の演算 (A.1) は微分方程式と境界条件の両辺に適用される．練習の手始めとして，t に関する関数の微分と積分のラプラス変換を評価する．これらの練習では，今後行う計算同様，部分積分公式を拡張的に利用してみる．

$$\int_a^b u(x)dv(x) = u(x)v(x)\big|_a^b - \int_a^b v(x)du(x) \tag{A.6}$$

- $f(t) = \frac{\partial y(x,t)}{\partial t}$

$$\hat{f}(s) = \int_0^\infty \frac{\partial y(x,t)}{\partial t}\exp(-st)dt$$
$$= y(x,t)\exp(-st)\big|_0^\infty + s\int_0^\infty y(x,t)\exp(-st)dt \tag{A.7}$$

あるいは，

$$\mathcal{L}\left(\frac{\partial y(x,t)}{\partial t}\right) = -y(x,0) + s\hat{y}(x;s) \tag{A.8}$$

関数の初期値 $y(x,0)$ は $y(x,t)$ の時間微分に対するラプラス変換の結果の一部として出現することに注意せよ．

A.1 ラプラス変換

2階の時間微分のラプラス変換も,部分ごとに2つの積分が実行されることを除くと,同様である.

- $f(t) = \frac{\partial^2 y(x,t)}{\partial t^2}$

$$\hat{f}(s) = \int_0^\infty \frac{\partial^2 y(x,t)}{\partial t^2} \exp(-st) dt$$
$$= \left.\frac{\partial y(x,t)}{\partial t} \exp(-st)\right|_0^\infty + s \int_0^\infty \frac{\partial y(x,t)}{\partial t} \exp(-st) dt \quad (A.9)$$

(A.8) を用いて,(A.9) は次のように表すことができる.

$$\mathcal{L}\left(\frac{\partial^2 y(x,t)}{\partial t^2}\right) = -\frac{\partial y}{\partial t}(x,0) - sy(x,0) + s^2 \hat{y}(x;s) \quad (A.10)$$

変換される変数 (t) 以外の変数 (x) で関数を微分するとき,微分と積分の順序は入れ替わる.

- $f(t) = \frac{\partial^N y(x,t)}{\partial x^N}$

$$\hat{f}(s) = \int_0^\infty \frac{\partial^N y(x,t)}{\partial x^N} \exp(-st) dt = \frac{\partial^N}{\partial x^N} \int_0^\infty y(x,t) \exp(-st) dt \quad (A.11)$$

したがって,

$$\mathcal{L}\left(\frac{\partial^N y(x,t)}{\partial x^N}\right) = \frac{d^N \hat{y}(x;s)}{dx^N} \quad (A.12)$$

s をパラメータと見なせば,(A.12) 式のラプラス変換の微分は偏微分でなく,全微分で表されることに注意.

t に関する関数の積分は部分公式 (A.6) による積分で評価される.

- $f(t) = \int_0^t y(x,t') dt'$

$$\hat{f}(s) = \int_0^\infty \int_0^t y(x,t') \exp(-st) dt' dt$$
$$= \left.\left(-\frac{1}{s} \exp(-st) \int_0^t y(x,t') dt'\right)\right|_{t=0}^{t=\infty} + \frac{1}{s} \int_0^\infty y(x,t) \exp(-st) dt \quad (A.13)$$

あるいは,

$$\mathcal{L}\left(\int_0^t y(x,t') dt'\right) = \frac{1}{s} \hat{y}(x;s) \quad (A.14)$$

A.1.2　微分方程式の変換解

(A.7)-(A.14) の公式を用いると，次の 2 つの例で示されるように，物理, 工学分野における多くの微分方程式や偏微分方程式に対してラプラス変換を用いて解を求めることができる．

例 A.2　減衰調和オスシレータのラプラス変換解

力定数 k のバネが机の上にある質量 m の物質の端に，もう一方は机の端の壁に取り付けられている．バネの平衡長 (その時は物質に力がかからない) は x_0 である．$t = 0$ のとき，バネは $x_1 > x_0$ の外側の位置まで伸ばした後，放す．物質に対して机は摩擦力 $F = -\beta dx(t)/dt$ が働いていると仮定して，$t > 0$ に対する物質の運動 $x(t)$ を計算したい．

ニュートンの運動の第一法則によって，

$$\sum_i F_i = ma = m\frac{d^2 x}{dt^2} = -\beta \frac{dx}{dt} - k(x - x_0) \tag{A.15}$$

ここで，F_i は物質にかかる力（摩擦とバネ）である．式 (A.15) は初期条件

$$x(0) = x_1 \tag{A.16}$$

$$\frac{dx}{dt}(0) = 0 \tag{A.17}$$

の下で解かれる．(A.15) のラプラス変換は (A.3), (A.7), (A.9), (A.16), (A.17) 式を用いて計算される．その結果は，

$$ms^2 \hat{x} - msx_1 + \beta s\hat{x} - \beta x_1 + k\hat{x} - \frac{kx_0}{s} = 0 \tag{A.18}$$

これは，単に $x(t)$ の変換である関数 $\hat{x}(s)$ に対する代数式に他ならない．したがって，

$$\hat{x}(s) = \frac{msx_1 + \beta x_1 + kx_0/s}{ms^2 + \beta s + k} \tag{A.19}$$

これは，(A.15)-(A.17) に対する解のラプラス変換である[*1]．

例 A.3　熱方程式のラプラス変換解

時空間変数を含む 1 次元の偏微分方程式をラプラス変換するとき，式は常微分方程式になる．これは，初期温度は 0 ℃，入力表面が $t > 0$ の全てで一定値 T_0 が保たれている，半無限媒体 ($0 < x < \infty$) の場合の熱の流れ式で説明される．熱輸送式は（Carslaw and Jaeger, 1959），

$$\frac{\partial T(x,t)}{\partial t} = K_T \frac{\partial^2 T(x,t)}{\partial x^2} \tag{A.20}$$

[*1] 興味ある読者は，付録 C の変換表を用いて (A.19) の逆変換を計算するとよい．

A.1 ラプラス変換

初期及び境界条件を用いて，

$$T(x,0) = 0 \tag{A.21}$$

$$T(\infty, t) = 0 \tag{A.22}$$

$$T(0, t) = T_0 \tag{A.23}$$

ここで，K_T は熱拡散定数である．

ラプラス変換後，(A.20)-(A.23) は次式のように表される．

$$\frac{d^2 \hat{T}(x)}{dx^2} - q^2 \hat{T}(x) = 0 \tag{A.24}$$

$$\hat{T}(\infty) = 0 \tag{A.25}$$

$$\hat{T}(0) = \frac{T_0}{s} \tag{A.26}$$

ここで，$q := \sqrt{s/K_T}$ である．

$$\hat{T}(x) = \exp(-mx) \tag{A.27}$$

(A.24) は

$$(m^2 - q^2)\exp(-mx) = 0 \tag{A.28}$$

これは $m = \pm q$ の時だけ，任意の x に対して妥当である．したがって，(A.24) の一般解は次のように表すことができる．

$$\hat{T}(x) = A\exp(-qx) + B\exp(qx) \tag{A.29}$$

ここで，A と B は定数であり，変数 s に依存するが，x には依存しない．$q > 0$ なので，(A.25) は $B = 0$ ならば妥当である．次に，(A.26) によって，

$$\hat{T}(0) = A = \frac{T_0}{s} \longrightarrow \hat{T}(x) = \frac{T_0}{s}\exp(-qx) \tag{A.30}$$

これが (A.20)-(A.23) に対する解のラプラス変換である．

A.1.3 逆ラプラス変換

直接積分法

$\hat{f}(s)$ から $f(t)$ を計算する公式の数学的演算はブロムヴィッチのコンター（外縁線）積分といい，次式で定式化されている (Carslaw and Jaeger, 1959)．

$$f(t) = \mathcal{L}^{-1}(\hat{f}(s)) := \frac{1}{2\pi i}\int_{\gamma - i\infty}^{\gamma + i\infty} \hat{f}(s)\exp(st)ds \tag{A.31}$$

ここで，γ は正の定数，$i = \sqrt{-1}$ である．積分のコンターは，点 γ を通る実軸に垂直に引かれた線の左側に，関数 $\hat{f}(s)$ の全ての特異点が存在するように，十分大きな γ が選択される．その時，積分は留数の定理を用いて評価される (Arfken,1985)．

コンターの積分は厄介であるが，本書ではこれ以上取扱わない．逆変換演算には，他に2つの方法（数値逆変換法と逆変換表を用いる方法）がある．それらを用いて，輸送問題の多くの変換解を逆変換することができる．

数値逆変換法

関数 $f(t)$ が十分に平滑であれば，多くの場合ブロムヴィッチ積分 (A.31) の数値計算が利用可能である．Talbot (1980) によって紹介された種々の逆変換法の Fortran プログラムが与えられ，付録 B に示されている．数値変換法は，変換表の方法やコンター積分法で見られる解析的な式を直接評価するよりも，計算上，より有効である．

逆変換表法

逆変換の最も一般的な方法は，種々の数学ハンドブックに備えられた標準的な形の表を用いることである．溶質輸送で最もよく出てくる一般的な変換は，付録 C で与えられる．

例えば，例題 A.3 の熱の流れ問題に対する解 (A.30) の逆変換は，付録 C の (C.9) によって与えられる．

$$T(x,t) = T_0 \, \text{erfc}\left(\frac{x}{2\sqrt{K_T t}}\right) \tag{A.32}$$

多くの場合，表にないラプラス変換は種々の変換演算の標準形の一つに書き換えできる．これらの最も有効なものが以下で与えられる．

ラプラス変換の演算

● 移動演算

$$\begin{aligned} \hat{f}(s) &= \mathcal{L}(f(t)) \\ &\Downarrow \\ \mathcal{L}^{-1}(\hat{f}(as+b)) &= \exp\left(-\frac{bt}{a}\right)\mathcal{L}^{-1}(\hat{f}(as)) = \frac{1}{a}\exp\left(-\frac{bt}{a}\right)f\left(\frac{t}{a}\right) \end{aligned} \tag{A.33}$$

この演算は次の例で示すように多くの応用がある．

例 A.4 対流分散式のフラックス確率密度関数の逆変換

対流分散式のフラックス確率密度関数のラプラス変換は例 2.2 で計算した．この関数は，変換表にはない．しかし，(A.33) を用いて，次のように変形できる．まず，(2.50) 式を次のように表す．

A.1 ラプラス変換

$$\begin{aligned}\hat{f}^f(z;s) &= \exp\left[\tfrac{Vz}{2D}\left(1 - \sqrt{1 + \tfrac{4sD}{V^2}}\right)\right] \\ &= \exp\left(\tfrac{Vz}{2D}\right)\exp\left(-\tfrac{Vz}{2D}\sqrt{\tfrac{4D}{V^2}}\sqrt{\tfrac{V^2}{4D} + s}\right) \quad \text{(A.34)} \\ &= \exp\left(\tfrac{Vz}{2D}\right)\exp\left(-\tfrac{z}{\sqrt{D}}\sqrt{\tfrac{V^2}{4D} + s}\right)\end{aligned}$$

この式は $s + V^2/4D$ の形で s だけ含んでいる．したがって，$x = z/\sqrt{D}$ と置き (A.33) を用いて変換できる．

$$f^f(z,t) = \mathcal{L}^{-1}\left(\hat{f}^f(z;s)\right) = \exp\left(\frac{Vz}{2D} - \frac{V^2t}{4D}\right)\mathcal{L}^{-1}\left(\exp(-x\sqrt{s})\right) \quad \text{(A.35)}$$

いま，変換表の (C.7) の助けを借りて，逆変換ができ，次式が得られる．

$$\begin{aligned}f^f(z,t) &= \exp\left(\frac{Vz}{2D} - \frac{V^2t}{4D}\right)\frac{z}{2\sqrt{\pi Dt^3}}\exp\left(-\frac{z^2}{4Dt}\right) \\ &= \frac{z}{2\sqrt{\pi Dt^3}}\exp\left(-\frac{(z-Vt)^2}{4Dt}\right)\end{aligned} \quad \text{(A.36)}$$

これは対流分散式のフラックス確率密度関数の式 (2.51) である．

- 畳み込み演算

$$\begin{gathered}\hat{f}_1(s) = \mathcal{L}(f_1(t)), \quad \hat{f}_2 = \mathcal{L}(f_2(t)) \\ \Downarrow \\ \hat{f}_1(s)\hat{f}_2(s) = \mathcal{L}\left(\int_0^t f_1(\tau)f_2(t-\tau)d\tau\right) = \mathcal{L}\left(\int_0^t f_1(t-\tau)f_2(\tau)d\tau\right)\end{gathered} \quad \text{(A.37)}$$

次の例で示すように，畳み込み演算は小さな変換表から多くの新しい関数を評価できるようにする．

例 A.5 対流分散式のフラックス積算分布関数の逆変換

輸送関数式 (2.4) は畳み込み積分である．したがって，

$$\hat{C}^f(z;s) = \hat{C}^f(0;s)\hat{f}^f(z;s) \quad \text{(A.38)}$$

例えば，ステップ関数条件は次のように変換される．

$$C^f(0,t) = H(t) \Rightarrow \hat{C}^f(0;s) = \frac{1}{s} \quad \text{(A.39)}$$

したがって，(A.37) によって，(A.38)-(A.39) の逆変換は

$$\mathcal{L}^{-1}\left(\frac{1}{s}\exp(-qz)\right) = \int_0^t \frac{z}{2\sqrt{\pi D\tau^3}}\exp\left(-\frac{(z-V\tau)^2}{4D\tau}\right)d\tau \quad \text{(A.40)}$$

しかし，(A.40) の逆変換において，移動演算 (A.33) を用い，(C.11) によって次式を得る.

$$\mathcal{L}^{-1}\left(\frac{1}{s}\exp(-qz)\right) = \exp\left(\frac{Vz}{2D} - \frac{V^2 t}{4D}\right)\mathcal{L}^{-1}\left(\frac{1}{s - V^2/4D}\exp(-x\sqrt{s})\right)$$

$$= \frac{1}{2}\left[\operatorname{erfc}\left(\frac{z - Vt}{2\sqrt{Dt}}\right) + \exp\left(\frac{Vz}{D}\right)\operatorname{erfc}\left(\frac{z + Vt}{2\sqrt{Dt}}\right)\right] \tag{A.41}$$

したがって，ラプラス変換では，困難な積分を評価するのに間接的な手法が用いられる．すなわち，

$$\int_0^t \frac{z}{2\sqrt{\pi D\tau^3}}\exp\left(-\frac{(z - V\tau)^2}{4D\tau}\right)d\tau$$

$$= \frac{1}{2}\left[\operatorname{erfc}\left(\frac{z - Vt}{2\sqrt{Dt}}\right) + \exp\left(\frac{Vz}{D}\right)\operatorname{erfc}\left(\frac{z + Vt}{2\sqrt{Dt}}\right)\right] \tag{A.42}$$

- 一般化された畳み込み演算 (Walker, 1987)

$$f(t_1, t_2) = \mathcal{L}_{s_1}^{-1}\left(\mathcal{L}_{s_2}^{-1}(g(s_1, s_2))\right)$$

$$\Downarrow \tag{A.43}$$

$$\int_0^t f(\tau, t - \tau)d\tau = \mathcal{L}^{-1}(g(s, s))$$

(A.43) 式は複雑な逆変換を行う場合，極めて価値のある方法である．s の関数の変換式は別々に逆変換できる 2 つの項に分けることができる．次の例でこの方法を示す．

例 A.6 非平衡吸着条件下の対流分散式のフラックス確率密度関数の逆変換

非平衡吸着条件下の対流分散式のフラックス確率密度関数はラプラス変換として例 4.4 で解かれている．式 (4.30) は (4.24) と (4.28) を用いて，次のように表される．

$$\hat{C}^f(z; s_1, s_2) = \exp\left(\frac{Vz}{2D}\right)\exp\left(-\frac{Vz}{2D}\sqrt{1 + \frac{4D}{V^2}\left(s_1 + \frac{s_2\beta(R-1)}{s_2 + \beta}\right)}\right) \tag{A.44}$$

ここで，$\beta := \alpha/\rho_b$ である．最初の s_1 に関する逆変換では，パラメータ s_2 は定数として扱われる．したがって，移動理論 (A.33) を用いて，次式を得る．

$$\mathcal{L}_{s_1}^{-1}\left(\hat{C}^f(z; s_1, s_2)\right)$$

$$\begin{aligned}
&= \exp\left(-\frac{s_2\beta(R-1)t_1}{s_2+\beta}\right)\mathcal{L}_{s_1}^{-1}\left[\exp\left[\frac{Vz}{2D}\left(1 - \sqrt{1 + \frac{4Ds_1}{V^2}}\right)\right]\right]\\
&= \exp\left(-\frac{s_2\beta(R-1)t_1}{s_2+\beta}\right)f^f(z, t_1)\\
&= \exp(-\beta(R-1)t_1)\exp\left(\frac{\beta^2(R-1)t_1}{s_2+\beta}\right)f^f(z, t_1)
\end{aligned} \tag{A.45}$$

ここで，$f^f(z,t_1)$ は可動域のフラックス確率密度関数であり，非吸着化学物質は t よりも t_1 で表される．s_2 に関する 2 番目の逆変換は，中央の項だけが関与している．その逆変換は付録 C の (C.25) 式で与えられる．したがって，

$$\begin{aligned}f(t_1,t_2) &= \mathcal{L}_{s_2}^{-1}\mathcal{L}_{s_1}^{-1}\left(\hat{C}^f(z;s_1,s_2)\right) \\ &= \exp(-\beta(R-1)t_1)f^f(z,t_1)\end{aligned}$$
$$\left[\delta(t_2) + I_1\left(2\beta\sqrt{(R-1)t_1 t_2}\right)\sqrt{\frac{\beta^2(R-1)t_1}{t_2}}\exp(-\beta t_2)\right] \tag{A.46}$$

ここで，I_1 は修正ベッセル関数 (Abramowitz and Stegan, 1970) である．したがって，非平衡吸着条件下の対流分散式のフラックス濃度に対する解析解は (A.43) を (A.46) に適用することによって与えられる．

$$C^f(z,t) = \exp(-\beta(R-1)t)f^f(z,t) + \int_0^t I_1(2\beta\sqrt{(R-1)\tau(t-\tau)})$$
$$\sqrt{\frac{\beta^2(R-1)\tau}{t-\tau}}\exp(-\beta(t-\tau))\exp(-\beta(R-1)\tau)f^f(z,\tau)d\tau \tag{A.47}$$

ここで，

$$f^f(z,t) = \frac{z}{2\sqrt{\pi D t^3}}\exp\left(-\frac{(z-Vt)^2}{4Dt}\right) \tag{A.48}$$

A.2　フーリエ変換

関数 $f(z)$ のフーリエ変換 $\tilde{f}(\lambda); z \in [-\infty, \infty]$ は次式で定義される[*2]．

$$\tilde{f}(\lambda) \equiv \mathcal{F}(f(z)) := \int_{-\infty}^{\infty} f(z)\exp(-i\lambda z)dz \tag{A.49}$$

もし (A.49) の積分が存在すれば，という条件付きである．

対応する逆変換は次式で与えられる．

$$f(z) = \mathcal{F}^{-1}(\tilde{f}(\lambda)) := \frac{1}{2\pi}\int_{-\infty}^{\infty}\tilde{f}(\lambda)\exp(i\lambda z)d\lambda \tag{A.50}$$

ここで，λ は z に共役な波長であり，$i = \sqrt{-1}$ である．ラプラス変換の逆変換 (A.31) とは対照的に，逆フーリエ変換 (A.50) は普通の定積分である．したがって，逆フーリエ変換には定積分のどの表も利用できる．

[*2] この定義には，別の形がある．ここでは，ラプラス変換と同じ構造を用いるため，このような定義を選んだ．

ベクトル $\mathbf{x} = (x_1, x_2, x_3)$ の 3 次元フーリエ変換も波長ベクトル $\boldsymbol{\lambda} = (\lambda_1, \lambda_2, \lambda_3)$ によって定義できる.

$$\tilde{f}(\boldsymbol{\lambda}) := \int_{-\infty}^{\infty}\int_{-\infty}^{\infty}\int_{-\infty}^{\infty} f(\mathbf{x})\exp(-i\boldsymbol{\lambda}\cdot\mathbf{x})dx_1 dx_2 dx_3 \tag{A.51}$$

$$f(\mathbf{x}) := \frac{1}{(2\pi)^3}\int_{-\infty}^{\infty}\int_{-\infty}^{\infty}\int_{-\infty}^{\infty} \tilde{f}(\boldsymbol{\lambda})\exp(i\boldsymbol{\lambda}\cdot\mathbf{x})d\lambda_1 d\lambda_2 d\lambda_3 \tag{A.52}$$

ここで,$\boldsymbol{\lambda}\cdot\mathbf{x} := \lambda_1 x_1 + \lambda_2 x_2 + \lambda_3 x_3$ は $\boldsymbol{\lambda}$ と $\mathbf{x}$ との内積である (Arfken, 1985).

例 A.7 指数供分散関数のフーリエ変換

第 7 章で紹介された 3 次元,等方,指数の共分散関数 (7.42) は次のように表される.

$$\text{Cov}(r) = \sigma_Y{}^2\exp(-r/L_Y) \tag{A.53}$$

ここで,$r = \sqrt{x^2+y^2+z^2}$ はランダム変数 $Y = \ln(K_s)$ の位置間の距離である.(A.53) のフーリエ変換 (A.51) は球形座標を変えることによって,容易に評価できる.

$$\mathcal{F}(\text{Cov}(r)) = \sigma_Y{}^2\int_0^{\infty}\int_0^{\pi}\int_0^{2\pi}\exp\left(-\frac{r}{L_Y}+i\lambda r\cos(\theta)\right)r^2\sin(\theta)dr d\theta d\phi \tag{A.54}$$

θ と ϕ による積分は容易にでき,(A.54) は次式になる.

$$\mathcal{F}(\text{Cov}(r)) = \frac{2\pi\sigma_Y{}^2}{i\lambda}\int_0^{\infty}\left[\exp\left[r\left(i\lambda-\frac{1}{L_Y}\right)\right]-\exp\left[-r\left(i\lambda+\frac{1}{L_Y}\right)\right]\right]r dr \tag{A.55}$$

最後に,一般的な積分形を用いて

$$\int_0^{\infty} x^n\exp(-ax)dx = \frac{n!}{a^{n+1}} \tag{A.56}$$

(A.55) 式は次のようになる.

$$\mathcal{F}(\text{Cov}(r)) = \frac{8\pi\sigma_Y{}^2 L_Y{}^3}{(1+(\lambda L_Y)^2)^2} \tag{A.57}$$

自己相関関数のフーリエ変換は確率連続体理論における巨視的分散係数の定式化で出てくる (Gelhar and Axness, 1983; Dagan, 1984,1987). ((A.57) 式は Dagan の 1984 年の公式と一定の係数だけ異なっている.これはフーリエ変換の定義に違いがあるためである.)

例 A.8 無限土壌における対流分散式のレジデント確率密度関数の逆フーリエ変換

例 3.6 において,無限土壌の対流分散式のレジデント確率密度関数のフーリエ変換が (3.56) 式に等しいことを示した.

$$\hat{C}_t^r(\lambda;t) = \exp(-i\lambda V t - \lambda^2 D t) \tag{A.58}$$

したがって,逆変換 (A.50) は次のように表される.

$$C_t^r(z,t) = \frac{1}{2\pi}\int_{-\infty}^{\infty}\exp(-\lambda^2 D t + i\lambda(z-Vt))d\lambda \tag{A.59}$$

A.2 フーリエ変換

(A.59) の指数部の式は次のように表される.

$$-\lambda^2 Dt + i\lambda(z - Vt) = -Dt\left(\lambda - \frac{i(z - Vt)}{2Dt}\right)^2 - \frac{(z - Vt)^2}{4Dt} \tag{A.60}$$

したがって，(A.60) 式を (A.59) 式に代入し，$y = \sqrt{Dt}(\lambda - i(z - Vt)/2Dt)$ とすると，(A.59) は次のように表すことができる.

$$\begin{aligned} C_t^r(z, t) &= \frac{1}{2\pi\sqrt{Dt}} \exp\left(-\frac{(z - Vt)^2}{4Dt}\right) \int_{-\infty}^{\infty} \exp(-y^2) dy \\ &= \frac{1}{2\sqrt{\pi Dt}} \exp\left(-\frac{(z - Vt)^2}{4Dt}\right) \end{aligned} \tag{A.61}$$

付録 B

役立つ Fortran 計算プログラム

B.1 ラプラス変換の数値逆変換

以下のプログラムは Fortran 77 で書かれて，複素変数が用いられている．関数 FS は求める解のラプラス変換であり，それは，サブルーチン Talbot を呼び出し，メインプログラムで準備される t の各値に対して逆変換を行う．このサブルーチンは，t の入力値に対する関数値 FT を戻す．整数 N はサブルーチンにおける級数展開の項数である．その値 63 は任意で用いられているが，多くの問題には最適なものと思われる．

与えられた数値例では，対流分散式フラックス確率密度関数 (2.50) のラプラス変換は数値的に逆変換され，解析解 (2.51) と比較されている．このプログラムの開発には，Garrison Sposito 氏と J. A. Barker 氏に負うところが多く，ここに感謝の意を表す．

```
PROGRAM FLUXPDF

IMPLICIT REAL*8(A-H,O-Z)
REAL J
COMMON /ARR/Z,V,D
OPEN(UNIT=2,FILE="CDE.OUT",STATUS="NEW" )
V=2.
Z=30.
D=3.
N=63
PI=3.141592653589
DO 122 J=1,25.
  T=DFLOAT(J)
  Y=(Z-V*T)/DSQRT(4. *D*T)
  IF(DABS(Y).GT.10.)THEN
```

```
              F1=0.
         ELSE
              F1=DEXP(-Y*Y)*Z/SQRT(4. *PI+D*T**3)
         END IF
         CALL TALBOT(FT,T,N)
         WRITE(*, 125)T,FT,F1
         WRITE(2, 125)T,FT,F1
 122  CONTINUE
 125  FORMAT(3(F10.7,2X))
      PAUSE
      END
C---------------------------------------------------------------
      SUBROUTINE TALBOT(FT,T,N)
      IMPLICIT REAL*8(A-H,O-Z)
      REAL*8 NU,LAHDA
      COMPLEX S(80),DS(80),ZZ,SUM,B,B1,B2,FS,S9
      DATA Z/0.0D0/,PI/3.1415926535897932D0/,NU/1.0D0/,TAU/6.0D0/
      PIBYN=PI/DFLOAT(N)
      AA=1.
      BB=0.5
      CC=2.
      ZZ=CMPLX(Z,Z)
      LAMDA=TAU/T
      NMI=N-1
      DO 10 K=1,NMI
         U=DFLOAT (K)
         THETA=U*PIBYN
         ALPHA=THETA*DCOS(THETA)/DSIN(THETA)
         S(K)=CMPLX(ALPHA,THETA)
         DS(K)=CMPLX(NU,THETA+ALPHA*(ALPHA-AA)/THETA)*BB
  10  CONTINUE
      PSI=TAU*PIBYN
      CP=2.*DCOS(PSI)
      SP=DSIN(PSI)
      B=ZZ
      B1=B
      DO 3 KA=1,NMI
         K=N-KA
         V2=DEXP(DHAX1(TAU*DREAL(S(K)),-1.8D+02))
         B2=B1
         B1=B
         B=CP*B1-B2+V2*DS(K)*FS(LAMDA*S(K),IND)
   3  CONTINUE
      SUM=DEXP(TAU)*FS(LAMDA+ZZ,IND)*BB+CP*B-(B1-B*CMPLX(Z,SP))*CC
```

```
      FT=LAMDA*REAL(SUM)/DFLOAT(N)
      RETURN
      END
C----------------------------------------------------------
      FUNCTION FS(S9,IFD)
C----LAPLACE TRANSFORMATION OF THE CDE FLUX PDF
      IMPLICIT REAL*8(A-H,O-Z)
      COMMON /ARK/Z9,V9,D9
      COMPLEX FS,S9,XI
      XI=CSQRT(1.+4.*S9*D9/V9**2)
      FS=CEXP(Z9*V9/2./D9*(1.-XI))
      RETURN
      END
```

Time	Inversion	Analytic
1.0000000	.0000000	.0000000
2.0000000	.0000000	.0000000
3.0000000	.0000001	.0000001
4.0000000	.0000255	.0000255
5.0000000	.0005562	.0005562
6.0000000	.0036932	.0036932
7.0000000	.0125240	.0125240
8.0000000	.0280308	.0280308
9.0000000	.0477016	.0477016
10.0000000	.0671496	.0671496
11.0000000	.0824707	.0824707
12.0000000	.0915398	.0915399
13.0000000	.0940800	.0940801
14.0000000	.0910801	.0910801
15.0000000	.0841044	.0841044
16.0000000	.0747701	.0747701
17.0000000	.0644496	.0644496
18.0000000	.0541583	.0541S82
19.0000000	.044S573	.0445S72
20.0000000	.0360126	.0360126
21.0000000	.0286720	.0286720
22.0000000	.0225367	.0225367
23.0000000	.0175202	.0175202
24.0000000	.0134915	.0134914
25.0000000	.0103036	.0103035

B.2 誤差関数の評価

このサブルーチンは $\mathrm{erf}(X)$ あるいは $\exp(A)\mathrm{erfc}(X)$ の値を与える．サブルーチン $\mathrm{erf}(X)$ は **CALL ERF(x,B)** によってメインプログラムから呼び出される．余誤差関数 $\mathrm{erfc}(X)$ は式によく現れる．その関数は正の引数を持つ指数が乗じられている．指数が大きくなる時，漸近的に $\mathrm{erfc}(X)$ で評価される．関数 $\exp(A)\mathrm{erfc}(X)$ はメインプログラムから **CALL ERFC(X,A,B)** で呼び出される．B の値は，$\exp(A)\mathrm{erfc}(X)$ である．$\mathrm{erfc}(X)$ だけを評価するためには，コマンド **CALL ERFC(X,0,B)** を用いるか，定義 $\mathrm{erfc}(x) := 1 - \mathrm{erf}(x)$ を用いればよい．誤差関数の数値近似は Abramowitz and Stegan (1970) から得られる．

```fortran
      SUBROUTINE ERF(ARG,B)

      IMPLICIT REAL*8(A-H,O-Z)
      STORE=0.
C----THIS IS THE ERROR FUNCTION SUBROUTINE. FEED IN A AND RETURN B=ERF(A).
      IF (ARG.LT.0.)   THEN
         STORE=ARG
         ARG=-ARG
      ENDIF
      B=1./(1.+.3275911*ARG)
      BTEM=.254829592*B-.284496736*B*B+1.421413741*B*B*B
     &     -1.453152027*B*B*B*B
      IF (DABS(ARG).GT.170.)   THEN
         B=1.
         GO TO 1
      ENDIF
      B=1.-(BTEM+1.061405429*B**5.)*DEXP(-ARG*ARG)
    1 IF(STORE.LT.0.)   THEN
         B=-B
         ARG=-ARG
      END IF
      RETURN
      END
C-----------------------------------------------------------
      SUBROUTINE ERFC(ARG,EXPARG,B)
      IMPLICIT REAL*8(A-H,O-Z)
      IF(ARG.LT.0) THEN
         CALL ERF(ARG,B)
```

B.2 誤差関数の評価

```
      B=DEXP(EXPARG)*(1.-B)
      GO TO 1
    END IF
    IF(ARG.GT.3.5) THEN
      CALL ERFC2(ARG,EXPARG,B)
      GO TO 1
    END IF
    B=1./(1.+.3275911*ARG)
    BTEM=.254829592*B-.284496736*B*B+1.421413741*B*B*B
   &     -1.453152027*B*B*B*B
    IF (DABS(ARG).GT.170.)   THEN
      B=0.0
      GO TO 1
    END IF
    B=(BTEM+1.061405429*B**5.)*DEXP(-ARG*ARG+EXPARG)
 1  RETURN
    END
C-------------------------------------------------------------
    SUBROUTINE ERFC2(ARG,EXPARG,B)
    IMPLICIT REAL*8(A-H,O-Z)
    PI=3.141592654
    IF (DABS(-ARG*ARG+EXPARG).GT.170.)   THEN
      B=0.0
      RETURN
    END IF
    B=DEXP(-ARG*ARG+EXPARG)/DSQRT(PI)*(1./ARG-1./2.*ARG*ARG*ARG)
   &     +3./(4.*ARG**5.))
    RETURN
    END
```

付録 C

ラプラス変換の表

この表は, Van Genuchten and Alves (1982), Abramowitz and Stegun (1970), Walker (1987) で提供されているものから整理した. 最初に参考として, 以下で用いる省略形をまとめて提示する.

$$\mathcal{A} := \frac{1}{\sqrt{\pi t}} \exp\left(-\frac{x^2}{4t}\right)$$

$$\mathcal{B} := \mathrm{erfc}\left(\frac{x}{2\sqrt{t}}\right)$$

$$\mathcal{C} := \exp(a^2 t - ax) \, \mathrm{erfc}\left(\frac{x}{2\sqrt{t}} - a\sqrt{t}\right)$$

$$\mathcal{D} := \exp(a^2 t + ax) \, \mathrm{erfc}\left(\frac{x}{2\sqrt{t}} + a\sqrt{t}\right)$$

I_N は N (整数) 次の修正ベッセル関数, a と b は定数である.

$f(t)$	$\hat{f}(s) := \int_0^\infty f(t)\exp(-st)dt$	
$\delta(t)$	1	(C.1)
1	$\dfrac{1}{s}$	(C.2)
t^N	$\dfrac{N!}{s^{N+1}}$	(C.3)
$\exp(-at)$	$\dfrac{1}{s+a}$	(C.4)
$\dfrac{\sin(at)}{a}$	$\dfrac{1}{s^2+a^2}$	(C.5)
$\cos(at)$	$\dfrac{s}{s^2+a^2}$	(C.6)

$\dfrac{x}{2t}\mathcal{A}$	$\exp(-x\sqrt{s})$	(C.7)
$\mathcal{A}$	$\dfrac{\exp(-x\sqrt{s})}{\sqrt{s}}$	(C.8)
$\mathcal{B}$	$\dfrac{\exp(-x\sqrt{s})}{s}$	(C.9)
$2t\mathcal{A} - x\mathcal{B}$	$\dfrac{\exp(-x\sqrt{s})}{s\sqrt{s}}$	(C.10)
$\dfrac{\mathcal{C}+\mathcal{D}}{2}$	$\dfrac{\exp(-x\sqrt{s})}{s-a^2}$	(C.11)
$\dfrac{\mathcal{C}-\mathcal{D}}{2a}$	$\dfrac{\exp(-x\sqrt{s})}{\sqrt{s}(s-a^2)}$	(C.12)
$\mathcal{A} - a\mathcal{D}$	$\dfrac{\exp(-x\sqrt{s})}{\sqrt{s}+a}$	(C.13)
$\mathcal{D}$	$\dfrac{\exp(-x\sqrt{s})}{\sqrt{s}(\sqrt{s}+a)}$	(C.14)
$\dfrac{\mathcal{B}-\mathcal{D}}{a}$	$\dfrac{\exp(-x\sqrt{s})}{s(\sqrt{s}+a)}$	(C.15)
$t\mathcal{A} + \dfrac{\mathcal{C}}{4a} - \dfrac{\mathcal{D}}{4a}(1+2ax-4a^2t)$	$\dfrac{\exp(-x\sqrt{s})}{(s-a^2)(\sqrt{s}+a)}$	(C.16)
$-\dfrac{t\mathcal{A}}{a} + \dfrac{\mathcal{C}}{4a^2} + \dfrac{\mathcal{D}}{4a^2}(-1+2ax+4a^2t)$	$\dfrac{\exp(-x\sqrt{s})}{\sqrt{s}(s-a^2)(\sqrt{s}+a)}$	(C.17)
$\dfrac{t\mathcal{A}}{a^2} - \dfrac{\mathcal{B}}{a^3} + \dfrac{\mathcal{C}}{4a^3} + \dfrac{\mathcal{D}}{4a^3}(3-2ax-4a^2t)$	$\dfrac{\exp(-x\sqrt{s})}{s(s-a^2)(\sqrt{s}+a)}$	(C.18)
$(1+ax+2a^2t)\mathcal{D} - 2at\mathcal{A}$	$\dfrac{\exp(-x\sqrt{s})}{(\sqrt{s}+a)^2}$	(C.19)
$2t\mathcal{A} - (x+2at)\mathcal{D}$	$\dfrac{\exp(-x\sqrt{s})}{\sqrt{s}(\sqrt{s}+a)^2}$	(C.20)
$\dfrac{\mathcal{D}}{a^2}(-1+ax+2a^2t) + \dfrac{\mathcal{B}}{a^2} - \dfrac{2t}{a}\mathcal{A}$	$\dfrac{\exp(-x\sqrt{s})}{s(\sqrt{s}+a)^2}$	(C.21)
$\dfrac{\mathcal{C}}{8a^2} - \dfrac{t\mathcal{A}}{2a}(1+ax+2a^2t)$ $+\dfrac{\mathcal{D}}{8a^2}(-1+2ax+8a^2t+2a^2(x+2at)^2)$	$\dfrac{\exp(-x\sqrt{s})}{(s-a^2)(\sqrt{s}+a)^2}$	(C.22)
$I_0(2\sqrt{at})$	$\dfrac{1}{s}\exp\left(\dfrac{a}{s}\right)$	(C.23)
$I_0(2\sqrt{at})\exp(-bt)$	$\dfrac{1}{s+b}\exp\left(\dfrac{a}{s+b}\right)$	(C.24)

$$\delta(t) + I_1(2\sqrt{at})\sqrt{\frac{a}{t}}\exp(-bt) \qquad\qquad \exp\left(\frac{a}{s+b}\right) \qquad\qquad \text{(C.25)}$$

$$1 - \int_0^a \exp(-y-bt)I_0(2\sqrt{ayt})dy := J(a,bt) \qquad\qquad \frac{1}{s}\exp\left(-\frac{as}{s+b}\right) \qquad\qquad \text{(C.26)}$$

(Goldstein's J-function)

付録 D

問題の解答

D.1　第1章の問題

解答 1.1

系内の混合が常に完全であるとすると，塩類投入口に加えられた溶質によって，水分体積 V の容器内の濃度 $C_V(t)$ は瞬時に新しい一様な値となる．したがって，混合タンク内の溶質の物質収支式は，言葉で表現すると：

（タンクへの物質の流入速度）−（タンクからの物質の流出速度）＝（タンク内の物質貯留増加速度）

問題から該当するパラメータを代入すると，

タンクへの物質の流入速度　　$= C_s(t)Q_s$
タンクからの物質の流出速度　$= C_V(t)Q_o$
タンク内の物質貯留増加速度　$= V\, dC_V(t)/dt$

したがって，完全混合系を表す微分方程式は

$$V\frac{dC_V(t)}{dt} = Q_s C_s(t) - Q_o C_V(t) \tag{D.1}$$

通過時間確率密度関数 $f(t)$ を解くためには、次の初期及び境界条件の下で (D.1) を解く必要がある．

$$C_V(0) = 0 \;,\quad C_s(t) = \frac{Q_o}{Q_s}\delta(t) \tag{D.2}$$

塩類流入濃度を表すデルタ関数（(2.8) を参照）を流量比 Q_o/Q_s で重みづけすると，流出濃度の時間積分は 1 になる[*1]

(D.2) の条件で (D.1) を解く手取り早い方法はラプラス変換を用いることである（この方法に慣れていない読者は付録 A を読むことを勧める）．(D.1), (D.2) のラプラス変換は

$$sV\hat{C}_V = Q_o - Q_o \hat{C}_V \tag{D.3}$$

[*1] 読者は流入フラックス濃度が $C^f = Q_s C_s/Q_o = \delta(t)$ になることに気付くであろう．

ここで,
$$\hat{C}_V = \int_0^\infty C_V(t)\exp(-st)dt \tag{D.4}$$

これは $C_V(t)$ のラプラス変換であり，s はパラメータである．(D.3) の解は，
$$\hat{C}_V = \frac{Q_o}{sV + Q_o} \tag{D.5}$$

この解はラプラス変換表 (付録 C の (C.4)) を用いて逆変換でき，次式が得られる．
$$f(t) = C_V(t) = \frac{Q_o}{V}\exp\left(\frac{Q_o t}{V}\right) = \frac{\exp(-t/\tau)}{\tau} \tag{D.6}$$

これは，完全混合タンクに対するインパルス応答関数あるいは通過時間確率密度関数である．これは混合時間 $\tau = V/Q_o$ によって特徴付けられる．

解答 1.2

$C_s(t)$ は時間の関数であるから，流出濃度は (D.4) と (D.6) 式で与えられる．
$$C_o(t) = C_V(t) = \int_0^t C_s(t-t')\frac{\exp(-t'/\tau)}{\tau}dt' \tag{D.7}$$

$Q_s(t)$ が時間の関数となるときの流出濃度に対する解を得るため，微分方程式 (D.1) に戻り，
$$V\frac{dC_V(t)}{dt} = Q_s(t)C_s(t) - Q_oC_V(t) \tag{D.8}$$

この式に再びラプラス変換を行い，C_V について解くと，次式を得る．
$$\hat{C}_V = \frac{\hat{G}_s}{sV_V + Q_o} \tag{D.9}$$

ここで，$\hat{G}_s$ は溶質流入速度 $C_s(t)Q_s(t)$ のラプラス変換である．(D.9) 式の $\hat{C}_V$ は 2 つのラプラス変換の積であるから，逆変換は畳み込み積分 (A.37) を用いることによって得られる．
$$Q_oC_o(t) = \int_0^t Q_s(t-t')C_s(t-t')\frac{\exp(-t'/\tau)}{\tau}dt' \tag{D.10}$$

(D.10) 式は次の形に書くことができる．
$$q_{out}(t) = \int_0^t q_{in}(t-t')\frac{\exp(-t'/\tau)}{\tau}dt' \tag{D.11}$$

ここで，$q(t) = Q(t)C(t)$ は溶質の流れの速度である．したがって，完全混合の場合，系の特性混合時間は，全流速が一定であるかぎり，塩水流の速度には無関係である．

解答 1.3

変換に必用な唯一の準備は，変数を $\tau = t - t'$ に変えることである．そうすると，

$$\int_0^t C_s(t-t')f(t')dt' = -\int_t^0 C_s(\tau)f(t-\tau)d\tau = \int_0^t C_s(\tau)f(t-\tau)d\tau \tag{D.12}$$

積分は，時間における流入濃度に，通過時間が $t-\tau$ となる確率を乗じ，τ について，0 から t までの範囲で積分することである．

解答 1.4

系が非線形であると濃度は流入端で与えられた状況を重ね合わせたものであるという仮定が崩れる．インパルス応答関数もまた，通過時間分布に関する情報を含むことはない．通過時間分布は系内の溶質分子の数に依存するようになるからである．

D.2　第 2 章の問題

解答 2.1

変換変数 s は ξ の式 (2.48) に出てくるだけであるから，逆変換するために定理 (A.33) を変形して用いる．

$$\xi = \sqrt{1 + \frac{4sD}{V^2}} = \frac{2\sqrt{D}}{V}\sqrt{s + \frac{V^2}{4D}} \tag{D.13}$$

そこで，$a = 1$ 及び $b = V^2/4D$ とともに (A.33) を用いて，次式を得る．

$$\mathcal{L}^{-1}\left(\exp\left(\frac{Vz}{2D}(1-\xi)\right)\right) = \exp\left(\frac{Vz}{2D} - \frac{V^2t}{4D}\right)\mathcal{L}^{-1}(\exp(-x\sqrt{s})) \tag{D.14}$$

ここで，

$$x = \frac{z}{\sqrt{D}} \tag{D.15}$$

逆ラプラス変換演算子 $\mathcal{L}^{-1}(\exp(-x\sqrt{s}))$ は (C.7) で与えられ，

$$\mathcal{L}^{-1}(\exp(-x\sqrt{s})) = \frac{z}{2\sqrt{\pi Dt^3}}\exp\left(-\frac{z^2}{4Dt}\right) \tag{D.16}$$

(D.16) を (D.14) 式に代入すると，(2.51) 式が得られる．

解答 2.2

これは，ラプラス変換によって最も容易に示される．確率対流のフィック型の確率密度関数は (2.50) と (2.69) 式を結合して導かれる．

$$\hat{f}^f(z;s) = \exp\left(\frac{Vl}{2D_l}(1-\xi')\right) \quad , \quad \xi' = \sqrt{1+\frac{4sD_l z}{lV^2}} \tag{D.17}$$

(2.69) 式を伴う (2.51) 式の $f^f(z,t)$ が対流分散式 (2.37) を満足すると，(D.17) はラプラス変換された対流分散式 (2.42) を満足しなければならない．直接微分を行い，連鎖則を適用すると，

$$\frac{d\hat{f}}{dz} = \frac{d\xi'}{dz}\frac{d\hat{f}}{d\xi'} = \frac{2sD_l}{lV^2\xi'}\left(-\frac{Vl}{2D_l}\right)\hat{f} = -\frac{s}{V\xi'}\hat{f} \tag{D.18}$$

及び

$$\frac{d^2\hat{f}}{dz^2} = \left[\frac{2sD_l}{lV^2\xi'}\frac{s}{V\xi'^2} + \left(\frac{s}{V\xi'}\right)^2\right]\hat{f} = \left(1+\frac{2D_l}{lV\xi'}\right)\left(\frac{s}{V\xi'}\right)^2\hat{f} \tag{D.19}$$

これらの式をラプラス変換した対流分散式に代入すると，次式を得る．

$$D(z)\frac{d^2\hat{f}}{dz^2} - V\frac{d\hat{f}}{dz} - s\hat{f} = \left[D(z)\left(1+\frac{2D_l}{lV\xi'}\right)\left(\frac{s}{V\xi'}\right)^2 + \frac{s}{\xi'} - s\right]\hat{f} \neq 0 \tag{D.20}$$

ここで，$D(z) = zD_l/l$ である．

解答 2.3

(2.49) 式をよく調べてみると，一般に，

$$\int_0^\infty C^f(0,t)\exp(-st)dt = \hat{C}^f(0) = A \tag{D.21}$$

になることが分かる．

したがって，A は流入フラックス濃度のラプラス変換である．(2.73)-(2.75) 式の変換は直接でき，次の結果を得る．

$$A = \int_0^\infty \delta(t)\exp(-st)dt = 1 \tag{D.22}$$

$$A = \int_0^\infty H(t)\exp(-st)dt = \frac{1}{s} \tag{D.23}$$

D.2 第2章の問題

$$A = \int_0^\infty (H(t) - H(t - \Delta t)\exp(-st)dt$$
(D.24)
$$= \int_0^{\Delta t} \exp(-st)dt = \frac{1}{s}(1 - \exp(-s\Delta t))$$

解答 2.4

(2.76) 式を (2.77) 式に代入し，変数

$$y = \frac{\ln(t) - \mu}{\sigma}$$
(D.25)

を置き換えると，(2.77) 式の各部分は次のように変化する．

$$\frac{dt}{\sigma t} = dy , \quad t = \exp(\mu + \sigma y) , \quad \int_0^\infty \frac{dt}{\sigma t} \to \int_{-\infty}^\infty dy$$
(D.26)

したがって，(2.77) 式は，これらを移入して，

$$\int_0^\infty t^N f(t) dt = \int_{-\infty}^\infty \frac{\exp(N\mu + N\sigma y - y^2/2)}{\sqrt{2\pi}} dy$$
$$= \exp(N\mu + N^2\sigma^2/2) \int_{-\infty}^\infty \exp\left(-\frac{(y-\sigma)^2}{2}\right) dy$$
(D.27)

そこで，$z = y - \sigma$ と置き，

$$\int_{-\infty}^\infty \frac{\exp(-z^2/2)}{\sqrt{2\pi}} dz = 1$$
(D.28)

を考えると，(2.77) 式を得る．

解答 2.5

仮定によって，$f_1(t)$ と $f_2(t)$ は通過時間確率密度関数であり，時間に対してプロットすると単位面積をもつ．これらの各式は，同じ基本曲線 $f^*(I)$ から得られる．ここで $I = J_w t$ である．しかし，この基本曲線は I に対してプロットすると正規化されるので，f_1 や f_2 を得るには f^* の y 軸を縮尺し直さなければならない．したがって，

$$f_1(t) = J_1 f^*(J_1 t)$$
(D.29)

$$f_2(t) = J_2 f^*(J_2 t) \tag{D.30}$$

(D.30) 式のいくつかの場所で，J_1/J_1 を乗じ，書き直し，$f_1(t)$ に対して (D.29) を用いる．すると，

$$f_2(t) = \frac{J_2}{J_1} J_1 f^* \left(J_1 \frac{J_2 t}{J_1} \right) = \frac{J_2}{J_1} f_1 \left(\frac{J_2 t}{J_1} \right) \tag{D.31}$$

である．

解答 2.6

問 2.3 に従って，(2.78) 式の条件下における対流分散式の解のラプラス変換は，

$$\hat{C}^f(z;s) = \frac{C_o}{s} \exp\left(\frac{Vz}{2D}(1-\xi)\right) \tag{D.32}$$

問 2.1 で行ったように，移動定理 (A.33) を再び用いると，

$$\mathcal{L}^{-1} \left[\frac{C_o}{s} \exp\left(\frac{Vz}{2D}(1-\xi)\right) \right] = C_o \exp\left(\frac{Vz}{2D} - \frac{V^2 t}{4D}\right) \mathcal{L}^{-1} \left[\frac{\exp(-x\sqrt{s})}{s - V^2/4D} \right], \quad x := \frac{z}{\sqrt{D}} \tag{D.33}$$

になる．残りの変換部分は $a = V/2\sqrt{D}$ とすると (C.11) で与えられる形になる．いくらか簡略化して，

$$C^f(z,t) = \frac{C_o}{2} \left[\mathrm{erfc}\left(\frac{z - Vt}{\sqrt{4Dt}}\right) + \exp\left(\frac{Vz}{D}\right) \mathrm{erfc}\left(\frac{z + Vt}{\sqrt{4Dt}}\right) \right] \tag{D.34}$$

を得る．この解は Lapidus and Amundson (1952) によって最初に与えられた．

解答 2.7

フラックス確率密度関数の解 $f^f(z, I)$ に合った，境界条件を伴う対流分散式 (2.37) は次式のように表される．

$$\theta \frac{\partial C^f}{\partial t} + J_w \frac{\partial C^f}{\partial z} - \theta D \frac{\partial^2 C^f}{\partial z^2} = 0 \ ; \tag{D.35}$$

$$C^f(z,0) = 0 \ , \quad C^f(\infty, t) = 0 \ , \quad C^f(0,t) = \frac{\delta(t)}{J_w} \tag{D.36}$$

ここで，(D.36) 式の流入フラックス濃度における因子 $1/J_w$ は C^f と I との関係曲線下の面積を 1 にするために必要である．(D.35), (D.36) 式に $I = J_w t$ を代入すると，

$$\theta \frac{\partial C^f}{\partial I} + \frac{\partial C^f}{\partial z} - \lambda \frac{\partial^2 C^f}{\partial z^2} = 0 \; ; \tag{D.37}$$

$$C^f(z, 0) = 0 \; , \; C^f(\infty, I) = 0 \; , \; C^f(0, I) = \delta(I) \tag{D.38}$$

を得る．ここで，$\lambda := \theta D/J_w = D/V$ である．これらの式に対する解は，$C^f(z, I; \theta, \lambda)$ の形をしており，もし θ と λ が一定ならば，固定点 z においては I のみの関数となる．

解答 2.8

一般の定積分（Abramowitz and Stegun, 1970）を用いると，

$$\int_0^\infty x^a \exp(-bx) dx = \frac{a!}{b^{1+a}} \frac{\Gamma(1+a)}{b^{1+a}} \tag{D.39}$$

ここで，$\Gamma(x) := (x-1)!$ はガンマ関数であり，(2.61) 式の N 次の通過時間モーメントは次式から求められる．

$$\mathrm{E}(t^N) = \frac{\beta^{1+\alpha}}{\alpha!} \int_0^\infty t^{\alpha+N} \exp(-\beta t) dt = \frac{\beta^{1+\alpha}}{\alpha!} \frac{(\alpha+N)!}{\beta^{1+\alpha+N}} = \frac{(\alpha+N)!}{\beta^N \alpha!} \tag{D.40}$$

したがって，ガンマ確率密度関数 (2.61) の平均，2 次モーメント，分散は次のようになる．

$$\mathrm{E}(t) = \frac{1+\alpha}{\beta} \; , \; \mathrm{E}(t^2) = \frac{(1+\alpha)(2+\alpha)}{\beta^2} \; , \; \mathrm{Var}(t) = \frac{1+\alpha}{\beta^2} \tag{D.41}$$

解答 2.9

t に関するラプラス変換の積分式 (A.1) においては s は一定であるから，積分と微分の順序を変えることができる．したがって，

$$\begin{aligned} \mathrm{E}(t^N) &= (-1)^N \frac{d^N \hat{f}(s)}{ds^N} = (-1)^N \frac{d^N}{ds^N} \int_0^\infty f(t) \exp(-st) dt \\ &= (-1)^N \int_0^\infty f(t) \frac{d^N \exp(-st)}{ds^N} dt \end{aligned} \tag{D.42}$$

$$= (-1)^N \int_0^\infty f(t)(-t)^N \exp(-st)dt$$

$$\xrightarrow{s=0} \int_0^\infty t^N f(t)dt$$

解答 2.10

(2.59) 式から始めると,

$$f^f(l,t) = \frac{l}{2\sqrt{\pi D t^3}} \exp\left(-\frac{(l-Vt)^2}{4Dt}\right) \tag{D.43}$$

$$\begin{aligned}
\frac{l}{z}f^f\left(l,\frac{tl}{z}\right) &= \frac{l^2}{2z\sqrt{\pi D l^3 t^3/z^3}} \exp\left(-\frac{(l-Vtl/z)^2}{4Dtl/z}\right) \\
&= \frac{z}{2\sqrt{\pi (Dz/l)t^3}} \exp\left(-\frac{(z-Vt)^2}{4(Dz/l)t}\right)
\end{aligned} \tag{D.44}$$

これは (2.51) 式と同じでない. したがって, 一定の値 D をもつ (2.51) 式は確率対流型ではない. しかし, $D(z) = Dz/l$ をもつ (2.51) 式は (D.44) となり, 確率対流型となる.

D.3　第 3 章の問題

解答 3.1

次の初期及び境界条件を満足する対流分散式のレジデント解 (2.36) を解きたい.

$$C_l^r(z,0) = 0 \;,\; C_l^r(\infty,t) = 0 \tag{D.45}$$

$$\left(J_w C_l^r - \theta D \frac{\partial C_l^r}{\partial z}\right)\bigg|_{z=0} = J_w \delta(t) \tag{D.46}$$

ラプラス変換し, 条件 (D.45) を適用すると, レジデント濃度の解は次のように表される (例 2.2 を見よ).

$$\hat{C}_l^r(z;s) = A\exp\left(\frac{Vz}{2D}(1-\xi)\right) \;;\; \xi = \sqrt{1+\frac{4sD}{V^2}} \tag{D.47}$$

ここで A は一定である．(D.46) のラプラス変換は

$$\left(J_w \hat{C}_l^r - \theta D \frac{\partial \hat{C}_l^r}{\partial z}\right)\bigg|_{z=0} = J_w \tag{D.48}$$

(D.47) を (D.48) に代入すると，次式を得る．

$$\left(J_w - \theta D \frac{V}{2D}(1-\xi)\right) A = J_w \tag{D.49}$$

$\theta V = J_w$ であるから，A は

$$A = \frac{2}{1+\xi} \tag{D.50}$$

に等しい．したがって，

$$C_l^r(z;s) = \frac{2}{1+\xi} \exp\left(\frac{Vz}{2D}(1-\xi)\right) \tag{D.51}$$

問 2.1 のように移動定理 (A.33) を適用すると，次式を得る．

$$\mathcal{L}^{-1}\left[\frac{2}{1+\xi}\exp\left(\frac{Vz}{2D}(1-\xi)\right)\right] = \frac{V}{\sqrt{D}}\exp\left(\frac{Vz}{2D} - \frac{V^2 t}{4D}\right) \mathcal{L}^{-1}\left[\frac{\exp(-x\sqrt{s})}{\sqrt{s} + V/2\sqrt{D}}\right] \tag{D.52}$$

ここで，

$$x := \frac{z}{\sqrt{D}} \tag{D.53}$$

右項の逆変換は (C.13) の形をしている．いくつかの簡略化を行うと，(D.52) の逆変換は (3.12) になる．

解答 3.2

確率対流のフラックス確率密度関数 (2.65) 式にレジデント確率密度関数式 (3.37) を代入すると，次式を得る．

$$\begin{aligned}
f^r(z,t) &= -\frac{\partial}{\partial z}\int_0^t f^f(z,t)dt = -\frac{\partial}{\partial z}\int_0^t \frac{l}{z}f^f\left(l,\frac{tl}{z}\right)dt \\
&= -\frac{\partial}{\partial z}\int_0^{tl/z} f^f(l,y)dy = \frac{tl}{z^2}f^f\left(l,\frac{tl}{z}\right) = \frac{t}{z}f^f(z,t)
\end{aligned} \tag{D.54}$$

ここでは，次のライプニッツの法則（Arfken, 1985）を用いた．

$$\frac{\partial}{\partial x}\int_{b(x)}^{a(x)} g(x,y)dy = \frac{da(x)}{dx}g(x,a(x)) - \frac{db(x)}{dx}g(x,b(x)) \\ + \int_{b(x)}^{a(x)} \frac{\partial g(x,y)}{\partial x}dy \tag{D.55}$$

解答 3.3

N 次の深さモーメント (3.43) 式のラプラス変換は (3.42) 式を用いて次のように表される．

$$\hat{Z}_N = \frac{4DN!}{V^2(\xi^2-1)}\left(\frac{2D}{V(\xi-1)}\right)^N = \frac{N!}{s}\left(\frac{2D}{V(\xi-1)}\right)^N \tag{D.56}$$

したがって，

$$\hat{Z}_0 = \frac{1}{s} \xrightarrow{\mathcal{L}^{-1}} Z_0 = 1 \tag{D.57}$$

これは確率密度関数が正規化されることを示している．1次モーメントは (A.33) 式を用いて，

$$\hat{Z}_1 = \frac{2D}{Vs(\xi-1)} \xrightarrow{\mathcal{L}^{-1}} Z_1(t) = \sqrt{D}\exp(-a^2t)\mathcal{L}^{-1}\left(\frac{1}{(s-a^2)(\sqrt{s}-a)}\right) \tag{D.58}$$

ここで，$a = V/2\sqrt{D}$ である．したがって，$x = 0$ のときの逆変換公式 (C.16) を用いると，次式を得る．

$$Z_1(t) = \sqrt{\frac{Dt}{\pi}}\exp(-a^2t) + \frac{D}{2V}\left[(1+4a^2t)\mathrm{erfc}(-a\sqrt{t}) - \mathrm{erfc}(a\sqrt{t})\right] \tag{D.59}$$

t が大きいとき，これは次式によって近似できる．

$$\frac{V\sqrt{t}}{2\sqrt{D}} \gg 1 \implies Z_1(t) \approx \frac{D}{V} + Vt \tag{D.60}$$

2次モーメントは次のように表される．

$$\hat{Z}_2 = \frac{2}{s}\left(\frac{2D}{V(\xi-1)}\right)^2 \xrightarrow{\mathcal{L}^{-1}} Z_2(t) = 2D\exp(-a^2t)\mathcal{L}^{-1}\left(\frac{1}{(s-a^2)(\sqrt{s}-a)^2}\right) \tag{D.61}$$

これは，(C.22) を用いると次式に等しくなる．

D.3 第3章の問題

$$\hat{Z}_2(t) = \left(\frac{2D}{V} + Vt\right)\sqrt{\frac{Dt}{\pi}}\exp(-a^2 t) \tag{D.62}$$

$$+ \left(\frac{D}{V}\right)^2 \left[\mathrm{erfc}(a\sqrt{t}) + (8a^4 t^2 + 8a^2 t - 1)\mathrm{erfc}(-a\sqrt{t})\right]$$

t が大きいときの近似は,

$$\frac{V\sqrt{t}}{2\sqrt{D}} \gg 1 \implies Z_2(t) \approx V^2 t^2 + 4Dt - 2\left(\frac{D}{V}\right)^2 \tag{D.63}$$

したがって,漸近する深さの分散 (variance) は

$$\frac{V\sqrt{t}}{2\sqrt{D}} \gg 1 \implies \mathrm{Var}(Z(t)) = Z_2(t) - Z_1^{\,2}(t) \approx 2Dt - 3\left(\frac{D}{V}\right)^2 \tag{D.64}$$

解答 3.4

この場合,確率対流モデルのレジデント濃度は次のようになる.

$$C_t^r(z,t) = \begin{cases} C_0 \int_0^z f^r(z',t)dz' & , \ 0 < z < l \\ C_0 \int_{z-l}^z f^r(z',t)dz' & , \ z > l \end{cases} \tag{D.65}$$

ここで,CLT のレジデント確率密度関数は (3.45) 式で与えられる.

$$f^r(z,t) = \frac{1}{\sqrt{2\pi}\sigma_l z}\exp\left(-\frac{(\ln(tl/z) - \mu_l)^2}{2\sigma_l^2}\right) \tag{D.66}$$

ここで,l は基準深さで,μ_l と σ_l はその深さで測定される.もし (D.66) を (D.65) に代入し,新しい変数

$$y(z) = -\frac{\ln(tl/z) - \mu_l}{\sqrt{2}\sigma_l} = \frac{\ln(z/tl) + \mu_l}{\sqrt{2}\sigma_l}, \quad dy = \frac{dz}{\sqrt{2}\sigma_l z} \tag{D.67}$$

を定義すると,(D.65) 式は

$$C_t^r(z,t) = \begin{cases} \frac{C_0}{\sqrt{\pi}}\int_{-\infty}^{y(z)}\exp(-y'^2)dy' & , \ 0 < z < l \\ \frac{C_0}{\sqrt{\pi}}\int_{y(z-l)}^{y(z)}\exp(-y'^2)dy' & , \ z > l \end{cases} \tag{D.68}$$

になる.(D.68) 式は誤差関数 (3.13) によって表される.したがって,

$$C_t^r(z,t) = \begin{cases} \frac{C_0}{2}\left[1 + \mathrm{erf}\left(\frac{\ln(z/tl)+\mu_l}{\sqrt{2}\sigma_l}\right)\right] & , \ 0 < z < l \\ \frac{C_0}{2}\left[\mathrm{erf}\left(\frac{\ln(z/tl)+\mu_l}{\sqrt{2}\sigma_l}\right) - \mathrm{erf}\left(\frac{\ln((z-l)/tl)+\mu_l}{\sqrt{2}\sigma_l}\right)\right] & , \ z > l \end{cases} \tag{D.69}$$

解答 3.5

ピストン流の例 3.1 を拡張して，2 つの領域をもつ輸送体積に対するフラックス確率密度関数を

$$f^f(z,t) = \frac{\theta_1}{\theta}\delta\left(t - \frac{z}{V_1}\right) + \frac{\theta_2}{\theta}\delta\left(t - \frac{z}{V_2}\right) \tag{D.70}$$

として書くことができる．したがって，1 次通過時間モーメントは

$$\mathrm{E}_z(t) = \int_0^\infty t' f^f(z,t')dt' = \frac{\theta_1}{\theta}\frac{z}{V_1} + \frac{\theta_2}{\theta}\frac{z}{V_2} \tag{D.71}$$

となり，平均フラックス速度 V^f は (2.57) 式から得られる．

$$\frac{1}{V^f} = \frac{\theta_1}{\theta}\frac{1}{V_1} + \frac{\theta_2}{\theta}\frac{1}{V_2} \tag{D.72}$$

(D.72) 式は水フラックス $J = \theta_1 V_1 = \theta_2 V_2$ によって書き直される．そこで，V^f は

$$V^f = \frac{\theta J_w}{\theta_1^2 + \theta_2^2} \tag{D.73}$$

のように表すことができる．(3.37) 式を用いてフラックス確率密度関数から得られるレジデント確率密度関数は

$$\begin{aligned} f^r(z,t) &= -\frac{\partial}{\partial z}\left[\frac{\theta_1}{\theta}H\left(t - \frac{z}{V_1}\right) + \frac{\theta_2}{\theta}H\left(t - \frac{z}{V_2}\right)\right] \\ &= \frac{\theta_1}{V_1\theta}\delta\left(t - \frac{z}{V_1}\right) + \frac{\theta_2}{V_2\theta}\delta\left(t - \frac{z}{V_2}\right) \end{aligned} \tag{D.74}$$

したがって，1 次深さモーメントは

$$\int_0^\infty z f^r(z,t)dz = \frac{\theta_1}{\theta}V_1 t + \frac{\theta_2}{\theta}V_2 t \tag{D.75}$$

となり，平均レジデント速度は次式で得られる．

$$V^r = \frac{\theta_1}{\theta}V_1 + \frac{\theta_2}{\theta}V_2 = \frac{2J_w}{\theta} \tag{D.76}$$

解答 3.6

(3.61), (3.62) 式に t^N を乗じ，0 から ∞ まで積分すると，

$$-N\theta_1 T_{N-1,1} + J_w \frac{dT_{N,1}}{dz} + \alpha T_{N,1} - \alpha T_{N,2} = 0$$
$$-N\theta_2 T_{N-1,2} + J_w \frac{dT_{N,2}}{dz} + \alpha T_{N,2} - \alpha T_{N,1} = 0 \tag{D.77}$$
$$J_w \frac{dT_N}{dz} - N\theta_1 T_{N-1,1} - N\theta_2 T_{N-1,2} = 0$$

を得る．これは境界条件

$$T_{N,1}(0) = \frac{\theta_1}{\theta}\delta_{N,0}\ ,\ \ T_{N,2}(0) = \frac{\theta_2}{\theta}\delta_{N,0}\ ,\ \ T_N(0) = \delta_{N,0} \tag{D.78}$$

を満足する．ここで，$\delta_{N,0}$ はクロネッカー δ であり，

$$T_{N,i}(z) = \int_0^\infty t^N C_i^f(z,t)dt\ ;\ \ i = 1, 2$$
$$T_N(z) = T_{N,1}(z) + T_{N,2}(z) \tag{D.79}$$

したがって，$N = 0$ のとき，$T_0 = 1$ である．$T_{0,2} = 1 - T_{0,1}$ なので $T_{0,1}$ に対する式は次のように表すことができる．

$$J_w \frac{dT_{0,1}}{dz} + 2\alpha T_{0,1} = \alpha \tag{D.80}$$

(D.80) 式は (D.78) を用いて解が得られる．

$$T_{0,1}(z) = \frac{1}{2}(1 - \exp(-\beta z)) + \frac{\theta_1}{\theta}\exp(-\beta z) \tag{D.81}$$

ここで，$\beta = 2\alpha/J_w$ である．$T_{0,1}$ に対する解は，θ_1 が θ_2 で置き換わることを除いては (D.81) と同じである．したがって，$T_{0,1}$ 及び $T_{0,2}$ に対する解を最後の (D.77) 式に代入すると次式を得る．

$$J_w \frac{dT_1}{dz} = \frac{\theta}{2}(1 - \exp(-\beta z)) + \frac{{\theta_1}^2 + {\theta_2}^2}{\theta}\exp(-\beta z) = \frac{\theta}{2} + \frac{\Delta^2}{2\theta}\exp(-\beta z) \tag{D.82}$$

ここで，$\Delta = \theta_2 - \theta_1$ である．これは，解

$$T_1(z) = \frac{\theta z}{2J_w} + \frac{\Delta^2}{4\alpha\theta}(1 - \exp(-\beta z)) \tag{D.83}$$

をもつ．式 (D.83) は系の 1 次通過時間モーメントである．α の値が小さいとき，これは次式になる[*2].

$$\frac{2\alpha z}{J_w} \ll 1 \Longrightarrow T_1(z) \approx \frac{\theta z}{2J_w} + \frac{\Delta^2}{4\alpha\theta}\frac{2\alpha z}{J_w} = \frac{(\theta_1{}^2 + \theta_2{}^2)z}{\theta J_w} \tag{D.84}$$

これは前問で得られた結果であり，混合がない場合（すなわち，$\alpha = 0$）である．z が大きいとき，これは次式になる．

$$\frac{2\alpha z}{J_w} \gg 1 \Longrightarrow T_1(z) \approx \frac{\theta z}{2J_w} + \frac{\Delta^2}{4\alpha\theta} \tag{D.85}$$

したがって，速度 V^f は水分 θ が一定のとき一様な媒体を移動する溶質の速度の 2 倍であり，それは，前問で計算した (D.76) のレジデント速度と同じである．

領域 1 の 1 次モーメントの式は $T_{1,2} = T_1 - T_{1,1}$ であるから，

$$\begin{aligned}
\frac{dT_{1,1}}{dz} + \beta T_{1,1} &= \frac{\theta_1}{J_w}T_{0,1} + \frac{\alpha}{J_w}T_1 \\
&= \frac{\theta_1}{2J_w}(1 - \exp(-\beta z)) + \frac{\theta_1{}^2}{\theta J_w}\exp(-\beta z) \\
&\quad + \frac{\alpha\theta z}{2J_w{}^2} + \frac{\Delta^2}{4\theta J_w}(1 - \exp(-\beta z)) \\
&= \left(\frac{\theta_1}{2J_w} + \frac{\alpha\theta z}{2J_w{}^2} + \frac{\Delta^2}{4\theta J_w}\right) - \left(\frac{\theta_1}{2J_w} + \frac{\Delta^2}{4\theta J_w} - \frac{\theta_1{}^2}{\theta J_w}\right)\exp(-\beta z) \\
&= \left(\frac{\theta_1}{2J_w} + \frac{\alpha\theta z}{2J_w{}^2} + \frac{\Delta^2}{4\theta J_w}\right) - \frac{\Delta}{4J_w}\exp(-\beta z)
\end{aligned} \tag{D.86}$$

この式から次式を得る．

$$T_{1,1} = \frac{\theta z}{4J_w} - \frac{z\Delta}{4J_w}\exp(-\beta z) - \frac{\theta_1 \Delta}{4\theta\alpha}(1 - \exp(-\beta z)) \tag{D.87}$$

同様に，$T_{1,2}$ に対する解は

$$T_{1,2} = \frac{\theta z}{4J_w} + \frac{z\Delta}{4J_w}\exp(-\beta z) + \frac{\theta_2 \Delta}{4\theta\alpha}(1 - \exp(-\beta z)) \tag{D.88}$$

したがって，T_2 に対する式は次のようになる．

[*2] $\beta z \ll 1$ の場合 $\exp(-\beta z) \approx 1 - \beta z$ である．

D.3 第3章の問題

$$\frac{dT_2}{dz} = \frac{2}{J_w}(\theta_1 T_{1,1} + \theta_2 T_{1,2}) \tag{D.89}$$

$$= \frac{\theta^2 z}{2J_w{}^2} + \frac{z\Delta^2}{2J_w{}^2}\exp(-\beta z) + \frac{\Delta^2}{2\alpha J_w}(1 - \exp(-\beta z))$$

(D.89) 式は次の解をもつ.

$$T_2 = \frac{\theta^2 z^2}{4J_w{}^2} + \frac{z\Delta^2}{4\alpha J_w} + \left(\frac{z\Delta^2}{4\alpha J_w} - \frac{\Delta^2}{8\alpha^2}\right)(1 - \exp(-\beta z)) \tag{D.90}$$

したがって，通過時間の分散は

$$\mathrm{Var}(t) = T_2 - T_1{}^2 \tag{D.91}$$

$$= \frac{z\Delta^2}{4\alpha J_w} - \frac{\Delta^2}{8\alpha^2}(1 - \exp(-\beta z)) - \frac{\Delta^4}{16\alpha^2\theta^2}(1 - \exp(-\beta z))^2$$

α が小さい場合，これは次式になる.

$$\frac{2\alpha z}{J_w} \ll 1 \implies \mathrm{Var}(t) \approx \frac{\theta_1 \theta_2 \Delta^2 z^2}{\theta^2 J_w{}^2} \tag{D.92}$$

これは前問に対する結果である．z が大きいとき，分散は

$$\frac{2\alpha z}{J_w} \gg 1 \implies \mathrm{Var}(t) \approx \frac{z\Delta^2}{4\alpha J_w} - \frac{\Delta^2}{8\alpha^2} - \frac{\Delta^4}{16\alpha^2\theta^2} \tag{D.93}$$

したがって，2つの領域モデルは大きな時間で一定分散係数をもつ対流分散式に収束し，その分散係数は水分量の差に比例するようになる.

解答 3.7†

初期条件 (3.65) と適当な境界条件とを満足するレジデント対流分散式 (2.36) のラプラス変換は

$$s\hat{C}_l^r - g(z) + V\frac{d\hat{C}_l^r}{dz} - D\frac{d^2\hat{C}_l^r}{dz^2} = 0 \tag{D.94}$$

$$\hat{C}_l^r(\infty) = 0 \tag{D.95}$$

$$\left(V\hat{C}_l^r - D\frac{d^2\hat{C}_l^r}{dz}\right)\bigg|_{z=0} = 0 \tag{D.96}$$

いま 2 重ラプラス変換を次のように定義すると，

$$\check{C}_l^r(r,s) := \int_0^\infty \int_0^\infty C_l^r(z,t)\exp(-rz-st)dzdt \tag{D.97}$$

(D.95), (D.96) を満足する (D.94) のラプラス変換は

$$s\check{C}_l^r - \hat{g}(r) + Vr\check{C}_l^r - Dr^2\check{C}_l^r + Dr\hat{C}_l^r(0;s) = 0 \tag{D.98}$$

ここで，$\hat{C}_l^r(0;s)$ は，地表濃度 $C_l^r(0.t)$ の時間に関するラプラス変換であり，それは未知である．$\hat{g}(r)$ は初期条件 (3.65) 式の空間に関するラプラス変換である．(D.98) の $\hat{C}_l^r$ に対する解を求めると，

$$\check{C}_l^r = \frac{Dr\hat{C}_l^r(0,s) - \hat{g}(r)}{Dr^2 - Vr - s} \tag{D.99}$$

である．(D.99) 式の分母は因数分解して，部分分数に分けることができ，次式が得られる．

$$\check{C}_l^r = \frac{1}{D(r_2-r_1)}\left[\frac{Dr_2\hat{C}_l^r(0,s)-\hat{g}(r)}{r-r_2} - \frac{Dr_1\hat{C}_l^r(0,s)-\hat{g}(r)}{r-r_1}\right] \tag{D.100}$$

ここで，

$$r_1 := \frac{V}{2D}(1-\xi)\,,\quad r_2 := \frac{V}{2D}(1+\xi) \tag{D.101}$$

及び ξ は (D.47) で与えられる．

これらの項は，t に対して z を s に対して r を代入して，付録 C の変換表から (C.4) を用いて r に関して逆変換できる．r に関して逆変換した後，ラプラス変換 $\hat{C}_l^r(z;s)$ は次のようになる．

$$\hat{C}_l^r(z;s) = \frac{1}{D(r_2-r_1)}\left[\exp(r_2 z)\left\{Dr_2\hat{C}_l^r(0;s) - \int_0^z g(z')\exp(-r_2 z')dz'\right\}\right.$$
$$\left. - \exp(r_1 z)\left\{Dr_1\hat{C}_l^r(0;s) - \int_0^z g(z')\exp(-r_1 z')dz'\right\}\right] \tag{D.102}$$

$r^2 > 0$ であるから，$z \to \infty$ で $\exp(r^2 z)$ の係数が 0 になりさえすれば (D.95) の条件は満足される．したがって，

$$\hat{C}_l^r(0;s) = \frac{1}{Dr_2}\int_0^\infty g(z')\exp(-r_2 z')dz' \tag{D.103}$$

(D.103) を (D.102) に代入すると，

$$\hat{C}_l^r(z;s) = \frac{\exp(r_2 z)}{D(r_2 - r_1)} \int_z^\infty g(z') \exp(-r_2 z') dz'$$
$$- \frac{\exp(r_1 z)}{D(r_2 - r_1)} \left[\frac{r_1}{r_2} \int_0^\infty g(z') \exp(-r_2 z') dz' \right. \quad \text{(D.104)}$$
$$\left. - \int_0^\infty g(z') \exp(-r_1 z') dz' \right]$$

(D.101) を (D.104) に代入すると，得られる式は次のようになる．

$$\hat{C}_l^r(z;s) = \frac{1}{V\xi} \int_z^\infty g(z') \exp\left(-\frac{V}{2D}(1+\xi)(z'-z)\right) dz'$$
$$+ \frac{2}{V(1+\xi)} \int_0^\infty g(z') \exp\left(-\frac{V}{2D}(z'-z) - \frac{V\xi}{2D}(z'+z)\right) dz'$$
$$\quad \text{(D.105)}$$
$$- \frac{1}{V\xi} \int_0^\infty g(z') \exp\left(-\frac{V}{2D}(z'-z) - \frac{V\xi}{2D}(z'+z)\right) dz'$$
$$+ \frac{1}{V\xi} \int_0^z g(z') \exp\left(-\frac{V}{2D}(1-\xi)(z'-z)\right) dz'$$

これらの積分形は (A.33) と (C.8), (C.13) 式を用いて逆変換される．その結果は，

$$C_l^r(z;t) = \int_0^\infty \frac{g(z')}{2\sqrt{\pi Dt}} \exp\left(-\frac{(z'-z+Vt)^2}{4Dt}\right) dz'$$
$$+ \exp\left(\frac{Vz}{D}\right) \int_0^\infty \frac{g(z')}{2\sqrt{\pi Dt}} \exp\left(-\frac{(z'+z+Vt)^2}{4Dt}\right) dz' \quad \text{(D.106)}$$
$$- \frac{V}{2D} \exp\left(\frac{Vz}{D}\right) \int_0^\infty g(z') \text{erfc}\left(\frac{z'+z+Vt}{2\sqrt{Dt}}\right) dz'$$

である．

解答 3.8

前問で (D.106) に $g(z) = \delta(z)/\theta$ を代入すると，

$$C_l^r(z,t) = \theta C_l^r(z,t) = f^r(z,t)$$
$$\quad \text{(D.107)}$$
$$= \frac{1}{\sqrt{\pi Dt}} \exp\left(-\frac{(z-Vt)^2}{4Dt}\right) - \frac{V}{2D} \exp\left(\frac{V}{2D}\right) \text{erfc}\left(\frac{z+Vt}{2\sqrt{Dt}}\right)$$

これは，溶質の δ 関数入力に相当する半無限対流分散式の問題で得られるレジデント確率密度関数（(3.12) を J_w で除したもの）と同じである．

解答 3.9

問 3.6 の (D.106) に，$g(z) = H(z) - H(z-L)$ を代入すると，

$$C_l^r(z,t) = C_0 \left[\int_0^L \frac{1}{2\sqrt{\pi Dt}} \exp\left(-\frac{(z'-z+Vt)^2}{4Dt}\right) dz' \right.$$
$$+ \exp\left(\frac{Vz}{D}\right) \int_0^L \frac{1}{2\sqrt{\pi Dt}} \exp\left(-\frac{(z'+z+Vt)^2}{4Dt}\right) dz' \quad \text{(D.108)}$$
$$\left. - \frac{V}{2D} \exp\left(\frac{Vz}{D}\right) \int_0^L \operatorname{erfc}\left(\frac{z'+z+Vt}{2\sqrt{Dt}}\right) dz' \right]$$

3つの積分は変数を変えたあと容易に計算できる．

$$\int_0^L \frac{1}{2\sqrt{\pi Dt}} \exp\left(-\frac{(z'-z+Vt)^2}{4Dt}\right) dz'$$
$$\longrightarrow \frac{1}{2} \frac{2}{\sqrt{\pi}} \int_{P_1}^{P_2} \exp(-y^2) dy = \frac{1}{2}(\operatorname{erfc}(P_1) - \operatorname{erfc}(P_2)) \quad \text{(D.109)}$$

$$\exp\left(\frac{Vz}{D}\right) \int_0^L \frac{1}{2\sqrt{\pi Dt}} \exp\left(-\frac{(z'+z+Vt)^2}{4Dt}\right) dz'$$
$$\longrightarrow \frac{1}{2} \exp\left(\frac{Vz}{D}\right) \frac{2}{\sqrt{\pi}} \int_{P_3}^{P_4} \exp(-y^2) dy = \frac{1}{2} \exp\left(\frac{Vz}{D}\right) (\operatorname{erfc}(P_3) - \operatorname{erfc}(P_4)) \quad \text{(D.110)}$$

$$\frac{V}{2D} \exp\left(\frac{Vz}{D}\right) \int_0^L \operatorname{erfc}\left(\frac{z'+z+Vt}{2\sqrt{\pi Dt}}\right) dz'$$
$$\longrightarrow \sqrt{\frac{V^2 t}{D}} \exp\left(\frac{Vz}{D}\right) \int_{P_3}^{P_4} \operatorname{erfc}(y) dy \quad \text{(D.111)}$$
$$= \sqrt{\frac{V^2 t}{D}} \exp\left(\frac{Vz}{D}\right) \left[P_4 \operatorname{erfc}(P_4) - P_3 \operatorname{erfc}(P_3) + \frac{1}{\sqrt{\pi}}(\exp(-P_3^2) - \exp(-P_4^2)) \right]$$

ここで，

$$P_1 := \frac{z-L-Vt}{2\sqrt{Dt}}, \quad P_2 := \frac{z-Vt}{2\sqrt{Dt}}, \quad P_3 := \frac{z+Vt}{2\sqrt{Dt}}, \quad P_4 := \frac{z+L+Vt}{2\sqrt{Dt}} \quad \text{(D.112)}$$

D.4　第 4 章の問題

(D.108) は (D.109) − (D.112) を代入後，簡略化すると，次のように表すことができる．

$$
\begin{aligned}
C_l^r(z,t) = & \frac{C_0}{2}\left[\operatorname{erfc}\left(\frac{z-L-Vt}{2\sqrt{Dt}}\right) - \operatorname{erfc}\left(\frac{z-Vt}{2\sqrt{Dt}}\right)\right] \\
& -\frac{C_0}{2}\left[\left(1+\frac{V}{D}(z+L)+\frac{V^2 t}{D}\right)\exp\left(\frac{Vz}{D}\right)\operatorname{erfc}\left(\frac{z+L+Vt}{2\sqrt{Dt}}\right)\right. \\
& \left. - \left(1+\frac{Vz}{D}+\frac{V^2 t}{D}\right)\exp\left(\frac{Vz}{D}\right)\operatorname{erfc}\left(\frac{z+Vt}{2\sqrt{Dt}}\right)\right] \\
& +C_0\sqrt{\frac{V^2 t}{\pi D}}\left[\exp\left(\frac{Vz}{D}-\frac{(z+L+Vt)^2}{2\sqrt{Dt}}\right) - \exp\left(\frac{(z-Vt)^2}{4Dt}\right)\right]
\end{aligned}
\tag{D.113}
$$

これは，Van Genuchten and Alves (1982) によって与えられた解である．

D.4　第 4 章の問題

解答 4.1

(4.86) に従う，溶質の通過時間確率密度関数は，溶質の初期濃度がゼロで，狭小なパルス入力 (デルタ関数) の条件で式を解くと得られる．(4.86) のラプラス変換は，

$$(s+\mu)\hat{C} + V\frac{d\hat{C}}{dz} = 0 \tag{D.114}$$

で，$\hat{C}(0) = 1$ を満足する．したがって，(D.114) の解は，

$$\hat{C}(z) = \exp\left(-\frac{(s+\mu)z}{V}\right) \tag{D.115}$$

これは逆変換 (A.4) すると，

$$C(z,t;\mu,V) = \exp\left(-\frac{\mu z}{V}\right)\delta\left(t-\frac{z}{V}\right) = \exp(-\mu t)\delta\left(t-\frac{z}{V}\right) \tag{D.116}$$

これは流管の通過時間確率密度関数である．それは，すべての溶質が流出端に到達するわけではないので，単位面積に正規化できない．V が一定の場合，輸送体積の通過時間確率密度関数は (4.1) 式に (4.87) 式を代入し，輸送体積の μ 値の範囲で積分することによって得られる．したがって，(D.39) を用いると次式を得る．

$$\overline{C}(z,t) = E(C(z,t;\mu,V)) = \delta\left(t - \frac{z}{V}\right) \int_0^\infty \exp(-\mu t) f_\mu(\mu) d\mu$$

$$= \delta\left(t - \frac{z}{V}\right) \frac{\beta^{N+1}}{N!} \int_0^\infty \exp(-\mu(t+\beta))\mu^N d\mu = \delta\left(t - \frac{z}{V}\right)\left(1 + \frac{t}{\beta}\right)^{-(N+1)}$$
(D.117)

これは，もはや 1 次の減衰過程ではない．

もし μ が一定で，V が変数だとすると，輸送体積の確率密度関数は，

$$\overline{C}(z,t) = E(C(z,t;\mu,V)) = \exp(-\mu t) \int_0^\infty \delta\left(t - \frac{z}{V}\right) f_V(V) dV$$

$$= \exp(-\mu t) \int_0^\infty \delta(t-y) f_V\left(\frac{z}{y}\right) \frac{z}{y^2} dy = \exp(-\mu t) \frac{z}{t^2} f_V\left(\frac{z}{t}\right)$$
(D.118)

この減衰過程は V の分布にかかわらず 1 次である．

解答 4.2

平均通過時間確率密度関数 (4.34) 式を t_m で積分すると，

$$f^f(l,t) = \int_0^\infty \int_0^\infty \delta(t - Rt_m) f(R,t_m) dR dt_m = \int_0^\infty f\left(R, \frac{t}{R}\right) \frac{dR}{R}$$
(D.119)

ここで，$f(R,t_m)$ は R と t_m の共役確率密度関数である．一般に，R と t_m が対数分布であると，2 変数対数分布は次のように表すことができる．

$$f(R,t_m) = \frac{1}{2\pi\sigma_R \sigma_m R t_m \sqrt{1-\rho^2}} \exp\left(-\frac{(y_R^2 + y_m^2 - 2\rho y_R y_m)}{2(1-\rho^2)}\right)$$
(D.120)

ここで，

$$y_R = \frac{\ln(R) - \mu_R}{\sigma_R}, \quad y_m = \frac{\ln(t_m) - \mu_m}{\sigma_m}$$
(D.121)

(D.119) に (D.120) を代入し，$u = \ln(R)$ で変数変換すると，

$$f^f(l,t) = \frac{1}{2\pi\sigma_R \sigma_m t \sqrt{1-\rho^2}} \int_{-\infty}^\infty \exp(-Au^2 - Bu - C) du$$
(D.122)

ここで，

D.4 第4章の問題

$$
\begin{aligned}
A &= \frac{1}{2(1-\rho^2)}\left(\frac{1}{\sigma_R{}^2} + \frac{1}{\sigma_m{}^2} + \frac{2\rho}{\sigma_R\sigma_m}\right) \\
B &= -\frac{1}{1-\rho^2}\left(\frac{\mu_R}{\sigma_R{}^2} + \frac{\mu_\beta}{\sigma_m{}^2} + \frac{\rho(\mu_R+\mu_\beta)}{\sigma_R\sigma_m}\right) \\
C &= \frac{1}{2(1-\rho^2)}\left(\frac{\mu_R{}^2}{\sigma_R{}^2} + \frac{\mu_\beta{}^2}{\sigma_m{}^2} + \frac{2\rho\mu_R\mu_\beta}{\sigma_R\sigma_m}\right)
\end{aligned}
\tag{D.123}
$$

ここで，$\mu_\beta = \ln(t) - \mu_m$ である．

$$
\int_{-\infty}^{+\infty} \exp(-(Ax^2 + Bx + C))dx = \sqrt{\frac{\pi}{A}}\exp\left(\frac{B^2 - 4AC}{4A}\right) \tag{D.124}
$$

であるから (Abramowitz and Stegun, 1970)，簡略化を施すと (D.122) は，

$$
f^f(l,t) = \frac{1}{\sqrt{2\pi}\sigma_t t}\exp\left(-\frac{(\ln(t) - \mu_t)^2}{2\sigma_t{}^2}\right) \tag{D.125}
$$

となる．ここで，

$$
\mu_t = \mu_R + \mu_m, \quad \sigma_t{}^2 = \sigma_R{}^2 + \sigma_m{}^2 + 2\rho\sigma_R\sigma_m \tag{D.126}
$$

したがって，t は対数分布している．

解答 4.3

前問から，I と i を対数分布した確率変数とすると，$t = I/i$ は，

$$
\mu_t = \mu_I - \mu_i, \quad \sigma_t{}^2 = \sigma_I{}^2 + \sigma_i{}^2 - 2\rho\sigma_I\sigma_i \tag{D.127}
$$

に従うパラメータをもつ対数分布をしている．ここで，ρ は対数変数 I と i との相関係数である．もし浸潤度が最も高い圃場の部分が，溶質をある深さまで溶脱するのに必要な水量が最も少なくてよい圃場部分であるとすると，I と i は逆相関となり，$\rho = -1$ となる．

この仮定を用いると，$\mu_I = 2.00$，$\sigma_I = 0.50$ である．これらの値は，スプリンクラーやトリクル灌漑を用い，不飽和条件下で同じような土性の土壌で行った溶質リーチングの圃場実験から得られた値に近かった (Jury, 1985)．

解答 4.4

$Y = aX^b$ なので，$\ln(Y) = \ln(a) + b\ln(X)$ である．どのような連続関数 $x(y)$ でも成り立つ

$$
f_y(y) = f_x(x(y))\frac{dx}{dy} \tag{D.128}
$$

のような確率密度関数の変換 (Grimmet and Welch, 1986) を用いると，

$$f_Y(Y) = \frac{1}{\sqrt{2\pi}\sigma_X} \exp\left[-\frac{((\ln(Y)-\ln(a))/b - \mu_X)^2}{2\sigma_X{}^2}\right]\frac{1}{bY}$$

$$= \frac{1}{\sqrt{2\pi}\{b\sigma_X\}Y} \exp\left(-\frac{(\ln(Y) - \{b\mu_X + \ln(a)\})^2}{2\{b\sigma_X\}^2}\right) \tag{D.129}$$

したがって，Y は対数分布であり，$\mu_Y = b\mu_X + \ln(a)$ 及び $\sigma_Y = b\sigma_X$ である．

解答 4.5

(3.37) をフラックス確率密度関数 (4.4) に適用し，積分変数を $y = z/t$ に変換すると

$$f_t^r(z) = -\frac{\partial}{\partial z}\int_0^t \frac{z}{t^2}f_v\left(\frac{z}{t}\right)dt = \frac{\partial}{\partial z}\int_\infty^{z/t} f_V(y)dy = \frac{1}{t}f_V\left(\frac{z}{t}\right) \tag{D.130}$$

ここで，積分の微分に際しては，ライプニッツの法則 (D.55) を用いた．

解答 4.6

ここでは，フラックス濃度入力条件

$$J_s(0,t) = iC^f(0,t) = C_0 i(H(t) - H(t-\Delta t)) \tag{D.131}$$

に対して，流管問題を解かねばならない．ある流管に物質が

$$M = \int_0^\infty J_s(0,t)dt = C_0 i\Delta t \tag{D.132}$$

だけ加えられた．したがって，i は変数であるからその質量はどこでも一定でない．さらに，

$$\mathrm{E}(M) = C_0\Delta t \mathrm{E}(i), \quad \mathrm{Var}(M) = C_0\Delta t \mathrm{Var}(i) \tag{D.133}$$

したがって，大きな i をもつ流管は，小さな i をもつ流管より多くの溶質分子に寄与するので，圃場スケールの確率密度関数を決定付ける．

解答 4.7

ここでは，(4.49) 式を用いる．

$$\mathrm{E}_z(t^N) = \int_0^\infty \int_0^\infty \mathrm{E}_z(t^N; V, D)f_V(V)f_D(D)dVdD \tag{D.134}$$

D.4 第4章の問題

局所対流分散式で表される現象の平均と分散は (2.57) − (2.58) で与えられる．したがって，これらを (D.134) に代入すると，

$$\mathrm{E}_z(t) = z\mathrm{E}_V\left(\frac{1}{V}\right)$$

$$\mathrm{Var}_z(t) = 2z\mathrm{E}_D(D)\mathrm{E}_V\left(\frac{1}{V^3}\right) + z^2\mathrm{Var}_V\left(\frac{1}{V}\right)$$
(D.135)

(2.77) を用いると，この結果は $f_V(V)$ と $f_D(D)$ の対数パラメータで表すことができる．

$$\mathrm{E}_z(t) = z\exp\left(-\mu_V + \frac{\sigma_V{}^2}{2}\right)$$

$$\mathrm{Var}_z(t) = 2z\exp\left(\mu_D - 3\mu_V + \frac{\sigma_D{}^2}{2} + \frac{9\sigma_V{}^2}{2}\right) + z^2\exp(-2\mu_V + \sigma_V{}^2)(\exp(\sigma_V{}^2) - 1)$$
(D.136)

(2.57) − (2.58) を用いて，平均フラックス確率密度関数のモーメントによって，巨視的な分散係数と平均速度を決定すると，

$$\frac{1}{V^f} = \mathrm{E}_V\left(\frac{1}{V}\right) = \exp\left(-\mu_V + \frac{\sigma_V{}^2}{2}\right)$$

$$D^f = \frac{(V^f)^3}{2z}\mathrm{Var}_z(t)$$

$$= \frac{\mathrm{E}_D(D)\mathrm{E}_V(V^{-3})}{\mathrm{E}_V{}^3(V^{-1})} + \frac{z}{2}\frac{\mathrm{Var}_V(V^{-1})}{\mathrm{E}_V{}^3(V^{-1})}$$

$$= \exp\left(\mu_D + \frac{\sigma_D{}^2}{2} + 3\sigma_V{}^2\right) + \frac{z}{2}\exp\left(\mu_V - \frac{\sigma_V{}^2}{2}\right)(\exp(\sigma_V{}^2) - 1)$$
(D.137)

になる．したがって，巨視的分散係数は局所分散過程に独立な線形に増加する項と，局所的 D と V に依存する項をもつ．

解答 4.8†

解くべき問題は

$$\theta\frac{\partial C_l^r}{\partial t} + \rho_b\frac{\partial C_a^r}{\partial t} + \theta V\frac{\partial C_l^r}{\partial z} - \theta D\frac{\partial^2 C_l^r}{\partial z^2} = 0$$

$$\rho_b\frac{\partial C_a^r}{\partial t} - \alpha(K_d C_l^r - C_a^r) = 0$$
(D.138)

のように表され，次式を満足する．

$$VC_l^r - D\frac{\partial C_l^r}{\partial z} = 0\ ,\quad z = \pm\infty$$

$$C_t^r(z, 0) = \delta(z)$$
(D.139)

もし (D.138) − (D.139) に z^N を乗じ，$-\infty$ から ∞ まで積分すると，

$$\theta \frac{dZ_{NL}}{dt} + \rho_b \frac{dZ_{NA}}{dt} - N\theta V Z_{N-1,L} - N(N-1)\theta D Z_{N-2,L} = 0 \tag{D.140}$$

$$\rho_b \frac{dZ_{NA}}{dt} = \alpha(K_d Z_{NL} - Z_{NA}) \tag{D.141}$$

となり，次の初期条件を満足する．

$$Z_{NL}(0) = \frac{1}{R\theta}\delta_{N,0} \tag{D.142}$$

$$Z_{NA}(0) = \frac{K_d}{R\theta}\delta_{N,0} \tag{D.143}$$

ここで，

$$Z_{NL}(t) = \int_{-\infty}^{\infty} z^N C_l^r(z,t) dz \tag{D.144}$$

は N 次の深さモーメントである．式 (D.142)-(D.143) は $t=0$ における仮定された平衡条件を表す．

$N=0$ の場合，(D.140)-(D.141) に対する解は

$$Z_{0L}(t) = \frac{1}{R\theta} \tag{D.145}$$

$$Z_{0A}(t) = \frac{K_d}{R\theta} \tag{D.146}$$

したがって，時間ゼロでは，相の物質収支は平衡しているので，相のモーメントはすべての時間で維持される[*3]．

$N=1$ の場合，(D.140) を時間に関して積分すると，

$$Z_{1T}(t) := \theta Z_{1L}(t) + \rho_b Z_{1A}(t) = \frac{Vt}{R\theta} \tag{D.147}$$

この結果を (D.141) に代入し，$Z_{1L}(t)$ に対して解くと，

$$Z_{1L}(t) = \frac{Vt}{R^2\theta} + \frac{V\rho_b}{\alpha R^2\theta}\left(1 - \frac{1}{R}\right)\left(1 - \exp\left(-\frac{\alpha Rt}{\rho_b}\right)\right) \tag{D.148}$$

したがって，全レジデント濃度は一定速度である．しかし，溶解溶質の速度は水と同じ初期速度[*4]か

[*3] (D.142)-(D.143) 以外の初期条件では，相の $N=0$ 次モーメントは時間の関数となる．
[*4] これは小時間では (D.148) の計算で示される．

D.4 第4章の問題

ら，V/R に等しい最終地まで減少する．したがって，土壌のコアで化学物質のパルス移動を経時的に記録すると一定であるが，無限に速い抽出器でレジデント溶液のサンプルをモニターすると，速度は明らかに経時的に減少する．

解答 4.9

N 次モーメントを計算するため，(4.30) 式で与えられるフラックス確率密度関数のラプラス変換に (2.29) を用い，

$$\hat{f}^f(z;s) = \exp\left(\frac{Vz}{2D}(1-\zeta)\right) \tag{D.149}$$

$$\zeta = \sqrt{1 + \frac{4g(s)D}{V}} \tag{D.150}$$

$$g(s) = s + \frac{s\beta(R-1)}{s+\beta} \tag{D.151}$$

ここで，$\beta := \alpha/\rho_b$ である．微分の連鎖則によって

$$\frac{d\hat{f}^f}{ds} = \frac{dg}{ds}\frac{d\zeta}{dg}\frac{d\hat{f}^f}{d\zeta} \tag{D.152}$$

ここで，

$$\frac{d\hat{f}^f}{d\zeta} = -\frac{Vz}{2D}\hat{f}^f \xrightarrow{s\to 0} -\frac{Vz}{2D} \tag{D.153}$$

$$\frac{d\zeta}{dg} = \frac{2D}{V^2\zeta} \xrightarrow{s\to 0} \frac{2D}{V^2} \tag{D.154}$$

$$\frac{dg}{ds} = 1 + \frac{\beta(R-1)}{s+\beta} - \frac{\beta s(R-1)}{(s+\beta)^2} \xrightarrow{s\to 0} R \tag{D.155}$$

したがって，

$$-\frac{d\hat{f}^f}{ds} = \frac{z}{V\zeta}\frac{dg}{ds}\hat{f}^f \xrightarrow{s\to 0} \mathrm{E}_z(t) = \frac{Rz}{V} \tag{D.156}$$

同様に，

$$\frac{d^2\hat{f}^f}{ds^2} = \left[\frac{z}{V\zeta^2}\frac{d\zeta}{dg}\left(\frac{dg}{ds}\right)^2 + \left(\frac{z}{V\zeta}\right)^2\left(\frac{dg}{ds}\right)^2 - \frac{z}{V\zeta}\frac{d^2g}{ds^2}\right]\hat{f}^f \tag{D.157}$$

ここで，

$$\frac{d^2g}{ds^2} = -\frac{2\beta(R-1)}{(s+\beta)^2} + \frac{2\beta s(R-1)}{(s+\beta)^3} \xrightarrow{s\to 0} -\frac{2(R-1)}{\beta} \tag{D.158}$$

したがって，(D.157) で $s=0$ と置き，

$$\mathrm{E}_z(t^2) = \frac{2zDR^2}{V^3} + \frac{z^2R^2}{V^2} + \frac{2z\rho_b(R-1)}{\alpha V} \tag{D.159}$$

(D.156) を用いて,

$$\mathrm{Var}_z(t) = \frac{2zDR^2}{V^3} + \frac{2z\rho_b(R-1)}{\alpha V} \tag{D.160}$$

D.5　第5章の問題

解答 5.1

フラックス確率密度関数は (5.8) 式で与えられ，フラックス確率密度関数とレジデント確率密度関数との関係は (3.37) によって与えられる．したがって，

$$f_t^r(z) = -\frac{\partial}{\partial z}\int_0^t f^f(z,t')dt' = -\frac{dy}{dz}\frac{\partial}{\partial y}\int_0^t f^f(z,t')dt' = -\theta(z)\frac{\partial}{\partial y}\int_0^t f^f(z,t')dt' \tag{D.161}$$

フラックス確率密度関数 (5.8) は

$$z \longrightarrow y(z), \quad V \longrightarrow J_w, \quad D \longrightarrow E \tag{D.162}$$

を除いて，対流分散式のフラックス確率密度関数 (2.51) 式と同じである．したがって，上述のレジデント確率密度関数は上の変数を代入した対流分散式のレジデント確率密度関数に等しい．

解答 5.2

不均一土壌においても確率対流確率密度関数が維持できる条件は，地表に I 以下の水量が供給されたとき，深さ z に到達する確率が，地表に $I y(l)/y(z)$ 以下の水量が供給されたとき深さ l に到達する確率に等しくなることである．つまり，

$$P(z,I) = P(l, I\, y(l)/y(z)) \tag{D.163}$$

この式によって，以前に輸送体積のいろいろな部分において変動している平均貯留量に対する式 (2.64) が調節される．I を含む通過時間確率密度関数は I に関する cdf の微分であるので，

$$f^f(z,I) = \frac{dP(z,I)}{dI} = \frac{dP(l, I\, y(l)/y(z))}{dI} = \frac{y(l)}{y(z)} f^f\left(l, I\frac{y(l)}{y(z)}\right) \tag{D.164}$$

解答 5.3

アンサンブル平均は線形の演算子であるので，平均値は明らかに (5.20) で与えられる．Z の 2 次モーメントは

$$\mathrm{E}(Z^2) = \mathrm{E}\left[\sum_{i=1}^{N} Z_i \sum_{j=1}^{N} Z_j\right] = \sum_{i=1}^{N}\sum_{j=1}^{N} \mathrm{E}(Z_i Z_j) \tag{D.165}$$

いま，

$$\mathrm{E}(Z_i Z_j) = \mu_i \mu_j + \rho_{ij}\,\sigma_i\,\sigma_j \tag{D.166}$$

と表す．これは (5.18) 式から得られる．したがって，

$$\mathrm{Var}(Z) = \mathrm{E}(Z^2) - \mathrm{E}^2(Z) \tag{D.167}$$

であるので，(5.21) は正しいと言える．

解答 5.4†

(5.12), (5.25), (5.31) 式から，$z = 2l$ におけるフラックス確率密度関数は

$$f^f(2l,t) = \int_0^\infty \int_0^\infty \delta(t - t_1 - t_2) f_1^f(l, t_1) \delta(t_2 - \alpha t_1^\beta) dt_1 dt_2 \tag{D.168}$$

ここで，$\beta := \sigma_2/\sigma_1$, $\alpha := \exp(\mu_2 - \mu_1 \sigma_2/\sigma_1)$ である．t_2 に関して積分すると，

$$f^f(2l,t) = \int_0^\infty \delta(t - t_1 - \alpha t_1^\beta) f_1^f(l, t_1) dt_1 \tag{D.169}$$

もし，

$$g(t_1) := t_1 + \alpha t_1^\beta \tag{D.170}$$

と定義すると，(2.10) 式によって積分され，

$$f^f(2l,t) = f_1^f(l, g^{-1}(t)) \Big/ \frac{dg}{dt_1}(g^{-1}(t)) \tag{D.171}$$

となる．ここで，$g^{-1}(t)$ は式

$$t - x - \alpha x^\beta = 0 \tag{D.172}$$

の根 x である．これはニュートンラプソン法 (Press et al., 1986) や他の方法によってある t 値に

対して速やかに求められる．ここで，次式が成立つことに注意しておく．

$$\frac{dg}{dt_1} = 1 + \beta\alpha t_1^{\beta-1} \tag{D.173}$$

したがって，$t^* = g^{-1}(t)$ と置くと，式 (D.171) は

$$f^f(2l,t) = \frac{f_1^f(l,t^*)}{1+\beta\alpha t^{*\beta-1}} \tag{D.174}$$

ここで，

$$t - t^* - \alpha t^{*\beta} = 0 \tag{D.175}$$

及び，$f_1^f(l,t^*)$ は $t=t^*$ において計算した第1層の対数型の通過時間確率密度関数である．

解答 5.5†

レジデント確率密度関数は (3.37) 式を (D.168) に適用して計算される．したがって，(3.44) 式から

$$f^r(z,t) = \frac{t}{z}f_1^f(z,t) \; ; \quad z < l \tag{D.176}$$

$z = l$ 以下では，下層の厚さは $z-l$ となり，(5.30) 式の関係は

$$\frac{\ln(t_1) - \mu_1}{\sigma_1} = \frac{\ln(t_2 l/(z-l)) - \mu_2}{\sigma_2} \tag{D.177}$$

となる．ここで各層の μ と σ は，基準厚さ l に関して定義される．したがって，

$$t_2 = \frac{z-l}{l} \exp\left(\mu_2 - \mu_1 \frac{\sigma_2}{\sigma_1}\right) t_1^{\sigma_2/\sigma_1} = \alpha(z) t_1^\beta \tag{D.178}$$

それ故，$z > l$ におけるレジデント確率密度関数は，

$$f^r(z,t) = -\frac{\partial}{\partial z}\int_0^t \int_0^\infty \int_0^\infty \delta(t'-t_1-t_2) f_1^f(l,t_1)\delta(t_2 - \alpha(z)t_1^\beta)dt_1 dt_2 dt' \; ; \quad z > l \tag{D.179}$$

t' と t_2 に関して積分すると，(2.14) 式によって

$$\begin{aligned}f^r(z,t) &= -\frac{\partial}{\partial z}\int_0^\infty H(t-t_1-\alpha(z)t_1^\beta) f_1^f(l,t_1)dt_1 \\ &= \int_0^\infty \delta(t-t_1-\alpha(z)t_1^\beta)\frac{d\alpha(z)}{dz} t_1^\beta f_1^f(l,t_1)dt_1\end{aligned} \tag{D.180}$$

を得る．したがって，前問と同じ手法に従って，

$$f^r(z,t) = \frac{d\alpha(z)}{dz} t^{*\beta} f_1^f(l,t^*) \Big/ \left(1 + \beta\alpha(z) t^{*\beta-1}\right) \tag{D.181}$$

を得る．ここで，t^* は

$$t - t^* - \alpha(z) t^{*\beta} = 0 \tag{D.182}$$

の根である．

解答 5.6

(3.2) 式によって，レジデント流体の濃度は

$$C_l^r(z,t) = -\int_0^t V \frac{\partial C^f(z,t)}{\partial z} dt \tag{D.183}$$

に等しい．したがって，レジデント濃度の連続の条件は，すべての t に対して

$$0 = C_{1l}^r(l,t) - C_{2l}^r(l,t) = -\int_0^t \left(V\frac{\partial C_1^f}{\partial z} - V\frac{\partial C_2^f}{\partial z}\right) dt \tag{D.184}$$

に等しい．したがって，積分の変数は消去される．

解答 5.7

領域 1 は確率対流であるので (2.68) によって，領域 1 における分散は，

$$\mathrm{Var}_z(t) = \left(\frac{z}{l}\right)^2 \mathrm{Var}_l(t) \; ; \; 0 < z < l \tag{D.185}$$

2 つの層は同一であるが，$z > l$ の深さでは相関がないので，平均値と分散値は

$$\mathrm{E}_z(t) = \frac{z}{l} \mathrm{E}_l(t) \; ; \; 0 > z \tag{D.186}$$

$$\mathrm{Var}_z(t) = \mathrm{Var}_l(t) + \mathrm{Var}_{z-l}(t) \; ; \; 0 < z < l \tag{D.187}$$

しかし，厚さ $z-l$ の第 2 層も確率対数であり，基準厚さ l に関して，第 2 層は

$$\mathrm{Var}_{z-l}(t) = \left(\frac{z-l}{l}\right)^2 \mathrm{Var}_l(t) \tag{D.188}$$

に従う．したがって，(D.187) は

$$\mathrm{Var}_z(t) = \left(1 + \left(\frac{z-l}{l}\right)^2\right)\mathrm{Var}_l(t)\ ;\ z > l \tag{D.189}$$

になる．(2.57)-(2.58) から，一般化された分散度 λ は

$$\lambda := \frac{D}{V} = \frac{z}{2}\frac{\mathrm{Var}_z(t)}{\mathrm{E}_z{}^2(t)} \tag{D.190}$$

したがって，上式を (D.190) 式に代入すると，見かけの分散度は

$$\frac{\lambda_z}{\lambda_l} = \begin{cases} \frac{z}{l} & ,\ 0 < z < l\ ; \\ \frac{l}{z}\left(1 + \left(\frac{z-l}{l}\right)^2\right) & ,\ z > l \end{cases} \tag{D.191}$$

したがって，見かけの分散度は l と $\sqrt{2}l$ の間で λ_l から $0.83\lambda_l$ まで減少し，その先増大して，$z = 2l$ における λ_l 値に到る．

解答 5.8

領域 1 の分散は前問と変わらない．さらに，すべての z に対する分散は，

$$\mathrm{Var}_z(t) = \left(\frac{z}{l}\right)^2 \mathrm{Var}_l(t) \tag{D.192}$$

に従う．それは，各層の分散が単位長さ当たりの分散と同じであり，各層が完全な相関関係をもっているためである．しかし，この問題の場合，平均通過時間は

$$\mathrm{E}_z(t) = \begin{cases} \frac{z}{l}\mathrm{E}_l(t) & ,\ 0 < z < l\ ; \\ \left(1 + 2\frac{z-l}{z}\right)\mathrm{E}_l(t) & ,\ l < z < 2l\ ; \\ \frac{z+l}{l}\mathrm{E}_l(t) & ,\ z > 2l \end{cases} \tag{D.193}$$

に従う．この場合，見かけの分散度は次のスケールを持ち，z に依存する．

$$\frac{\lambda_z}{\lambda_l} = \begin{cases} \frac{z}{l} & ,\ 0 < z < l\ ; \\ \frac{(z/l)^3}{(2z/l-1)^2} & ,\ l < z < 2l\ ; \\ \frac{(z/l)^3}{(z+l)^2} & ,\ z > 2l \end{cases} \tag{D.194}$$

この式は値が $l < z < 2l$ の範囲で減少し，0.84 の最小値に到り，その後増加に転じることを表している．

これら2つの問題の結果が意味することは，不均一性や境界面についての全く異なる2つの仮定を用いているにもかかわらず分散度の変化に対して同じ構造が作り出されていることである．最初の場合は，境界面における相関構造は地下流出によって側方混合が強化された結果であろう．2番目の場合，境界面では混合はたぶん起こらず，単に平均的な層の特性が変化したものであった．

異なる平均値や分散をもつ領域を考えると，さらに多くの変化が起こりうる．したがって，通過時間確率密度関数の分散構造は不均一土壌における境界面の相関を表すには不十分である．

解答 5.9

不連続性を示すため，境界面のそれぞれの側でレジデント濃度を計算する．上面では，(D.51) から

$$\hat{C}_l^r(z;s) \longrightarrow \frac{2}{1+\xi_1} \exp\left(-\frac{V_1 l(1-\xi_1)}{2D_1}\right) \; ; \; z \uparrow l \tag{D.195}$$

を得る．ここで，$\xi_1 := \sqrt{1 + 4sD_1/V_1^2}$ である．下面側では (2.50), (3.7), (5.24) 式から，

$$\hat{C}_l^r(z;s) \longrightarrow \frac{2}{1+\xi_2} \exp\left(-\frac{V_1 l(1-\xi_1)}{2D_1}\right) \; ; \; z \downarrow l \tag{D.196}$$

を得る．ここで，$\xi_2 := \sqrt{1 + 4sD_2/V_2^2}$ である．したがって，$\xi_1 = \xi_2$（これは均一土壌においてのみ成り立つ）でなければ，$z = l$ においてレジデント濃度の不連続性がある．

解答 5.10†

各領域におけるフラックス濃度に対する偏微分方程式は対流分散式であるから，各領域の一般解のラプラス変換は (2.49) 式によって次のように与えられる．

$$\hat{C}_{1L}^f(z;s) = A_1 \exp\left(\frac{V_1 z}{2D_1}(1-\xi_1)\right) + B_1 \exp\left(\frac{V_1 z}{2D_1}(1+\xi_1)\right) \; ; \; 0 \leq z < L_1 \tag{D.197}$$

$$\hat{C}_{2L}^f(z;s) = A_2 \exp\left(\frac{V_2 z}{2D_2}(1-\xi_2)\right) + B_2 \exp\left(\frac{V_2 z}{2D_2}(1+\xi_2)\right) \; ; \; z > L_1 \tag{D.198}$$

ここで，$\xi_i := \sqrt{1 + 4sD_i/V_i^2}$, $i = 1, 2$ である．フラックス確率密度関数の解を求めているので，上部境界の条件は $\delta(t)$ の流入フラックスとなる．したがって，

$$\hat{C}_{1L}^f(0;s) = A_1 + B_1 = 1 \tag{D.199}$$

この解は $z = \infty$ で有限でなければならない．

$$\hat{C}_{2L}^f(\infty;s) = B_2 = 0 \tag{D.200}$$

フラックス濃度とレジデント濃度の連続性は (5.39) − (5.40) から

$$\begin{aligned} A_1 \omega_1 + (1-A_1)\omega_2 &= A_2 \omega_3 \\ A_1(1-\xi_1)\omega_1 + (1-A_1)(1+\xi_1)\omega_2 &= A_2 \chi(1-\xi_2)\omega_3 \end{aligned} \tag{D.201}$$

ここで,
$$\omega_1 := \exp\left(\frac{V_1 L_1}{2D_1}(1-\xi_1)\right), \ \omega_2 := \exp\left(\frac{V_1 L_1}{2D_1}(1+\xi_1)\right), \ \omega_3 := \exp\left(\frac{V_2 L_1}{2D_2}(1-\xi_2)\right) \tag{D.202}$$

$$\chi := \frac{V_2^2 D_1}{V_1^2 D_2} \tag{D.203}$$

したがって,(D.201) の A_2 を消去すると,
$$\begin{aligned} A_1 &= \frac{((1+\xi_1) - \chi(1-\xi_2))\omega_2}{\chi(1-\xi_2)(\omega_1-\omega_2) + (1+\xi_1)\omega_2 - (1-\xi_1)\omega_1} \\ B_1 &= 1 - A_1 \\ A_2 &= \frac{A_1(\omega_1-\omega_2) + \omega_2}{\omega_3} \end{aligned} \tag{D.204}$$

解答 5.11

表層では,フラックス確率密度関数は (4.67) 式で与えられる.
$$f^f(z,t) = \exp(-\mu t) f_m^f(z,t) \tag{D.205}$$

ここで,$f_m^f(z,t)$ は可動の,非減衰化学物質の確率対流確率密度関数である.

$z > l$ の深さでは,通過時間 t は次式で与えられる.
$$f^f(z,t) = \int_0^\infty \delta\left(t - \frac{zt'}{l}\right) \exp(-\mu t') f_m^f(z,t') dt' \tag{D.206}$$

ここで,デルタ関数によって課せられている条件 $t = zt'/l$ は確率対流仮説を表し,$\exp(-\mu t') f_m^f(z,t')$ は $0 < z < l$ の範囲における t の通過時間確率密度関数である.したがって,$z > l$ の場合,
$$f^f(z,t) = \frac{l}{z} \exp\left(-\mu t \frac{l}{z}\right) f_m^f\left(z, t\frac{l}{z}\right) \tag{D.207}$$

D.6 第 6 章の問題

解答 6.1

まずリチャーズ式 (6.42) にスケーリングの関係 (6.27)-(6.28) を代入する.α_i が局所的に一定であると仮定すると,新たに

D.6 第6章の問題

$$\frac{\partial \theta}{\partial t} = \alpha_i \frac{\partial}{\partial z}\left(K^*(\theta)\frac{\partial \psi^*}{\partial z}\right) - {\alpha_i}^2 \frac{\partial}{\partial z}K^*(\theta) \tag{D.208}$$

と表すことができる．次に，時間変数と空間変数 $T := t/\tau$, $X := z/\zeta$ を定義し，(D.208) に代入すると，

$$\frac{\partial \theta}{\partial T} = \frac{\tau \alpha_i}{\zeta^2}\frac{\partial}{\partial X}\left(K^*(\theta)\frac{\partial \psi^*}{\partial X}\right) - \frac{\tau {\alpha_i}^2}{\zeta}\frac{\partial}{\partial X}K^*(\theta) \tag{D.209}$$

最後に，

$$\frac{\tau \alpha_i}{\zeta^2} = 1 \;,\; \frac{\tau {\alpha_i}^2}{\zeta} = 1 \tag{D.210}$$

これは次の解をもつ．

$$\begin{aligned}\tau &= {\alpha_i}^{-3} \implies T = {\alpha_i}^3 t \\ \zeta &= {\alpha_i}^{-1} \implies X = \alpha_i z\end{aligned} \tag{D.211}$$

したがって，一組の境界及び初期条件 (これらもスケーリングされている) を与えて次式を解く必要がある．

$$\frac{\partial \theta}{\partial T} = \frac{\partial}{\partial X}\left(K^*(\theta)\frac{\partial \psi^*}{\partial X}\right) - \frac{\partial}{\partial X}K^*(\theta) \tag{D.212}$$

(D.211) を用いて，解 $\theta(X,T)$ は局所解 $\theta_i(z,t)$ に変換される．この式の誘導と適用については，Warrick and Amoozegar-Fard (1982) によって公表されている．

解答 6.2

α と V との関係は (6.35) 式で与えられる．これを (6.37) 式に代入すると，

$$f_V(V) = \begin{cases} \frac{1}{2\beta V}f_Y\left(\frac{\ln(V)-\gamma}{2\beta}\right) & ,\; \ln(V) > 2\beta Y_P + \gamma \\ \frac{1}{2V}f_Y\left(\frac{\ln(V)-\eta}{2}\right) & ,\; \ln(V) \leq 2Y_P + \eta \end{cases} \tag{D.213}$$

ここで，γ, β, Y_P は (6.36) で定義される．これらの定義から次式を示すのは容易である．

$$2\beta Y_P + \gamma = 2Y_P + \eta = \ln\left(\frac{i_0}{\theta_s}\right) \tag{D.214}$$

したがって，

$$\int_0^\infty f_V(V)dV = \int_{-\infty}^\infty f_V(\ln(V))d\ln(V)$$
$$= \int_{-\infty}^{\ln(i_0/\theta_s)} f_Y((x-\eta)/2)\frac{dx}{2} + \int_{\ln(i_0/\theta_s)}^\infty f_Y((x-\gamma)/2\beta)\frac{dx}{2\beta} \quad \text{(D.215)}$$
$$= \int_{-\infty}^{(\ln(i_0/\theta_s)-\eta)/2} f_Y(\xi)d\xi + \int_{(\ln(i_0/\theta_s)-\gamma)/2\beta}^\infty f_Y(\xi)d\xi = 1$$

それは
$$\frac{\ln(i_0/\theta_s)-\eta}{2} = \frac{\ln(i_0/\theta_s)-\gamma}{2\beta} = \frac{\ln(i_0/K_s^*)}{2} \quad \text{(D.216)}$$

が成り立つからである．したがって，$f_Y(Y)$ は正規化される．

解答 6.3

地下水では，間隙率 ϕ が一定ならば，対流分散式は次のように表すことができる．
$$\frac{\partial C^f}{\partial t} + \frac{J_w}{\phi}\frac{\partial C^f}{\partial z} - D\frac{\partial^2 C^f}{\partial z^2} = 0 \quad \text{(D.217)}$$

いま $I = J_w t$ とおくと，(D.217) 式は
$$\frac{\partial C^f}{\partial I} + \frac{1}{\phi}\frac{\partial C^f}{\partial z} - \frac{D}{J_w}\frac{\partial^2 C^f}{\partial z^2} = 0 \quad \text{(D.218)}$$

仮定によって ϕ は一定であるので，この式は，J_w の関数として，
$$\frac{D}{J_w} = \text{constant} \implies \lambda := \frac{D}{V} = \text{constant} \quad \text{(D.219)}$$

ならば不変である．これは対流分散式では通常真であると仮定されている．

解答 6.4

第 1 層に対して解くべき式は
$$L\frac{d\theta_1}{dt} = F - K_0 \exp(\beta(\theta_1 - \theta_0)) \ , \quad \theta_1(N\Delta t) = \theta_{1i} \quad \text{(D.220)}$$

ここで，
$$F := \frac{1}{\Delta t}\int_{N\Delta t}^{(N+1)\Delta t} J_w(0,t')dt' \quad \text{(D.221)}$$

は，$N\Delta t \leq t < (N+1)\Delta t$ 間の平均水入力フラックスである．(D.220) 式は積分によって書き直される．

$$\frac{\Delta t}{L} = \int_{\theta_1}^{\theta_{1f}} \frac{d\theta_1}{F - K_0 \exp(\beta(\theta_1 - \theta_0))} \tag{D.222}$$

ここで，$\theta_{1f} = \theta_1(N+1)\Delta t$ である．

$$y := F - K_0 \exp(\beta(\theta_1 - \theta_0)), \quad dy = \beta(y-F)d\theta_1 \tag{D.223}$$

とすると，積分 (D.222) は

$$\frac{\Delta t}{L} = \frac{1}{\beta F} \int_{y_i}^{y_f} \left(\frac{1}{y-F} - \frac{1}{y}\right) dy = \frac{1}{\beta F}\left(\frac{y_f - F}{y_f} \frac{y_i}{y_i - F}\right) \tag{D.224}$$

したがって，$y_f = y(\theta_f)$ に対する解は

$$y_f = \frac{F}{1-\omega} \tag{D.225}$$

ここで，

$$\omega := \frac{y_i - F}{y_i} \exp\left(\frac{\beta F \Delta t}{L}\right) \tag{D.226}$$

したがって，θ_f に対する解は

$$\theta_f = \theta_0 + \frac{1}{\beta} \ln\left(\frac{F - y_f}{K_0}\right) \tag{D.227}$$

これを各層についてくり返すことができ，初期条件として $t = N\Delta t$ における各層の θ の値を用い，F に対しては $N\Delta t \leq t < (N+1)\Delta t$ の間，層に対する平均流入フラックスを用いる．第 2 層の場合，これは

$$F = \overline{J_{\omega_2,\text{in}}} = \overline{J_{\omega_1,\text{out}}} = L(\theta_{1f} - \theta_{1i}) \tag{D.228}$$

に等しくなる．

解答 6.5†

確率密度関数 $f_P(I|t)$ は時間 t で給水量 I となる確率密度である．気象を定める 2 つの確率密度関数は $f_\tau(\tau)$ と $f_h(h)$ である．ここで，τ は降雨の時間間隔，h は降雨間の水量である．これらは次式で与えられる．

$$f_\tau(\tau) = \omega \exp(-\omega\tau) \tag{D.229}$$

$$f_h(h) = \frac{\lambda^\kappa h^{\kappa-1} \exp(-\lambda h)}{\Gamma(\kappa)} \tag{D.230}$$

時間 t 内に ν 回の降雨がある確率は 0 と t の間で ν 回間隔がある確率と同じであり，時間間隔の合計は t に等しい．したがって，

$$f_\nu(t) = \int_0^\infty \cdots \int_0^\infty \delta\left(t - \sum_{j=1}^\nu \tau_j\right) f_\tau(\tau_1) \cdots f_\tau(\tau_\nu) d\tau_1 \cdots d\tau_\nu \tag{D.231}$$

ここで，時間間隔は独立と仮定した．(D.231) 式はラプラス変換の演算を用いて容易に計算できる．$f_\nu(t)$ の変換は，(D.228) と (C.4) によって，

$$\begin{aligned}
\hat{f}_\nu(t) &= \int_0^\infty f_\nu(t) \exp(-st) dt \\
&= \int_0^\infty \cdots \int_0^\infty \exp\left(-s\sum_{j=1}^\nu \tau_j\right) f_\tau(\tau_1) \cdots f_\tau(\tau_\nu) d\tau_1 \cdots d\tau_\nu \\
&= \prod_{j=1}^\nu \int_0^\infty \exp(-s\tau_j) f_\tau(\tau_j) d\tau_j \\
&= \prod_{j=1}^\nu \hat{f}_\tau(s) \left(\frac{\omega}{\omega+s}\right)^\nu
\end{aligned} \tag{D.232}$$

(D.232) の逆変換は移動定理 (A.33) と (C.3) を用いて計算できる．これによって，

$$\mathcal{L}^{-1}\left(\left(\frac{\omega}{\omega+s}\right)^\nu\right) = \omega^\nu \exp(-\omega t)\mathcal{L}^{-1}\left(\left(\frac{1}{s}\right)^\nu\right) = \frac{\omega^\nu \exp(-\omega t) t^\nu}{\nu!} \tag{D.233}$$

が得られる．同様に ν 回の降雨の水量は次式で与えられる．

$$f_\nu(I) = \int_0^\infty \cdots \int_0^\infty \delta\left(I - \sum_{j=1}^\nu h_j\right) f_h(h_1) \cdots f_h(h_\nu) dh_1 \cdots dh_\nu \tag{D.234}$$

(D.234) のラプラス変換は，(D.230) によって

$$\hat{f}_\nu(s) = \int_0^\infty f_\nu(I) \exp(-sI) dI = \prod_{j=1}^\nu \hat{f}_h(s) = \prod_{j=1}^\nu \left(\frac{\lambda}{\lambda+s}\right)^\kappa = \left(\frac{\lambda}{\lambda+s}\right)^{\nu\kappa} \tag{D.235}$$

ここでは，

$$\mathcal{L}\left(\frac{\lambda^\kappa h^{\kappa-1}\exp(-\lambda h)}{\Gamma(\kappa)}\right) = \left(\frac{\lambda}{\lambda+s}\right)^\kappa \tag{D.236}$$

D.6 第6章の問題

を用いた (Abromowitz and Stegun, 1970). 最後に, (D.236) の逆変換は

$$f_\nu(I) = \mathcal{L}^{-1}\left(\left(\frac{\lambda}{\lambda+s}\right)^{\nu\kappa}\right)\lambda^{\nu\kappa} = \exp(-\lambda I)\mathcal{L}^{-1}\left(\left(\frac{1}{s}\right)^{\nu\kappa}\right)$$
$$= \frac{\lambda^{\nu\kappa}\exp(-\lambda I)I^{\nu\kappa-1}}{\Gamma(\nu\kappa)} \tag{D.237}$$

これは, ν 回の降雨で水量 I となる確率を定義する確率密度関数である. したがって, 時間 t に水量が I となる確率を定義する条件付確率密度関数は, 起こりうるすべての降雨について合計することによって得られる.

$$f_P(I|t) = \sum_{\nu=1}^{\infty} f_\nu(I)f_\nu(t) = \sum_{\nu=1}^{\infty}\frac{\lambda^{\nu\kappa}I^{\nu\kappa-1}}{\Gamma(\nu\kappa)}\exp(-\lambda I)\frac{\omega^\nu\exp(-\omega t)t^\nu}{\nu!} \tag{D.238}$$

I について積分すると

$$\int_0^\infty f_P(I|t)dI = \sum_{\nu=1}^{\infty}\int_0^\infty \frac{\lambda^{\nu\kappa}I^{\nu\kappa-1}}{\Gamma(\nu\kappa)}\exp(-\lambda I)dI\frac{\omega^\nu\exp(-\omega t)t^\nu}{\nu!}$$
$$= \sum_{\nu=1}^{\infty}\frac{\omega^\nu\exp(-\omega t)t^\nu}{\nu!} = 1-\exp(-\omega t) \tag{D.239}$$

が得られることに注意しよう. したがって, 時間 t において, 降水量がない確率 $P(0|t) = \exp(-\omega t)$ が存在する. この誘導については Eagleson (1978) によって説明されている.

解答 6.6

z における平面を通過する単位面積当たりの積算質量 M は次式で与えられる.

$$\begin{aligned}
M &= \int_0^\infty C^f(z,I)dI \\
&= \int_0^\infty \int_0^I C^f(0,I-I')f^{SS}(z,I-I'-\Delta W(0))dI'dI \\
&= \int_0^\infty \int_0^I C^f(0,I')f^{SS}(z,I-I'-\Delta W(0))dI'dI \\
&= \int_0^\infty \int_0^\infty C^f(0,I')f^{SS}(z,I-I'-\Delta W(0))dI'dI
\end{aligned} \tag{D.240}$$

ここで, 最後の行の積分限界値の変化は I の負値に対して確率密度関数が 0 という条件から得られ

る．いま I に関して積分すると，

$$\begin{aligned}
M &= \int_0^\infty C^f(0, I') \int_0^\infty f^{SS}(z, I - I' - \Delta W(0)) dI dI' \\
&= \int_0^\infty C^f(0, I') \int_{I'+\Delta W(0)}^\infty f^{SS}(z, I - I' - \Delta W(0)) dI dI' \\
&= \int_0^\infty C^f(0, I') \int_0^\infty f^{SS}(z, X) dX dI' \\
&= \int_0^\infty C^f(0, I') dI'
\end{aligned} \tag{D.241}$$

しかし，最後の行は地表への質量の流入を表す．したがって，質量は輸送体積中では保存される．

解答 6.7

(6.20) 式の分子は (6.19) 式を用いて

$$\int_0^\infty f_P(I|t) f_a^f(l, I) dI = A \sum_{\nu=1}^\infty \frac{\Omega_\nu(t)(\eta\kappa)_{\nu\kappa}}{\Gamma(\nu\kappa)} \int_0^\infty \exp(-I(\beta/R + \eta\kappa)) I^{\nu\kappa+\alpha-1} dI \tag{D.242}$$

ここで，

$$\Omega_\nu(t) := (\omega t)^\nu \frac{\exp(-\omega t)}{\nu!} \ , \quad A := \frac{1}{\alpha!}\left(\frac{\beta}{R}\right)^{1+\alpha} \tag{D.243}$$

(D.39) を用いて，(D.242) は

$$\int_0^\infty f_P(I|t) f_a^f(l, I) dI = B \sum_{\nu=1}^\infty \Omega_\nu(t) \chi^{\nu\kappa} \frac{\Gamma(\nu\kappa+\alpha)}{\Gamma(\nu\kappa)} \tag{D.244}$$

ここで，

$$B := \frac{A}{(\beta/R + \eta\kappa)^\alpha} \ , \quad \chi := \frac{1}{1 + \beta/\eta\kappa R} \tag{D.245}$$

同様に，(6.20) 式の分母は

$$\int_0^\infty \int_0^\infty f_P(I|t) f_a^f(l, I) dI = \frac{B}{\omega} \sum_{\nu=1}^\infty \chi^{\nu\kappa} \frac{\Gamma(\nu\kappa+\alpha)}{\Gamma(\nu\kappa)} \tag{D.246}$$

(D.246) に対する (D.244) の比は，(6.21) 式に等しい．

D.6 第6章の問題

解答 6.8†

この特殊な場合の通過時間積算分布関数 (cdf) は

$$P(t) = P_a^f(N\ H)\ ,\quad t = (N-1)\tau\ ,\quad N = 1, 2, \cdots, \tag{D.247}$$

ここで,

$$P_a^f(I) = \int_0^I f_a^f(I) dI \tag{D.248}$$

したがって, 通過時間確率密度関数 $f(t)$ は (D.247) の時間微分に等しいか, あるいは

$$f(t) = \sum_{N=1}^{\infty} \left(P_a^f(N\ H) - P_a^f((N-1)H) \right) \delta(t - (N-1)\tau) \tag{D.249}$$

これは正規化されている.

したがって, 右辺の平均値は

$$\mathrm{E}(\exp(-\mu t)) = \sum_{N=1}^{\infty} \left(P_a^f(N\ H) - P_a^f((N-1)H) \right) \exp(-\mu(t-(N-1)\tau)) \tag{D.250}$$

解答 6.9

(6.27) によって, 飽和透水係数 K_s は基準値の K_s^* に対して,

$$K_s = \alpha^2 K_s^* \tag{D.251}$$

の関係がある. したがって, 問 4.4 で示したように, α が対数正規に分布していれば, K_s は対数正規分布していて, 次にパラメータをもつ.

$$\mu_K = \ln(K_s^*) + 2\mu_\alpha \qquad \sigma_K = 2\sigma_\alpha \tag{D.252}$$

K_s のモード, 中央値, 平均は (Aitcheson and Brown, 1976) .

$$\begin{aligned}
\text{mode}: &\quad \exp(\mu_K - \sigma_K^2) = K_s^* \exp(2\mu_\alpha - 4\sigma_\alpha^2) \\
\text{median}: &\quad \exp(\mu_K) = K_s^* \exp(2\mu_\alpha) \\
\text{mean}: &\quad \exp(\mu_K - \sigma_K^2/2) = K_s^* \exp(2\mu_\alpha - 2\sigma_\alpha^2)
\end{aligned} \tag{D.253}$$

以下の表は2つの α 分布から計算した K_s 分布の特徴を要約している. これら2つの分布は明らかに異なっており, Warrick et al. (1977) によって解析された圃場における幾何学的相似スケーリングが成り立たないことを示している.

Origin of Distriburion	Properties of Computed $f(K_s)$		
	Mode [cm/hr]	Median [cm/hr]	Mean [cm/hr]
α from $\psi(\theta)$	2.72	7.71	13.0
α from $K(\theta)$	0.01	2.89	44.7

D.7　第7章の問題

解答 7.1

分散 (7.3) は次のように表される.

$$\frac{\text{Var}_z(t)}{\sigma^2} = \sum_{i=1,j=1}^{N} \rho^{|i-j|} = N + 2\sum_{i=1,j=i+1}^{N} \rho^{i-j} \tag{D.254}$$

テイラー級数展開

$$\sum_{j=0}^{\infty} \rho^j = \frac{1}{1-\rho} \,;\, 0 < \rho < 1 \tag{D.255}$$

から得られるよく知られた結果を用いると，次のように簡単に拡張できる．

$$\sum_{j=N}^{\infty} \rho^j = \rho^N \sum_{j=0}^{\infty} \rho^j = \frac{\rho^N}{1-\rho} \tag{D.256}$$

$$\sum_{j=0}^{N} \rho^j = \sum_{j=0}^{\infty} \rho^j - \sum_{j=N+1}^{\infty} \rho^j = \frac{1-\rho^{N+1}}{1-\rho} \tag{D.257}$$

したがって，

$$\begin{aligned}\frac{\text{Var}_z(t)}{\sigma^2} &= N + 2\sum_{i=1,j=i+1}^{N} \rho^{i-j} = N + 2\sum_{i=1}^{N}\sum_{k=1}^{N-i} \rho^k \\ &= N + 2\sum_{i=1}^{N}\left[\sum_{k=1}^{\infty} \rho^k - \sum_{k=N-i+1}^{\infty} \rho^k\right] = N + \frac{2\rho N}{1-\rho} - \frac{2}{1-\rho}\sum_{i=1}^{N} \rho^{N-i+1} \\ &= N + \frac{2\rho N}{1-\rho} - \frac{2}{1-\rho}\sum_{k=1}^{N} \rho^k = N + \frac{2\rho N}{1-\rho} - \frac{2(\rho - \rho^{N+1})}{(1-\rho)^2}\end{aligned} \tag{D.258}$$

解答 7.2

$z = \Delta z$ では，分散度に対する式 (7.9) は次のようになる．

$$\lambda = \gamma \,,\, z = \Delta z \tag{D.259}$$

$z \longrightarrow \infty$ では，指数項が消えて

$$\lambda \longrightarrow \gamma \frac{1+\rho}{1-\rho} , \quad z \longrightarrow \infty \tag{D.260}$$

したがって，相関係数は漸近的分散度がどれほど大きくなるかを決定付ける．

解答 7.3

通過時間の 2 次モーメント (7.24) は

$$E_z(t^2) = E\left(\int_0^t \int_0^t \frac{dx}{v(x)} \frac{dy}{v(y)}\right) = \int_0^t \int_0^t E\left(\frac{1}{v(x)} \frac{1}{v(y)}\right) dx dy \tag{D.261}$$

しかし，$1/v(z)$ は 2 次のオーダで満足するので，(7.13) 式によって

$$E_z(t^2) = \left(\frac{z}{V}\right)^2 + \int_0^z \int_0^{z+h} \text{Cov}\left(\frac{1}{\zeta(x)}, \frac{1}{\zeta(x+h)}\right) dx dh \tag{D.262}$$

自己相関関数 (7.16) を (D.262) の共分散に代入すると，(7.27) 式を得る．

解答 7.4

運動方向が z 軸に一致し，$\boldsymbol{\sigma}$ が対角上にくるように座標系を回転することができる．この場合，多変数ガウス型 (7.38) は次のようになる．

$$f(\boldsymbol{x},t) = \prod_{j=1}^3 \frac{1}{\sqrt{2\pi\sigma_{jj}}} \exp\left(-\frac{1}{2}\frac{(x_j - \overline{u}_j t)^2}{\sigma_{jj}}\right) \tag{D.263}$$

ここで，$\boldsymbol{x} = (x, y, z)$, $\boldsymbol{u} = (0, 0, \overline{u})$, $\boldsymbol{\sigma}$ は時間の関数である．(D.263) を直接微分すると，

$$\frac{\partial f(\boldsymbol{x},t)}{\partial t} = \left[\sum_{j=1}^3 \frac{1}{2}\frac{d\sigma_{jj}}{dt}\left(\frac{(x_j - \overline{u}_j t)^2}{\sigma_{jj}^2} - \frac{1}{\sigma_{jj}}\right) + \sum_{j=1}^3 \frac{(x_j - \overline{u}_j t)\overline{u}_j}{\sigma_{jj}}\right] f(x,t) \tag{D.264}$$

$$\frac{\partial f(\boldsymbol{x},t)}{\partial x_j} = -\left[\frac{x_j - \overline{u}_j t}{\sigma_{jj}}\right] f(x,t) \tag{D.265}$$

$$\frac{\partial^2 f(\boldsymbol{x},t)}{\partial x_j^2} = \left[\frac{(x_j - \overline{u}_j t)^2}{\sigma_{jj}^2} - \frac{1}{\sigma_{jj}}\right] f(x,t) \tag{D.266}$$

ここでは，(7.41) 式から

$$D_{jj} = \frac{1}{2}\frac{d\sigma_{jj}}{dt} \tag{D.267}$$

である．(D.265) − (D.267) を (D.264) に代入すると，

$$\frac{\partial f}{\partial t} = \sum_{j=1}^{3} D_{jj} \frac{\partial^2 f}{\partial x_j{}^2} - \sum_{j=1}^{3} \overline{u}_j \frac{\partial f}{\partial x_j} \tag{D.268}$$

これは (7.39) 式の対角項の式である．

解答 7.5

X_j のときの確率変数値は

$$\begin{aligned}
Z_j - m &= \rho(Z_{j-1} - m) + \phi s \xi_j \\
&= \rho(\rho(Z_{j-2} - m) + \phi s \xi_{j-1}) + \phi s \xi_j \\
&\quad \vdots \\
&= \rho^{j-k}(Z_{j-k} - m) + \phi s \sum_{i=k+1}^{j} \rho^{j-i} \xi_i
\end{aligned} \tag{D.269}$$

ここで，$\phi := \sqrt{1 - \rho^2}$ である．したがって，(7.15) によって

$$\begin{aligned}
\gamma(x_j - x_k) &= \frac{1}{2} \mathrm{Var}(Z_j - Z_k) = \frac{1}{2} \mathrm{E}\left[((Z_j - m) - (Z_k - m))^2\right] \\
&= \frac{1}{2} \mathrm{E}\left[((1 - \rho^{j-k})(Z_{j-k} - m) + \phi s \sum_{i=k+1}^{j} \rho^{j-i} \xi_j)^2\right] \\
&= \frac{s^2}{2}(1 - \rho^{j-k})^2 + \frac{s^2}{2}(1 - \rho^2) \sum_{i=k+1}^{j} \rho^{2(j-i)} \\
&= s^2(1 - \rho^{j-k})
\end{aligned} \tag{D.270}$$

同様に，共分散関数，相関関数は，(7.13) − (7.16) によって

$$\mathrm{Cov}(x_j - x_k) = s^2 \rho^{j-k}$$

$$\rho(x_j - x_k) = \rho^{j-k} = \exp\left(-\frac{h}{L_z}\right) \tag{D.271}$$

ここで，

$$h = (j - k)\Delta x$$

$$L_z = -\frac{\Delta x}{\ln(\rho)} \tag{D.272}$$

L_z は Z の積分スケールである．

解答 7.6

水平分散がない場合 $(d_x = 0)$

$d_x = 0$ の場合，粒子の移動は一定の対流の部分 $v(x)t_k$ と純粋に分散の部分 $\sqrt{24d_z(x)\Delta t}\Sigma_{j=1}^{k}\omega_j$ とに分かれる．最初に，アンサンブル平均値を $\{\cdot\}$ で表し，固定された x に対する局所モーメント $m_1(t_k;x)$, $m_2(t_k;x)$ を計算する．

$$m_1(t_k;x) = \{z(t_k;x)\} = \{v(x)t_k + \sqrt{24d_z(x)\Delta t}\sum_{j=1}^{k}\omega_j\} = v(x)t_k \tag{D.273}$$

$$\begin{aligned}
m_2(t_k;x) &= \{z^2(t_k;x)\} \\
&= \left\{(v(x)t_k)^2 + 2v(x)t_k\sqrt{24d_z(x)\Delta t}\sum_{j=1}^{k}\omega_j + 24d_z(x)\Delta t\left(\sum_{j=1}^{k}\omega_j\right)^2\right\} \\
&= (v(x)t_k)^2 + 2d_z(x)t_k
\end{aligned} \tag{D.274}$$

ここで，

$$\left\{\sum_{j=1}^{k}\omega_j\right\} = 0 \tag{D.275}$$

$$\left\{\left(\sum_{j=1}^{k}\omega_j\right)^2\right\} = \frac{k}{12} \tag{D.276}$$

を用いた．次に，水平平均を $\langle\cdot\rangle$ で表し，(7.60) を用いて全モーメント $M_1(t_k)$ と $M_2(t_k)$ を計算すると，

$$M_1(t_k) = \langle v(x)\rangle t_k = \langle z(t_k)\rangle \tag{D.277}$$

$$M_2(t_k) = \langle v^2(x)\rangle t_k^2 + 2\langle d_z(x)\rangle t_k \tag{D.278}$$

これから，移動深さの分散は

$$\mathrm{Var}(z(t_k)) = M_2(t_k) - M_1^2(t_k) = 2\langle d_z(x)\rangle t_k + t_k^2(\langle v^2(x)\rangle - \langle v(x)\rangle^2) \tag{D.279}$$

$\langle v^2(x)\rangle - \langle v(x)\rangle^2$ が速度の分散になることに注意して，(D.279) は次のように表される．

$$\mathrm{Var}(z(t_k)) = 2\left[\langle d_z(x)\rangle + \frac{t_k}{2}\mathrm{Var}(v)\right]t_k \tag{D.280}$$

水平分散が無限の場合 $(d_x \to \infty)$

$d_x = 0$ の場合とは対照的に,増分 $\Delta z_k := z(t_k) - z(t_{k-1})$ は独立であり,均等に分布する.したがって,最初に,増分のモーメント $M_1(\Delta t)$ と $M_2(\Delta t)$ を計算でき,$k \to \infty$ に対して $z(t_k) = \Sigma_{j=1}^{k} \Delta z_j$ のモーメントを得るため,中央限界定理を適用できる.

時間 $t < \Delta t$ では,粒子の速度はモデルの仮定によって一定である.したがって,モーメント $M_1(\Delta t)$ と $M_2(\Delta t)$ は d_x には独立であり,(D.277) − (D.278) によって与えられる.積分 Δx の平均,分散に対して

$$\langle \Delta z \rangle := M_1(\Delta t) = \langle v(x) \rangle \Delta t \tag{D.281}$$

$$\mathrm{Var}(\Delta z) := M_2(\Delta t) - M_1^2(\Delta t) = 2\left[\langle d_z(x) \rangle + \frac{\Delta t}{2}\mathrm{Var}(v)\right]\Delta t \tag{D.282}$$

が得られる.中央限界定理を用いると,大きな時間 t_k に対する $z(t_k)$ の平均,分散値を得る.

$$\langle z(t_k) \rangle \stackrel{k \to \infty}{\longrightarrow} k \langle \Delta z \rangle = \langle v(x) \rangle t_k \tag{D.283}$$

$$\mathrm{Var}(z(t_k)) \stackrel{k \to \infty}{\longrightarrow} k\mathrm{Var}(\Delta z) = 2\left[\langle d_z(x) \rangle + \frac{\Delta t}{2}\mathrm{Var}(v)\right] t_k \tag{D.284}$$

引用文献

Abramowitz, M. and I.A. Stegun, 1970: Handbook of Mathematical Functions. Dover Publishing Co., New York.

Addiscot, T.M., 1977: A simple computer model for leaching in structured soils. *J. Soil Sci.*, **28**, 554-563.

Aitcheson, J. and J.A.C. Brown, 1976: The Lognormal Distribution. Cambridge University Press, Cambridge, GB.

Arnilen, G., 1985: Mathematical Methods for Physicists. 2nd edition. Academic Press, New York.

Barry, D.A., J. Coves, and G. Sposito, 1988: On the Dagan model of solute transport in groundwater: Application to the Borden site. *Water Resour. Res.*, **24**, 1805-1817.

Barry, D.A. and J.C. Parker, 1987: Approximations for solute transport through porous media with Row transverse to layering. *Transp. in Por. Med.*, **2**, 65-84.

Baver, L.D., W.H. Gardner, and W.R. Gardner, 1972: Soil Physics. 4th edition. John Wiley&Sons, New York.

Biggar, J.W. and D.R. Nielsen, 1967: Miscible displacement and leaching phenomena. *Agronomy*, **11**, 254-274.

Biggar, J.W. and D.R. Nielsen, 1976: Spatial variability of the leaching characteristics of a field soil. *Water Resour. Res.*, **12**, 78-84.

Black, T.A., W.R. Gardner, and G.W. Thurtell, 1969: The prediction of evaporation, drainage, and soil water storage for a bare soil. *Soil Sci. Soc. Am. Proc.*, **33**, 655-660.

Bresler, E. and G. Dagan, 1979: Solute dispersion in unsaturated heterogeneous soil at field scale. 2. Applications. *Soil Sci. Soc. Am. J.*, **43**, 467-472.

Bresler, E. and G. Dagan, 1983a: Unsaturated flow in spatially variable fields. 2. Application of water Row models to various fields. *Water Resour. Res.*, **19**, 421-428.

Bresler, E. and G. Dagan, 1983b: Unsaturated flow in spatially variable fields. 3. Solute transport models and their application to two fields. *Water Resour. Res.*, **19**, 429-435.

Butters, G.L., 1987: Field scale transport of bromide in an unsaturated soil. PhD Thesis, University of California, Riverside.

Butters, G.L., W.A. Jury, and F.F. Ernst, 1989: Field scale transport of bromide in an unsaturated soil. 1. Experimental methodology and results. *Water Resour. Res.*, **25**, 1575-1581.

Butters, G.L. and W.A. Jury, 1989: Field scale transport of bromide in an unsaturated soil. 2. Dispersion modeling. *Water Resour. Res.*, **25**, 1582-1588.

Carslaw, I.S. and J.C. Jaeger, 1959: Conduction of Heat in Solids. Oxford University

Press, London.

Coats, K.I. and B.D. Smith, 1956: Dead end pore volume and dispersion in porous media. *Soc. Pet. Eng. J.*, **4**, 73-84.

Dagan, G., 1982: Stochastic modeling of groundwater now by unconditional and conditional probabilities. *Water Resour. Res.*, **18**, 813-833.

Dagan, G., 1984: Solute transport in heterogeneous porous formations. *J. Fluid Mech.*, **145**, 151-177.

Dagan, G., 1987: Theory of solute transport by groundwater. *Ann. Rev. Fluid Mech.*, **19**, 183-215.

Dagan, G. and E. Bresler, 1979: Solute dispersion in unsaturated heterogeneous soil at field scale. 1. Theory. *Soil Sci. Soc. Am. J.*, **43**, 461-467.

Dagan, G. and E. Bresler, 1983: Unsaturated flow in spatially variable fields. 1. Derivation of models of infiltration and redistribution. *Water Resour. Res.*, **19**, 413-420.

Dagan, G. and V. Nguyen, 1989: A comparison of travel time and concentration approaches to modeling transport by groundwater. *J. Contam. Hydrol.*, **4**, 79-91.

De Smedt, F. and P.J. Wierenga, 1984: Solute transfer through Columns of glass beads. *Water Resour. Res.*, **20**, 225-232.

Dirac, P.A.M., 1947: The Principles of Quantum Mechanics. 3rd edition. Clarendon Press, Oxford.

Dyson, J.S. and R.E. White, 1986: The effect of irrigation rate on solute transport in soil during steady water Row. *J. Hydrol.*, **107**, 19-29.

Eagleson, P.S., 1978: Climate, soil and vegetation 1-7. *Water Resour. Res.*, **14**, 705-776.

El Abd, H., 1984: Spatial variability of the pesticide distribution coefficient. PhD Thesis, University of California, Riverside.

Ellsworth, T.J., 1989: A three dimensional field study of solute leaching through unsaturated soil. PhD Thesis, University of California, Riverside.

Ellsworth, T.J., W.A. Jury, F.E. Ernst, and P.J. Shouse, 1991 Three dimensional field study of solute transport through unsaturated, layered porous media. I. Methodology, mass recovery and mean transport. II. Dispersion modeling. *Water Resour. Res.* 27:951-982.

Elrick, D.E., J.H. Scandrett, and E.E. Miller, 1959: Tests of capillary now scaling. *Soil Sci. Soc. Am. Proc.*, **23**, 329-332.

Freyberg, D., 1986: A natural gradient experiment on solute transport in a sand aquifer. 2. Spatial moments and advection and dispersion of non-reactive tracers. *Water Resour. Res.*, **22**, 2031-2046.

Fried, J.J., 1975: Groundwater Pollution. Elsevier Science, New York.

Gardiner, C.W., 1985: Handbook of Stochastic Methods for Physics, Chemistry and the Natural Sciences. 2nd edition. Springer-Verlag, New York.

Gel'fand, I.M. and G.E. Shilov, 1964: Generalized Functions. Vol. 1: Properties and Operations. Academic Press, New York.

Gelhar, L.W., A.L. Gutjahr, and R.L. Naff, 1979: Stochastic analysis of macro dispersion in a stratified aquifer. *Water Resour. Res.*, **15**, 1387-1397.

Gelhar, L.W. and C. Axness, 1983: Three dimensional stochastic analysis of macro dispersion in aquifers. *Water Resour. Res.*, **19**, 161-180.

Gelhar, L.W., A. Mantaglou, C. Welty, and K.R. Rehfeldt, 1985: A review of field scale physical solute transport processes in unsaturated and saturated porous media. Electric Power Research Institute, Topical Rep. EA-4190, EPRI, Palo Alto.

Gershon, N.D. and A. Nir, 1969: Effect of boundary conditions of models on tracer distribution in now through porous mediums. *Water Resour. Res.*, **5**, 830-840.

Ghodrati, M, 1989: The influence of water application method, pesticide formulation and surface preparation method on pesticide leaching. PhD Thesis, University of California, Riverside.

Grimmett, G. and D. Welsh, 1986: Probability: An Introduction. Clarendon, Oxford.

Hamaker, J.W. and J.M. Thompson, 1972: Adsorption. In *Organic Chemicals in the Soil Envirorment*. Marcell Dekker Inc., New York.

Hillel, D.I., 1971: Soil and Water: Physical Principles and Processes. Academic Press, New York.

Hillel, D.I., 1980: Applications of Soil Physics. Academic Press, New York.

Hillel, D.I., 1986: Unstable flow in layered soils: A review. *Hydrolog. Proc.*, **1**, 143-147.

Himmelblau, D.M., 1970: Process Analysis by Statistical Methods. Sterling Swift Publishing Co., Manchecka, Texas.

Himmelblau, D.M. and K.B. Bischoff, 1968: Process Analysis and Simulation. John Wiley&Sons, New York.

Journel, A. and Ch.J. Huijbregts, 1978: Miling Geostatistics. Academic Press, London.

Jury, W.A., 1975: Solute travel-time estimates for tile-drained soils. 1. Theory. *Soil Sci, Soc. Am. Proc.*, **39**, 1020-1028.

Jury, W.A., 1982: Simulation of solute transport using a transfer function model. *Water Resour. Res.*, **18**, 363-368.

Jury, W.A., 1985: Spatial variability of soil physical parameters in solute migration: A critical literature review. EPRI Topical Rep. EA 4228 Electric Power Research Institute, Palo Alto.

Jury, W.A., 1988: Solute transport and dispersion. In *Flow and Transport in the Natural Environment* edited by W.L. Steffen and O.T. Denmead, 1-17, Springer Verlag, Berlin.

Jury, W.A., L.H. Stolzy, and P. Shouse, 1982: A field test of the transfer function model for predicting solute movement. *Water Resour. Res.*, **18**, 368-374.

Jury, W.A. and G. Sposito, 1985: Field calibration and validation of solute transport models for the unsaturated zone. *Soil Sci. Soc. Am. J.*, **49**, 1331-1341.

Jury, W.A., G. Sposito, and R.E. White, 1986: A transfer function model of solute movement through soil. 1. Fundamental concepts. *Water Resour. Res.*, **22**, 243-247.

Jury, W.A., H. El Abd, and M. Resketo, 1986: Field study of napropamide movement through unsaturated soil. *Water Resour. Res.*, **22**, 749-755.

Jury, W.A., D.D. Focht, and W.J. Farmer, 1987: Evaluation of pesticide ground water pollution potential from standard indices of soil-chemical adsorption and biodegradation. *J. Environ. Qual.*, **16**, 422-428.

Jury, W.A. and J. Gruber, 1989: A stochastic analysis of the influence of soil and climatic variability on the estimate of pesticide ground water pollution potential. *Water Resour. Res.*, **25**, 2465-2474.

Jury, W.A., J.S. Dyson, and G.L. Butters, 1990: A transfer function model of field scale solute transport under transient water flow. *Soil Sci. Soc. Am. J.*, **54**, 327-331.

Jury, W.A. and J. Utermann, 1992: Solute transport in layered soil: Zero and perfect correlation models. *Transp. in Por. Med.*, **8**, 277-297.

Kaplan, W., 1984: Advanced Calculus. Addison-Wesley, New York.

Khan, A.U.H., 1988: A laboratory test of the dispersion scale effect. PhD Thesis, University of California, Riverside.

Khan, A.U.H. and W.A. Jury, 1990: A laboratory test of the dispersion scale effect in column outflow experiments. *J. Contam. Hydrol.*, **5**, 119-132.

Klute, A. and G. Wilkinson, 1958: Some tests of tile Similar media concept of capillary flow. *Soil Sci. Soc. Am. Proc.*, **22**, 278-281.

Kreft, A. and A. Zuber, 1978: On the physical meaning of the dispersion equation and its solution for different initial and boundary conditions. *Chem. Eng. Soc.*, **33**, 1471-1480.

Kung, S.K-J., 1988: Preferential flow in sandy soils: Mechanisms and influences. Abstract, Amer. Soc. Agron. Nat. Meeting, Anaheim, CA.

Libardi, P.L., K. Reichardt, D.R. Nielsen, and J.W. Biggar, 1980: Some simple field methods for estimating soil hydraulic conductivity. *Soil Sci. Soc. Am. J.*, **44**, 3-6.

Lindstrom, F.T., R. Haque, V.H. Freed, and L. Boersma, 1967: Theory on the movement of some herbicides in soils: Linear diffusion and convection of chemicals in soils. *J. Env. Sci. Tech.*, **1**, 561-565.

Lindstrom, F.T., L. Boersma, and H. Gardiner, 1968: 2,4-D diffusion in saturated soils. A mathematical theory. *Soil Sci.*, **105**, 107-113.

Mantaglou, A. and L.W. Gelhar, 1987a: Stochastic modeling of large scale transient unsaturated flow systems. *Water Resour. Res.*, **23**, 37-46.

Mantaglou, A. and L.W. Gelhar, 1987b: Capillary tension head variance, mean soil moisture content, and effective specific soil moisture capacity of transient unsaturated now in stratified soils. *Water Resour. Res.*, **23**, 47-56.

Mantaglou, A. and L.W. Gelhar, 1987c: Effective hydraulic conductivities of transient unsaturated flow in stratified soils. *Water Resour. Res.*, **23**, 57-67.

Matheron, G. and G. De Marsily, 1980: Is transport in porous media always diffusive? A counterexample. *Water Resour. Res.*, **16**, 901-907.

Miller, E.E. and R.D. Miller, 1956: Physical theory for capillary flow phenomena. *J. Appl. Phys.*, **27**, 324-332.

Naumann, E.B. and B.A. Bumlam, 1983: Mixing in Continuous Flow Systems. John Wiley&Sons, New York.

Nielsen, D.R. and J.W. Biggar, 1962: Miscible Displacement. 3. Theoretical considerations. *Soil Sci. Soc. Am. Proc.*, **26**, 216-221.

Nielsen, D.R., J.W. Biggar, and K.T. Erh, 1973: Spatial variability of field-measured soil-water properties. *Hilgardia*, **42**, 215-259.

Nkedi-Kizza, P., J.W. Biggar, M.Th.Van Genuchten, P.J. Wierenga, H.M. Selim, J.M. Davidson, and D.R. Nielsen, 1983: Modeling tritium and chloride-36 transport through an aggregated oxisol. *Water Resour. Res.*, **19**, 691-700.

Parker, J.C. and M.Th.Van Genuchten, 1984: Flux-averaged and volume-averaged concentrations in continuum approaches to solute transport. *Water Resour. Res.*, **20**, 866-872.

Peck, A.J., R.J. Luxmoore, and L.J. Stolzy, 1977: Effects of spatial variability in water budget modeling. *Water Resour. Res.*, **13**, 348-354.

Phythian, R., 1975: Dispersion by random velocity fields. *J. Fluid Mech.*, **67**, 145-153.

Press, W.H., B.P. Flannery, S.A. Teucholsky, and W.T. Vetterling, 1986: Numerical recipes. The art of scientific computing. Cambridge University Press, Cambridge.

Raats, P.A.C., 1973: Unstable wetting fronts in uniform and nonuniform soils. *Soil Sci. Soc. Am. J.*, **37**, 681-685.

Rao, P.S.C., D.E. Rolston, R.E. Jessup, and J.M. Davidson, 1980: Solute transport in aggregated porous media. Theoretical and experimental evaluation. *Soil Sci. Soc. Am. J.*, **44**, 1139-1146.

Rao, P.S.C., A.G. Hornsby, and R.E. Jessup, 1985: Indices for ranking the potential for pesticide contamination of groundwater. *Proc. Soil Crop Sci. Soc. Fla.*, **44**, 1-8.

Richtmyer, R.D., 1978: Principles of advanced mathematical physics. Vol. 1. Springer, NewYork.

Rinaldo, A., A. Marani, and A. Bellin, 1989: On mass response functions. *Water Resour. Res.*, **25**, 1603-1617.

Roth, K., 1989: Stofftransport im wasserungesättigten Untergrund natürlicher, heterogener Böden unter Feldbedingungen. ETH-Diss. 8907, Zürich, Switzerland.

Roth, K., H. Flühler, and W. Attinger, 1990: Transport of conservative tracer under field conditions: Qualitative modelling with random walk in a double porous medium. In *Field-Scale Solute and Water Transport through Soil* edited by K. Roth, H. Flühler, W.A. Jury and J.C. Parker, Birkhäuser-Verlag, Basel, Switzerland.

Russo, D. and E. Bresler, 1980: Scaling soil hydraulic properties of a heterogeneous field. *Soil Sci. Soc. Am. J.*, **44**, 681-684.

Schulin, R., P.J. Wierenga, H. Flühler, and J. Leuenberger, 1987: Solute transport through a stony soil. *Soil Sci. Soc. Am. J.*, **51**, 36-42.

Schwartz, L., 1950: Théorie des Distributions. Tomes 1. Hermann Cie, Paris.

Simmons, C.S., 1982: A stochastic-convective transport representation of dispersion in one dimensional porous media systems. *Water Resour. Res.*, **18**, 1193-1214.

Simmons, C.S., 1986a: A generalization of one dimensional solute transport: A stochastic-convective flow conceptualization. Proc. of 6th Ann. AGU Front Range Branch Hydrology Days. Hydrol. Days Pub. Fort Collins, Co.

Simmons, C.S., 1986b: Scale dependent effective dispersion coefficients for one dimensional solute transport. Proc. of 6th Ann. AGU Front Range Branch Hydrology Days. Hydrol. Days Pub. Fort Collins, Co.

Small, M.J. and J.R. Mullar, 1987: Long term pollutant degradation in the unsaturated zone with stochastic rainfall infiltration. *Water Resour. Res.*, **23**, 2246-2256.

Sposito, G. and W.A. Jury, 1985: Inspectional analysis in the theory of water flow through unsaturated soil. *Soil Sci. Soc. Am. J.*, **49**, 791-798.

Sposito, G. and W.A. Jury, 1988: The solute lifetime probability density function for solute movement in the subsurface zone. *J. Hydrol.*, **102**, 503-518.

Sposito, G. and D.A. Bafry, 1987: On the Dagan model of solute transport through groundwater: Foundational aspects. *Water Resour. Res.*, **23**, 1867-1875.

Taylor, G.I., 1921: Diffusion by continuous measurements. *Proc. Lon. Math. Soc.*, **2**, 196-212.

Taylor, G.I., 1953: The dispersion of soluble matter flowing through a capillary tube. *Proc. Lon. Math. Soc., Ser. A.*, **219**, 189-203.

Tillotson, P. and D.R. Nielsen, 1984: Scale factors in soil science. *Soil Sci. Soc. Am. J.*, **48**, 953-959.

Tompson, A.F.B., E.G. Vomvoris, and L.W. Gelhar, 1988: Numerical simulation of solute transport in randomly heterogeneous porous media: motivation, model development, and application. Tech. Report 316, R.M. Parsons Laboratory, Department of Civil Engineering, MIT, Cambridge, MA.

Utermann, J.E., J. Kladivko, and W.A. Jury, 1990: Evaluation of pesticide migration in tile-drained soils with a transfer function model. *J. Environ. Qual.*, **19**, 707-714.

Valocchi, A.J., 1985: Validity of the local equilibrium assumption for modeling sorbing solute transport through homogeneous soils. *Water Resour. Res.*, **21**, 808-820.

Valocchi, A.J., 1989: Spatial moment analysis of the transport of kinetically adsorbing solutes through stratified aquifers. *Water Resour. Res.*, **25**, 273-280.

Van Genuchten, M.Th., J.M. Davidson, and P.J. Wierenga, 1974: An evaluation of kinetic and equilibrium equations for the prediction of pesticide movement through porous media. *Soil Sci. Soc. Am. Proc.*, **38**, 29-34.

Van Genuchten, M.Th. and P.J. Wierenga, 1976: Mass transfer studies in sorbing porous media. 1. Analytical solutions. *Soil Sci. Soc. Am. J.*, **40**, 473-480.

Van Genuchten, M.Th. and P.J. Wierenga, 1977: Mass transfer studies in sorbing porous media. 3. Experimental evaluation with tritium. *Soil Sci. Soc. Am. J.*, **41**, 272-278.

Van Genuchten, M.Th. and W.J. Alves, 1982: Analytical solutions of the one-dimensional convection dispersion solute transport equation. US Dept. of Agriculture. Tech. Bull. 1661.

Van Kampen, N.G., 1976: Stochastic differential equations. *Phys. Rev.*, **24**, 171-228.

Van Kampen, N.G., 1981: Stochastic processes in physics and chemistry. North-Holland Publishing Company, Amsterdam.

Warrick, A.W., G.J. Mullen, and D.R. Nielsen, 1977: Scaling soil physical properties using a similar media concept. *Water Resour. Res.*, **13**, 355-362.

Warrick, A.W. and A. Amoozegar-Fard, 1979: Infiltration and drainage calculations using spatially scaled hydraulic properties. *Water Resour. Res.*, **15**, 1116-1120.

Wierenga, P.J., 1977: Solute distribution profiles computed with steady-state and transient flow models. *Soil Sci. Soc. Am. J.*, **41**, 1050-1055.

訳者あとがき

　近年，環境問題の高まりに伴って，土壌汚染に関する問題が重要視されてきた．土壌中の物質移動とりわけ溶質の移動に関しては従来農学分野の土壌物理学で取り扱われてきたが，土壌汚染問題に刺激され土木工学や環境工学においても盛んに研究されてきた．しかしながら，土壌中の溶質移動に関する研究において，我が国の研究者と先進諸国の研究者との間に知的なギャップがあるように感じられた．それは，杞憂であれば幸いであるが，訳者の狭い範囲での国際交流から感じたことである．例えば，土壌中の溶質濃度を表すのに，先進諸国の研究者は本書にあるレジデント濃度とフラックス濃度とを明確に区別して考えられることが多いが，日本の研究者にはそのような概念は乏しかった．また，対流分散式に従って分散係数を求めると，それは深さに線形的に変化することが知られているが，日本ではまだ常識化されていなかった．

　本書の題材は，主にジュリー教授の研究成果に基づいている．ここで用いられている手法は，伝達関数法である．この手法は，複雑な系をブラックボックスとして考え，系の境界での入出力を取り扱う一種の集中定数系のモデルである．最近のコンピュータの発達に伴い，系を細かく分割し，複雑な計算を行い，結果を統合して考察を行う，いわゆる分布定数系のモデルが解析の主流をなしている．これらのモデルタイプの特性からすると，伝達関数法は一見粗いモデルに思えるが，フィールド現象問題の取り扱いにおいては適応性が高い，どちらかと言えば問題解決型のモデルといえる．伝達関数法の出現は，流出解析において爆発的人気を博したタンクモデルの出現を想起させる．上述の2つのモデルタイプは，著者らの述べているように，将来も並行して発展していくことになるであろう．

　翻訳に当たっては，題目は「土壌中の溶質移動の基礎」とした．これは，原著の題目「伝達関数と土壌中の溶質移動（Transfer Functions and Solute Movement through Soil）」と若干異なっている．読者にとって，「伝達関数」という用語が突然出てきてもすぐには理解しがたいであろうし，むしろ内容的には溶質移動の表現が細かく説明されているので，あえて「基礎」という言葉を選ばさせていただいた．また，この「基礎」には，本書には数多くの例題と解答付きの問題が用意されているので，地道に根気強く式を追って基礎勉強に励んで頂きたいとの願いを含んでいることも汲んでいただきたい．

　本書は，訳者が1993年カナダのグエルフ大学に留学した際，紹介された書籍の一つである．運良く当地にて著者の一人のロース教授と会うことができ，そこで翻訳を約束したのが翻訳作業の嚆矢であった．動機を与えて頂いた，同教授に深く感謝いたします．また，多くの数式の入力作業を手伝って頂いた九州大学生物環境調節センターの安永円理子助手に厚く感謝いたします．

2005年5月

筑紫　二郎

索引

CDE, 15
cdf, 13, 22, 23, 42, 48, 73
CLT, 25, 39, 43, 76, 79, 80
convective dispersive equation, 15
convective lognormal transfer function model, 25
convective-dispersive model, 73
covariance, 105

distribution coefficient, 48

integral correlation length, 105
integral scale, 105

lag distance, 105

macroscale, 108
Markov process, 107
mesoscale, 108
microscale, 108

particle tracking model, 116
pdf, 2
probability density function, 2

random variable, 13
random walk model, 116
residual mass fraction, 59, 91
retardent factor, 48, 51
RMF, 59, 91

SCM, 73
semi-variogram, 105
stochastic process, 104
stochastic stream tube model, 45
stochastic-convective, 25, 37, 39, 42
stochastic-convective model, 73

transition probability, 106
travel time, 9
　　cumulative travel time distribution function, 13

vadose zone, 70
variance, 14

アンサンブル平均, 14, 45, 104

移動速度場, 108

インパルス応答関数, 1, 3, 11, 12

エルゴード性, 106

ガウス過程, 109
ガウス関数, 11
拡散分散係数, 33
　　有効―, 15
確率過程, 104
確率対流, 102
確率対流型, 86
確率対流現象, 25
確率対流モデル, 25, 67, 73, 87
確率分布関数, 106
確率変数, 13, 14, 45, 104
確率密度関数, 2, 20
　　移動距離―, 36
　　確率対流フィック型―, 27
　　ガンマ型―, 20, 22, 27
　　結合―, 52, 102
　　滞在時間―, 8, 10
　　対数正規型―, 20
　　通過時間―, 2, 9, 10, 12, 19, 20
　　フィック型―, 20, 22, 24, 27
　　フィック型の―, 31
　　フラックス―, 36, 67
　　レジデント―, 36
確率流管モデル, 45
確率連続体モデル, 101
可動水, 33
可動水域, 8
可動水体積, 8
間隙水分速度, 16
完全相関モデル, 87
ガンマ型, 25
ガンマ分布, 61, 92

幾何学的相似, 95
期待値, 14, 45, 104
共分散, 77, 105
局所スケール, 85
巨視的スケール, 108

空間変動, 55, 95

現象モデル, 15, 19
減衰係数, 92
減衰定数, 58
減衰反応, 58

誤差関数, 31

自己共分散, 105
質量残留率, 59, 91
質量収支式, 90
弱定常, 105
常微分方程式, 17
初期値問題, 40

水分移動モデル, 21
水分フラックス, 22
スクリーニングモデル, 60, 91
スケーリング, 95
スケーリング係数, 95
スケール係数, 96
ステップ関数, 27

正規化, 14
正規座標フレーム, 68
正規分布, 73
成層土壌, 72
積算分布関数, 3, 23, 42, 73
　　　　通過時間—, 13
積分スケール, 105
積分相関長, 105
セミバリオグラム, 105
遷移確率, 106
線形吸着, 49, 59
線形平衡吸着, 48
線形平衡式, 48

相関係数, 52

滞在時間, 26
対数正規型, 25
対数正規分布, 52
滞留時間, 86
対流対数型, 79
対流分散, 102
対流分散型, 79
対流分散式, 15, 16
　　　　—モデル, 22
　　　　レジデント—, 32
対流分散モデル, 8, 15, 25, 67, 73
畳み込み積分, 3, 19, 87
多変量正規分布, 102

遅延係数, 48, 51, 92
中間スケール, 108

通過時間, 2, 9, 15, 62, 73, 86
　　　　平均—, 14
　　　　—モーメント, 18, 23, 24, 34

定常, 104
ディラク
　　　　—のデルタ関数, 10
デルタ関数, 10
伝達関数, 1, 8, 10
　　　　対流対数型の—, 25, 39
伝達関数モデル
　　　　過渡的—, 90

投射体軌道, 109
トレーサ, 48

パラメトリックモデル, 20
パルス入力, 15
半減期, 58

微視的スケール, 108
ピストン流, 15, 18, 46
ピストン流モデル, 61
微分の連鎖則, 18
非平衡吸着, 49

フィールドスケール, 85
フィック型, 25
フィルタリング特性, 11
フーリエ
　　　　—の逆変換, 41
フーリエ変換, 41
深さモーメント, 37
不動水, 33
不飽和透水係数, 95
フラックス濃度, 9, 12, 15, 16, 29
分割係数, 60
分散, 14
分散係数, 19, 24, 68
　　　　有効—, 38
分散スケール効果, 24
分散度, 102
分配係数, 48, 60

平均値, 14
平均平方偏差, 14
平行土壌カラムモデル, 55
ヘビサイド
　　　　—のユニット関数, 10
ヘビサイド関数, 10, 11, 27
変動係数, 47

保存式
　　　　溶質—, 16
　　　　溶質の—, 30
保存則, 41

マトリックポテンシャル, 95
マルコフ過程, 107

水収支モデル, 90

モーメント, 14

輸送体積, 1, 7, 8, 12, 23, 33, 36, 67, 86, 92

溶質移動, 8, 15
　　　　過渡的—, 90

索引

溶質移動モデル, 21
溶質滞在時間, 8
溶質入力時間, 8
溶質濃度, 29
余誤差関数, 31

ラグ距離, 105
ラプラス
　　——の逆変換, 18, 26, 31
ラプラス変換, 14, 16, 17, 30
　　——の移動定理, 58
ランダムウォークモデル, 116
ランダム関数, 104

リーチング, 60, 91
リチャーズ式, 21
流管モデル, 54
粒子痕跡モデル, 116
流体座標フレーム, 68

レジデント濃度, 9, 15, 29

ワリック相似体, 98

訳者紹介

筑紫二郎（ちくし じろう）

1976 年　九州大学大学院農学研究科博士課程修了
現在　九州大学生物環境調節センター　教授
著書　『気象利用学』（分担），森北出版ほか

土壌 中の溶質移動の基礎

2005 年 10 月 15 日 初版発行

著　者　W. A. ジュリー
　　　　K. ロ ー ス

訳　者　筑 紫 二 郎

発行者　谷　　隆 一 郎

発行所　(財)九州大学出版会
〒 812-0053 福岡市東区箱崎 7-1-146
九州大学構内
電話 092-641-0515（直　通）
振替 01710-6-3677

印刷／九州電算㈱・大同印刷㈱　製本／篠原製本㈱

©2005 Printed in Japan　　ISBN 4-87378-885-4